ISO
22716

ISO
9001

ISO
14001

Coréana Bío

기술력이 뛰어난 (주)코리아나 화장품의
ODM/OEM 관계사인 (주)코리아나 바이오는
고객사와 함께 성장하는 **성공 파트너** 입니다.

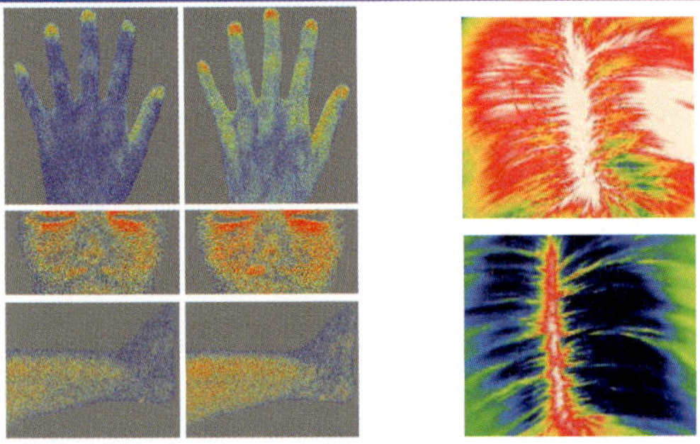

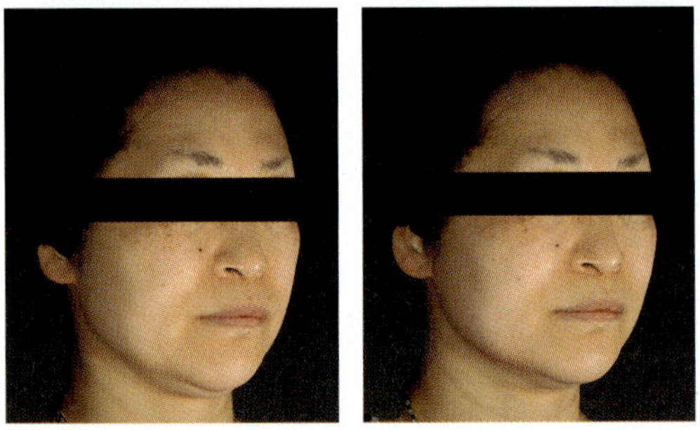

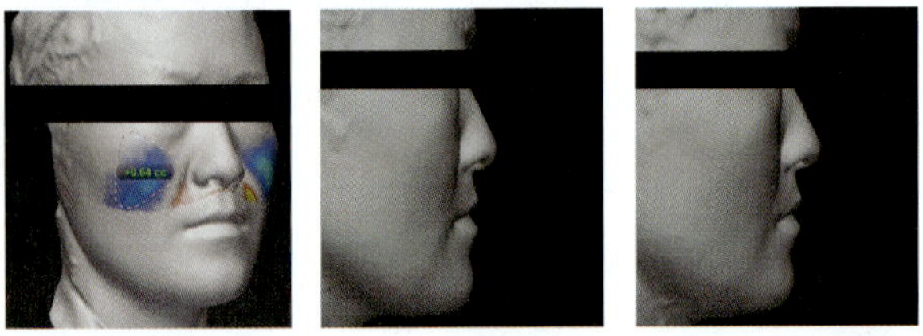

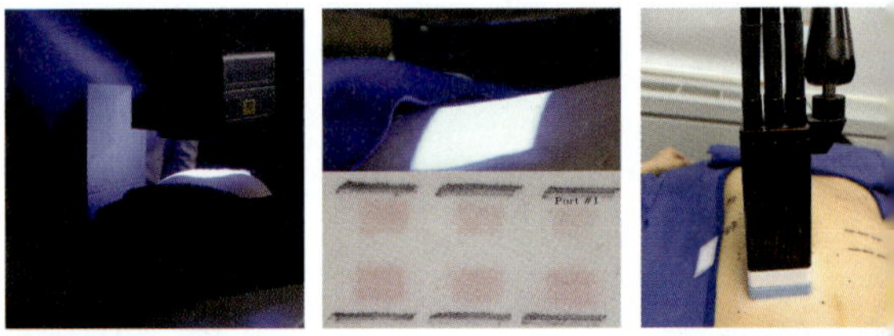

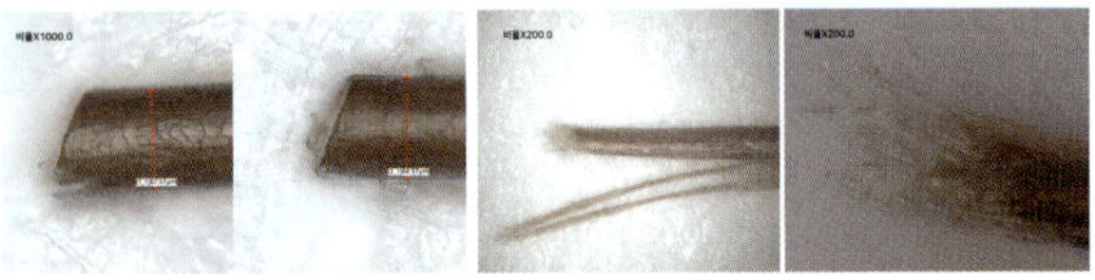

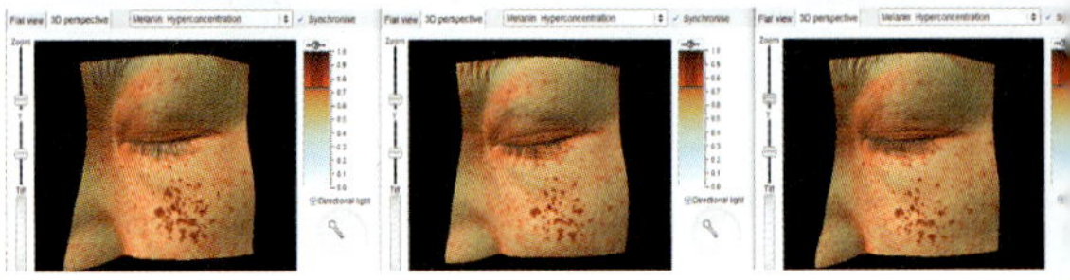

mazel
SINCE 1977
삼화 技術塔
三和
心和家和로 터를 닦고 人和로
뿌리를 내려 安靖感 信賴感에
親和感을 더했으니 우람한
清溪山 자락에 三和가 숨쉬네
Since 1977
匠人의 魂

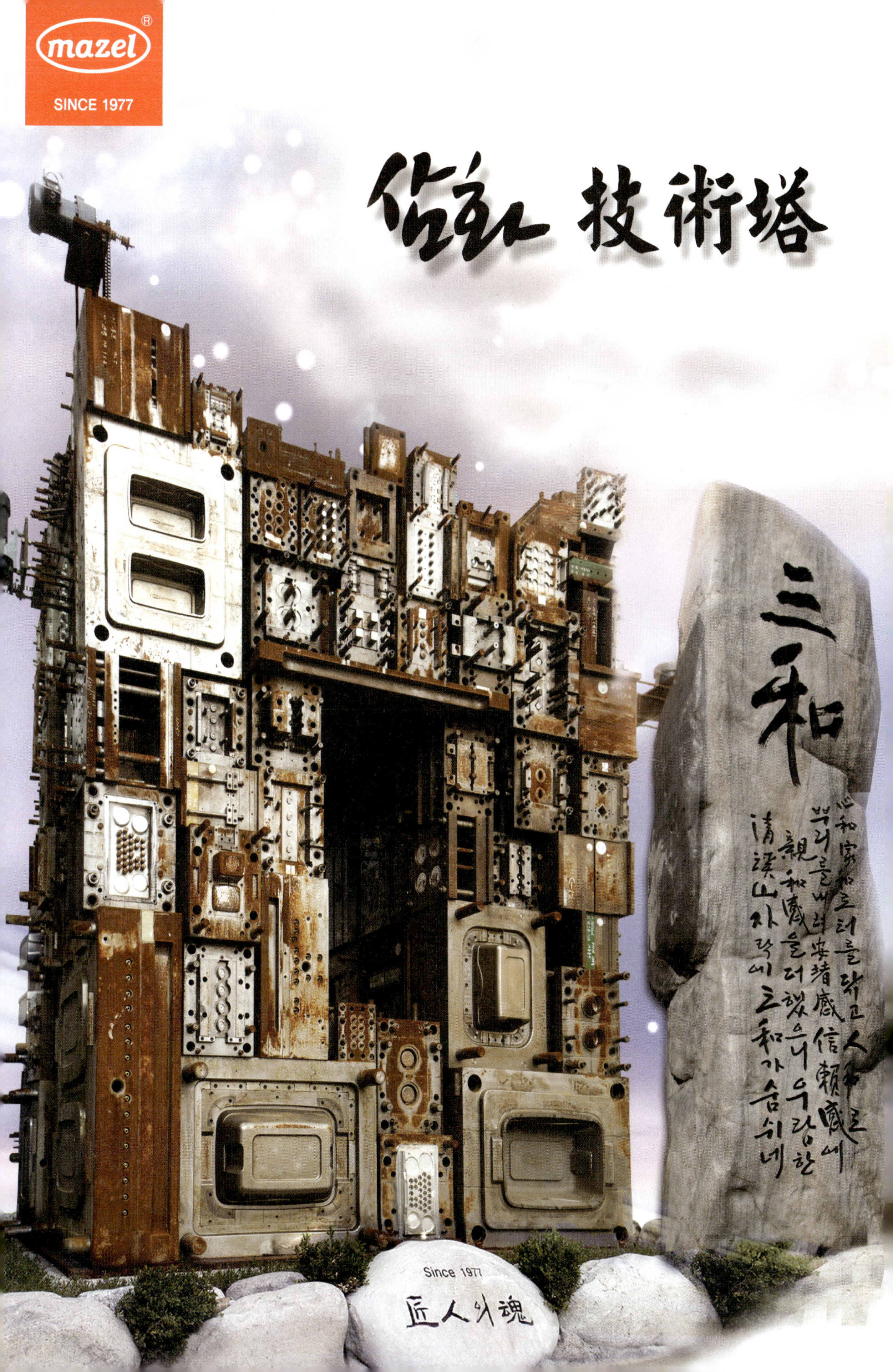

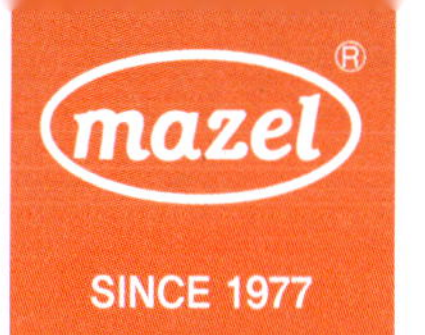

2022
대한민국
화장품
제조·부자재
기업 총람

장업신문

▶▶ 발간사

화장품 수출 3위국 반열
한국 대표 수출 효자 산업 위상 굳건

코로나-19 팬데믹이 3년째로 접어들면서 전 세계 시장과 경제의 불확실성이 지속되고 있으나 우리 화장품 산업은 어려움 속에서도 견고한 성장을 일구었고, 화장품 수출 3위국 반열에 오르는 등 한국 대표 수출 효자 산업으로서의 위상을 다시금 증명하고 있습니다.

최근 발표된 2021년 국가별 화장품 수출실적에서 한국은 프랑스(20조4300억원), 미국(10조9500억원)에 이어 10조 5100억원의 실적을 거두며 세계 3위를 기록했습니다. 또 2022년 6월까지 국제화장품규제조화협의체(ICCR) 의장국으로 활동하는 등 세계 화장품 시장에서 주도적인 역할을 하고 있습니다.

우리나라 화장품 수출은 2021년 10조5100억원으로 역대 가장 큰 수출규모를, 아울러 전년 대비 증가규모도 16억 1,147만 달러로 최대치를 기록했습니다. 화장품 수출규모는 매년 고도성장 추이를 보여, 2012년 10억 6,700만 달러에서 2016년 40억 달러를 넘어선 이후 2021년 91억 8,357억 달러로 10년 간 8.6배 규모로 높은 성장을 보이면서 수출 효자 산업으로 역할을 톡톡히 하고 있습니다.

국내 화장품 산업은 꾸준한 연구개발을 바탕으로 세계 최고 수준의 기술 경쟁력을 갖췄으며, 빠르게 변화하는 트렌드와 소비자 니즈를 빠르게 파악해 글로벌 뷰티 트렌드를 주도하는 제품을 적극적으로 개발하는 것이 장점으로 손꼽히고 있습니다. 하지만 이같은 K-뷰티 산업의 탄탄한 성장에도 아직 극복해야 하는 면도 산재해 있습니다. 중국 중심의 수출편중 현상을 벗어나 화장품 선진국으로 불리는 미국과 유럽으로 수출 판로 확대와 온라인과 모바일 등을 중심으로 재편되는 유통 구조조정과 이로 인한 내수 판매채널 간 불균형심화 등 풀어야할 숙제가 남아있습니다.

하지만 대한민국 화장품 산업 인프라가 탄탄하고 국내외를 막론하고 한국제품의 신뢰도는 여전히 견고합니다. 우리나라 화장품산업은 기술과 품질력, 창의적인 아이디어 상품, K-팝 등 K 브랜드와 결합된 이미지 상승 등이 해외 수출의 꾸준한 증가로 이어지고 있습니다.

이제 한 단계 더 큰 도약을 위한 내부 체력을 길러야할 시간입니다. 제조사와 브랜드사는 물론 제조 기반의 근간을 이루는 원부자재 기업과의 상생 시스템도 더욱 긴밀히 구축해야 합니다. 이들 기업 간 안정적인 협업 시스템이 공고히될 때 화장품 산업은 한 층 발전해 나갈 것입니다.

장업신문은 우리나라 화장품 산업 발전에 일조하기 위해 주요 화장품 제조사와 부자재 기업을 정리한 '2022 대한민국 화장품 제조 부자재 기업총람' 을 발간합니다.

지난 2015년부터 해마다 주요 기업의 현황 자료를 최대한 포함하고, 정확한 데이터를 체계적으로 수록하고자 노력했습니다. 이번 '2022 대한민국 화장품 제조 부자재 기업 총람' 은 제조사, 부자재기업을 중심으로 분야별 주요 기업들을 소개합니다. 이들 기업의 일반 현황과 특징, 생산능력, 특허, 인증 현황 등의 자료를 꼼꼼히 수록했습니다.

이번 책자는 국내외관련 기업과 투자사, 각종 유통업체 등에 보급됩니다. 또한, 교보문고와 영풍문고 등 대형서점과 각 온라인 서점에서도 만나볼 수 있습니다.

이번 책자에는 다양한 기업정보가 있어야 하는 구매 및 상품개발부서는 물론 한국산 화장품 개발과 생산을 준비하는 해외 바이어와 기업에도 좋은 길라잡이가 될 것으로 기대합니다.

장업신문은 앞으로도 국내 화장품산업과 동행하면서 산업발전과 육성에 밑거름이 되기를 희망합니다.

올해에도 '2022 대한민국 화장품 제조 부자재 기업총람' 이 제작될 수 있도록 자료의 협조 등 물심양면으로 도움을 주신 업계 관계자 모두에게 다시 한 번 깊은 감사를 드립니다.

2022년 9월
장업신문 발행인 회장 **이 관 치**

목 차

광신포장

회사명	광신포장(주)
대표자	김진술
주 소	인천광역시 남동구 남동대로 425번길 30 (남동공단 2블럭 3롯트)
대표 연락처	전화: 032) 816-4980~4 팩스: 032) 811-4922

▶ 회사 소개

1983년 창립해 38년간 전문적으로 지함 생산이라는 한 길을 걸어온 광신포장(주)(대표 김진술)은 인천 남동구 남동대로 425번길 30에 신공장을 완공하고 확장 이전하면서 새로운 기기를 도입하는 등 성장일로를 위한 기반을 마련했다.

광신포장은 화장품 지함뿐만 아니라 철강, 유리, 가전 등 다양한 산업 분야의 지함을 납품하는 등 지함 업계에서 오랜 노하우를 가진 장수 기업으로 손꼽힌다.

특히 시간당 2만 4000개의 지함을 생산할 수 있는 자동화 후렉소 2기와 시간당 15,000개의 지함을 생산할 수 있는 반자동 후렉소 1기, 3면 접착기, 인라인 포장기, 합지기 등 기존 설비에 더해 일반 지함소에서 보기 어려운 분당 400회 회전하는 '이시카와 전자동 후렉소'를 최근 도입하는 등 최신 자동화 설비를 갖추며 국내 최대 규모 지함소의 면모를 드러내고 있다.

또한 지함업계 최초로 4도 인쇄기를 도입하고 꾸준한 자동화 설비를 보강하며 최고의 지함 설비를 구축한 광신포장은 인라인 자동 인쇄기는 물론 컬러 박스를 생산할 수 있는 설비도 갖추고 있다. 2도 또는 3도 인쇄가 대부분인 지함의 컬러 인쇄도 차별화하기 위해 최근 일본에서 최신의 4도 컬러 인쇄기를 도입해 컬러 인쇄의 질을 높였다.

광신포장은 지함의 두께는 얇으면서도 강도를 높여 내용물의 보호력을 높이기 위해 기술력뿐만 아니라 지속적으로 설비를 보강하고 있다.

대기업은 물론, 소규모 기업들에게도 도움을 줄 수 있도록 최근 도입한 기기는 50~100개의 소량 생산도 가능하다.

2,000여 평의 신공장으로 이전하면서 설비보강 뿐만 아니라 넓은 물류 공간을 확보하고, 생산환경을 개선해 더욱 좋은 품질의 제품에 대한 다품종 소량 생산이 가능해졌다.

회사연혁

- 1983 광신포장 설립
- 1997 후렉소 인쇄기 도입
- 1999 한국지함공업협동조합 회원가입
- 2000 ISO 9002 품질인증 획득
- 2003 남동공단 내 확장 이전
- 2004 인라인 자동인쇄기 도입(일본식)
- 2004 국무총리 표창 수상
- 2005 컬러상장 생산설비 구축
- 2011 광신포장 주식회사로 법인 전환
- 2012 ISO 14001 환경경영 인증 획득
- 2013 자동 4도 인쇄기 도입
- 2016 인라인 자동인쇄기 도입(일본식)
- 2017 인라인 자동인쇄기 GR 400도입(일본식)

(주)나우코스

회사명	(주)나우코스
대표자	노향선, 김태원
창립일	2000년 3월 27일
연락처	02)3482-1404
주 소	서울사무소: 서울시 금천구 가산디지털 1로 131, BYC하이시티 A동 1004호&804호
홈페이지	www.nowcos.co.kr
생산능력	6천만
인증유형	CGMP, KVGMP, ISO22716, ISO9001, ISO14001, OHSAS18001, EVE VEGAN
슬로건	Beauty Solution Partner, Global OEM/ODM Nowcos

▶ 회사 소개

올인원 뷰티 솔루션을 찾고 있다면? Right Here, Right Now!

화장품 OEM/ODM 전문 기업 나우코스(대표이사 노향선, 김태원)는 2000년 창립 이후 Beauty Solution Partner라는 슬로건 아래 고객사 맞춤형 전문 컨설팅을 제공하며 스킨케어, 메이크업, 헤어, 바디, 펫 제품 등 뷰티 전 제품군을 차별화된 고객사 맞

춤형으로 제공하고 있다.

품질제일주의라는 경영지침 아래 창립 시점부터 나우코스의 중추 역할을 해 온 R&D센터에는 전 직원수의 30%에 달하는 전문 연구 인력이 상주하며 제품 개발, 제형 개발, 품질 관리 업무를 수행하고 있다. Bio-Tech, Nano-Tech, Green-Tech, Emotion-Tech를 접목한 연구로 나우코스의 성장을 주도하고 미래를 준비하는 신제형, 신소재 연구 개발을 위한 다양한 프로젝트를 진행하고 있다.

무방부제 화장품 개발, 리피트캡슐레이션을 통한 난용성 유효성분 안정화 개발, 미세유화를 이용한 고효율 논-나노 무기 자외선 차단제 개발 등 시장을 선도할 다수의 연구 성과를 보유하고 있으며, '친환경 신소재 유로폼이 도핑 된 이트륨옥사이드를 함유한 다기능성 화장품'을 국내 최초로 개발하였다. 페로센과 이트륨옥사이드 소재를 개발하고 화장품에 사용할 수 있도록 국제화장품원료규격집인 ICID와 국내 한글전성분사전에 국내 최초로 등재를 완료하였으며 해당 제형은 임상을 통해 주름개선효과와 자외선차단효과를 확인하는 등 우수한 성과를 거뒀다.

나우코스는 내부적으로 특허 출원부터

등록 과정의 전폭적인 지지를 통해 연구인력이 실적에 연연하지 않고 자발적이며 적극적인 자세로 개발에 임할 수 있는 여건을 제공함과 동시에 지적 재산권 확대를 통한 연구소 기술력 향상을 위한 노력을 기울이고 있다.

4차 산업 시대로 변화하고 있는 시장 환경에 대응함과 동시에 품질 향상을 위하여 원료 칭량, 품질검사 전 과정, 창고통제 시스템에 기반한 선입선출 부자재 관리 및 재고관리 전체 업무 프로세스에 일찍이 ERP 시스템을 적용했다. 아울러 ERP와 연동된 대시보드 시스템을 개발하여 PC 및 스마트폰으로 전체 제품 진행 단계 및 재고현황을 실시간 파악할 수 있다. 디지털 생산품질관리 시스템을 도입함에 따라 재고관리 역량이 대폭 향상되어 재고손실은 예방하고 수익률은 상승시켜 생산 및 판매 효율을 극대화했다.

나우코스는 2017년부터 '뷰티레터'라는 타사와는 차별된 전략으로 고객과 소통하고 있다. '뷰티레터'는 트렌드에 맞춘 제형을 월별로 제안하는 뉴스레터 형태로 매월 새롭고 참신한 제품을 선보여 고객사들의 호평과 기대를 사고 있다. 내부적으로도 독자적이고 재미있는 '뷰티레터'를 선보이기 위해 아낌없는 투자와 연구를 진행중이며, 국문과 영문, 중문으로 서비스되어 국내외 고객사들에게 제공되고 있다. 지금까지 발행된 모든 '뷰티레터'는 나우코스 홈페이지에서도 확인이 가능하다.

▶ 수상경력

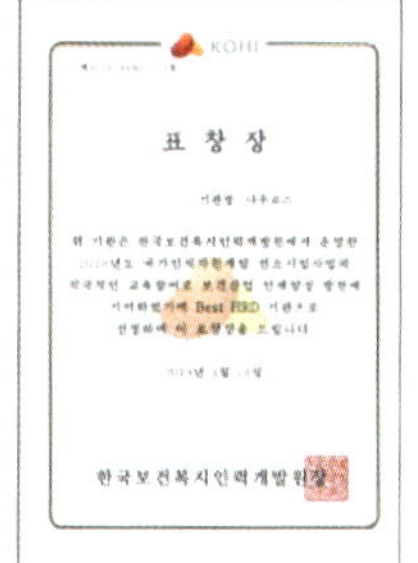
국가인적자원개발 교육 우수업체
한국보건복지 인력개발원

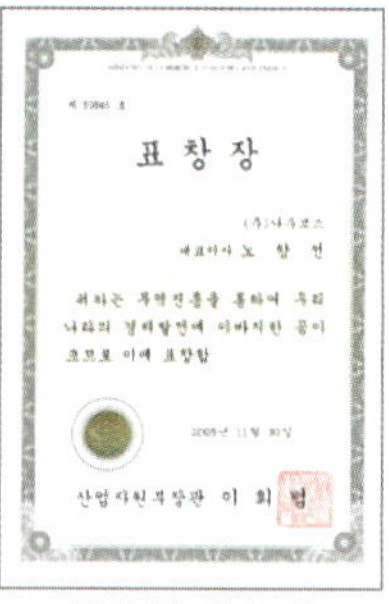
무역진흥 기여표창
산업자원부

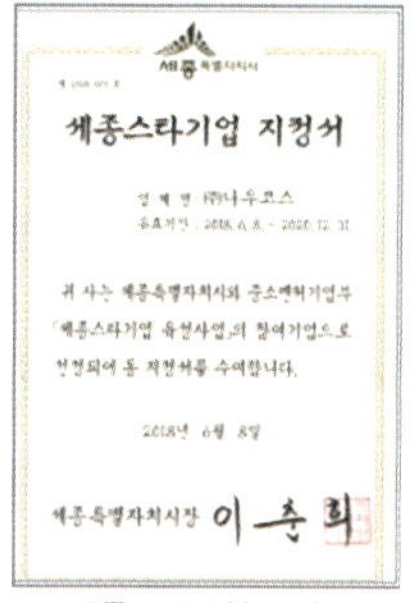
세종스타기업 지정서
세종특별자치시

일자리 창출기여 표창
중소벤처기업부

2019 올리브영 어워드 수상
올리브영

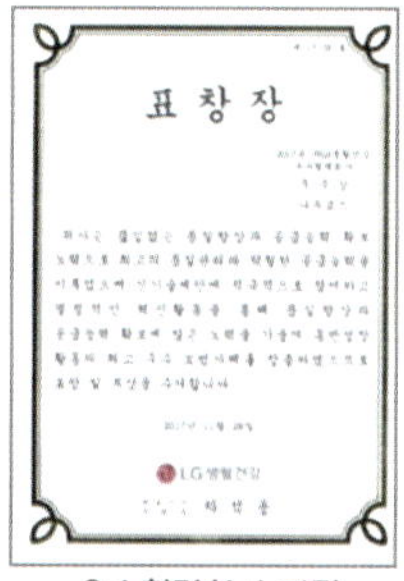
우수협력회사 지정
LG생활건강

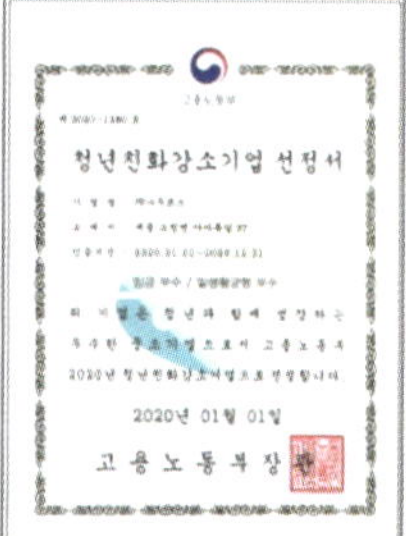
청년친화 강소기업 선정
고용노동부

▶ 보유인증 현황

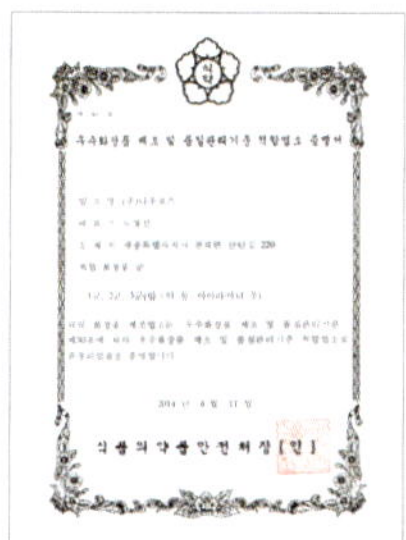
우수화장품 제조 및
품질관리기준(CGMP)

EVE VEGAN 인증서
제품인증부문

EVE VEGAN 인증서
제2공장 제조 및 포장시설

ISO 14001:2015
환경경영시스템인증서

ISO 22716:2007
우수화장품제조 및
물질관리기준(GMP)

ISO 45001
안전보건경영시스템 인증서

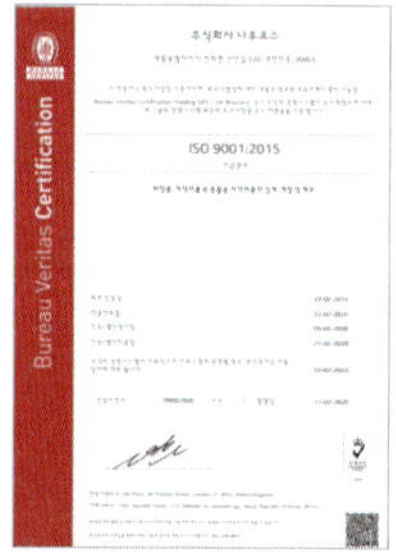
ISO 9001:2015
품질경영시스템

▶ 특허 보유 현황

- 발관리 전용 화장료 조성물(Cosmetic compositions for foot care)
- 목욕용 마사지 전용 화장료 조성물(Cosmetic Composition for body massage)
- 스피루리나 추출물을 함유하는 아토피성 피부염 예방을위한 화장료 조성물 (Cosmetics Composition Containing Spirulina Extractsusing Atopic Dermatitis)
- 아토피 피부염 예방 또는 완화용 조성물, 및 그의 제조방법 (Composition for preventing or alleviating atopicdermatitis, and process for preparing the same)
- 분말상의 화장료 조성물(Cosmetic composition of powder type)
- 인열강도가 향상된 하이드로겔 조성물 및 이의 제조방법 (Improved tear strength hydrogel composition and a method for manufacturing the same)
- 수분지속성 젤형 화장료 조성물(Gel–type cosmetic composition for moisturizing the skin)
- 필오프 타입 착색 지속형 네일 팩 화장료 조성물(Color lasting peel–off type nail pack cosmetic composition and preparation method thereof)
- 리피드 캡슐 함유 화장료 조성물 및 이의 제조방법(Cosmetic composirion comprising lipid capsule and the preparation method thereof)
- 상전이 왁스를 함유하는 피부 쿨링 메이크업 화장료 조성물(Cosmetic composition for skin cooing and make–up comprising phase transition wax)
- 자외선 차단 조성물(COMPOSITION FOR SUN BLOCK)
- 왕겨추출물의 제조방법 및 그 방법에 의해 제조된 왕겨추출물을 포함하는 화장품 조성물
- 스피루리나에서 유래한 파이코시아노블린 및 이의 유도체를 유효성분으로 포함하는 화장료 · 조성물(COSMETIC COMPOSITION CONTAINING PHYCOCYANOBILIN AND ITS DERIVATIVE DERIVED FROM SPIRULINA)
- 쌀배아 발효 추출물을 이용한 피부개선용 보습화장료 조성물
- 노화방지와 주름개선효과를 갖는 보습화장료용 병풀 발효추출물의 제조방법

- 하수오, 마카, 겨우살이 복합 발효 추출물을 함유하는 탈모방지 샴푸 조성물
- 아로마테라피를 이용한 뇌파 유발 방법
- 유화 안정성이 우수한 수중유형 저점도 화장료 조성물

▶ 회사연혁

- 2000. 03 세종특별자치시 소재 법인설립
  - 12 공장준공, 공장등록, 화장품제조업허가 취득
- 2002. 02 생명과학연구소 국가공인연구소인증, 품질시스템인증서 취득
  - 09 의약외품 제조업 신고(식품의약품안전처)
- 2003. 02 유망중소기업선정, 우량기업선정
  - 07 유망중소기업선정, 우량기업선정
- 2005. 08 수출유망기업선정(중소기업청)
- 2012. 10 무수화 자외선차단제품 개발 국내최초
  - 11 무방부제 화장품 개발완료, 기업부설 연구소 서울이전 설립
- 2014. 04 식약처 CGMP 적합업소 인증
  - 05 ISO 22716인증 취득
  - 12 세종시 기업인 대상 수상
- 2015. 02 ISO 9001 취득
  - 10 중국현지법인 상해나우코스 설립
- 2016. 03 동물의약품 KVGMP인증
  - 08 세종2공장 공장등록 승인(세종특별자치시 아야목길 37)
- 2017. 12 중소벤처기업부 장관상 수상
- 2018. 01 고용노동부 청년친화 강소기업 선정
  - 02 경영혁신형 중소기업 메인비즈 인증 취득
  - 07 OHSAS 18001 취득, ISO 140001 취득
- 2019. 12 독일IF디자인어워드패키지부문 본상 수상, 벤처기업인증 취득
- 2020. 04 서울사무소 및 기업부설연구소 확대
  - 06 세종 1공장 공장증설 승인(623-2)
- 2022. 09 세종 2공장 자동화 라인 증축

내츄럴코리아

회사명	(주)내츄럴코리아
대표자	박홍순
주 소	경기도 파주시 문산읍 돈유2로 140
대표 연락처	홈페이지: www.natural-korea.com 전화: 031-953-2841~3

△천연 식물성 특화제품 연구개발 탁월

연구개발력을 기반으로 자연친화적으로 특화된 기능성화장품과 의약외품의 연구개발에 비중을 대폭 확대하고 품질을 높여 전문성있는 제품을 공급하는 기능성 전문제조업체로 다품종 소량생산 고객사에 적극 대응하며 고객의 니즈(Needs)와 연구개발 시즈(Seeds)를 빠르고 정확하게 파악하고 이를 효과적으로 조화시켜 제품을 개발하고 있다.

△에스테틱용 제품 특화, 기능성 화장품과 의약외품으로 확대

피부관리실용 제품과 방문판매, 피부과 병원, 스포츠센타 전용 제품의 연구개발에 이어서 기능성 제품으로 전환된 구 의약외품 등으로 연구개발 영역을 특화시켜 나가고 있다. 또한 천연 식물성 원료 기능성 신제품 연구개발에도 집중해 미백 기능성 제품과 함께 아토피, 리프팅, 바디 슬리밍 등 특화된 제품 개발에 연구개발력을 투입하고 시장조사 단계부터 연구개발과 생산, 품질관리에 최선을 다하고 있다.

△생산설비 확충과 CGMP시설 완비

2018년 9월에 신공장으로 확대 이전하여 생산설비를 확충하고 생산캐파를 증대했다. 또한 CGMP시설을 완비하고 품질관리를 최우선으로 하며 CGMP인증을 준비하고 있다. 중국 및 동남아 시장뿐만이 아니라 미국 및 캐나다 등 해외시장을 공략하며 수출 판로를 확대해나가고 있다.

▶ 연혁

- 2001.07 회사명 '유유디앤씨' 로 법인 설립
- 2001~2005 화장품 제조업 신고 / 동물 의약외품 제조 승인 / 의약외품 제조 승인
- 2006.01 회사명 '내츄럴디앤씨' 로 변경
- 2009.03 기업부설연구소 설립
- 2009~2010 ISO9001, ISO14001 인증 취득 / INNO-BIZ 기업 선정
- 2012.01 회사명 '내츄럴코리아' 로 변경
- 2015.01 [특허 등록] 청매실 발효 추출물을 함유하는 피부미백용 화장료 조성물 및 그 제조방법
- 2016.01 ISO22716 인증 취득
- 2018.08 신공장 이전, 생산설비 확충
- 2019.08 CGMP 시설 완비
- 2020.05 위생사업부 신설

다비드화장품

회사명	주식회사 다비드화장품
창립일	1991년 9월 15일
대표자	이강욱
주 소	인천광역시 서구 도담8로 14 (오류동 1638-4)
대표 연락처	홈페이지: www.davidcosmetic.com
사업부문	천연화장품,유기농화장품,비건화장품,기능성스킨케어,의약외품

▶ 회사 소개

주식회사 다비드 화장품은 고객의 신뢰와 사랑을 바탕으로 화장품 업계의 'David'가 되기 위하여 지난 30년간 업계 최고 품질의 기능성 및 천연&유기농 화장품을 공급하기 위하여 생산시스템을 개선하고, 원료와 제품개발에 최선을 다하고 있다.

주식회사 다비드 화장품은 2004년부터 본격적인 천연화장품 개발에 뛰어들기 시작하였다. 그 당시만해도 요즘과는 다르게 전성분에 대해 관심조차 없던 시기였으며, EWG나, 천연&유기농 화장품에 대한 관심과 니즈가 적었던 시기였다. 다비드는 이때 중요한 결정을 내리게 되었고, 이것이 지금 다비드 화장품만의 노하우와 강점이 되어, 앞으로 커져가는 천연화장품 시장의 글로

INSTITUTE OF GLOBAL CERTIFICATION

IGC

Management System Certification Body No. MSCB-105

품질환경경영시스템인증서

No. 19-AC-0378 Rev. 0

주식회사 다비드화장품

인천시 서구 도담8로 14(오류동)

하기 규격에 따라 품질 및 환경경영시스템이 적격하게 수립 및 유지됨을 확인함

ISO 9001:2015 & ISO 14001:2015

인증범위

화장품 제조

우수화장품 제조 및 품질관리기준 적합업소 증명서

4. 신청분류 전 공정

식품의약품안전처장

COSMOS Certificate

KTR

KTR COSMOS ORGANIC

인증번호 : CA-0016

COSMOS 인증서

업체명 : 주식회사 다비드화장품

주 소 : 인천광역시 서구 도담8로 14(오류동)

인증표준 및 번호 : COSMOS-Standard Version 3.1 [CM-COR2-00]

인증품목 : 별지참조

인증분야 : COSMOS ORGANIC (Scheme Type III)

인증범위 : 일반사항, 원료의 유래 및 공정, 전체 제품의 구성, 보관, 제조 및 포장, 환경관리, 라벨링 및 홍보

위 업체는 제품의 품질향상 및 소비자보호를 위하여 Cosmos-Standard 기준에 적합한 우수한 상품을 생산하고 있기에 COSMOS 인증 업체로 인증함.

2020 년 7 월 31 일

한국화학융합시험연구원장

인증본부

VEGAN

EXPERTISE VEGANE EUROPE

COMPLIANCE CERTIFICATE

EXPERTISE VEGANE EUROPE

Beneficiary

Products / Activities

벌 No.1을 목표로 삼는 자신감이 되었다.

다비드만의 천연&유기농 화장품에는 그 누구도 따라올 수 없는 수년간의 노하우가 깃든 처방과 천연&유기농화장품이지만, 일반화장품과 같이 우수한 사용감을 유지할 수 있는 기술력을 가지고 있다.

또한, 화장품과 관련된 각계각층의 전문가들로 구성되어진 연구위원회를 운영하고 있으며, 최신 국내외 정보를 종합 분석하여 시대에 앞서가는 신제품과 신기술 확보 및 개발에 총력을 기울이고 있다.

지난 2018년 다비드화장품은 글로벌 시장에 보다 높은 품질의 천연화장품을 대량생산할 수 있도록, 120억을 투자하여 1,500평 규모의 제조 및 생산시설을 구축하였으며, 천연, 유기농 화장품 전용 제조시설과 충 · 포장 설비 라인을 통해 보다 높은 품질을 유지할 수 있도록 더욱 더 신중을 기하고 있다.

다비드화장품은 고객사 95%이상이 자연주의, 유기농, 비건 등의 친환경적인 브랜드 스토리와 제품 컨셉을 가지고, 신제품 개발 및 마케팅을 진행하고 있으며, 고객사 글로벌시장 진출에 맞춰 안정적으로 제품을 공

급을 할 수 있도록 최대 월 500만개까지 유동적으로 생산, 납품이 가능하다.

다비드화장품은 이러한 기술력과 설비를 바탕으로 현재까지 ISO22716, CGMP, 의약외품 제조허가, 이브비건, 코스모스 천연&유기농 인증절차를 완료하였으며, 할랄인증도 준비할 예정이다. 이 외에도 고객사 및 글로벌 천연화장품 흐름 및 자사개발 기준에 필요한 인증에 대해 적극적으로 투자할 예정이다.

작년 코로나19로 인해 전세계적으로 실생활 및 위생과 관련된 케어제품에 관심이 많았다. 다비드화장품은 가장 먼저 의약외품 손소독제를 우선적으로 개발,공급하였으며, 천연유래 항균 및 스킨케어 및 의약외품 제품을 연구개발하였다. 위생과 관련된 만큼 효능을 입증하여야 하고, 천연식물 성분으로만으로도 보다 높은 효과를 볼 수 있는 제품을 개발중에 있다.

최근 글로벌 트렌드도 천연, 유기농, 친환경에 맞춰 발전하고 있다. 코로나 이전에는 다양한 해외박람회 참가를 통해 세계각국의 바이어들과 소통하였으나, 코로나 이후 언택트 시대를 맞아, K-천연, 유기농화장품에 대한 빠르고, 안전한 소통을 위해 디지털화 준비에 박차를 가하고 있다.

▶ 인증현황

ISO22716, CGMP, 의약외품 제조허가, 이브비건, 코스모스 천연&유기농 인증

▶ 회사 연혁

- 2021년　　업체별 원산지 인증수출자 인증 / 중소벤처기업인증 /
  글로벌 스탠다드 코스모스 유기농 화장품 제조시설 인증
- 2020년　　기업부설연구소 인증
- 2020년　　CGMP / EVEVEGAN / COSMOS ORGANIC /
  국내천연화장품 1호인증 획득
- 2019년　　신공장 이전
- 2016년　　화장품 GMP ISO 22716:2007 인증
- 2010년　　수출 100만불 돌파
- 2010년 3월　　의약외품 제조허가 취득
- 2009년　　유망중소기업 인증
- 2009년 9월　　일본 홈쇼핑 제품공급
- 2009년 8월　　공장 확장 이전
- 2008년 2월　　벤처기업인증(KIBO 기술평가보증기업)
- 2007년　　다비드화장품 부설연구소 개설
- 2007년　　한경대학교 화장품 연구팀 기술제휴
- 2007년 2월　　환경경영시스템 KS A 14001:2004 인증
- 2006년 12월　　기술혁신형 중소기업인증(INNO-BIZ)
- 2006년 9월　　품질경영시스템 KS A 9001:2001 인증
- 2006년 7월　　일본,유럽 기능성화장품 수출
- 2006년　　기능성(미백, 주름개선, 자외선차단) 인증 30건
- 2005년　　클린사업장 인증서 취득
- 1991년　　KGMP에 준하는 시설로 화장품 제조업 허가 취득

(주)대경피앤씨

회사명	(주)대경피앤씨
대표자	박규수
주 소	경기도 평택시 청북중앙로 349
대표 연락처	홈페이지: www.dkpnc.com 전화: 031-257-8261, 1공장팩스: 031-684-8262 / 2공장 팩스: 031-684-8263

▶ 회사 소개

대경P&C는 2007년 창립하여 현재까지 각 종 사출용기 및 바이알 유리용기 시장의 새장을 열어가고 있다. 대경P&C는 다양한 용도의 용기를 전문적으로 생산하는 전문 업체이다. 특히, 고도의 기술력이 요구되는 각 종 제약 용기에서부터 화장품 용기까지 폭넓은 전문분야의 용기들을 직접 생산 및 유통하고 있다.

다양한 용기들을 개발하여 생산 및 유통까지 고객의 입장에서 고객이 원하는 방식으로 원스톱 서비스를 추구 하고 있다.

이를 실현하기 위한 국내 생산 라인은 플라스틱 사출 라인과 더불어 바이알 생산라인을 동시에 갖추고 있는 차별화된 강점으로 두 생산 분야를 함께 운영함으로써 대경P&C만의 독자적 노하우로 용기 시장을 선도 하고 있다. 또한, 중국 현지의 용기 전문 제조업체와 MOU를 체결, 원가 절감을 실현함과 동시에 고품질의 용기를 수입하여

국내의 제약회사 및 콘텍트 렌즈회사를 대상으로 바이알, 고무전 그리고 알루미늄 캡의 제품 등을 국내 공인 시험기관인 한국화학융합시험연구원(KTR)을 통하여 철저한 TEST를 거쳐 신뢰 받을 수 있는 우수한 제품을 동시에 공급하고 있다.

더불어 기술이전으로 국내에서의 생산을 진행함으로써 대량생산능력을 보유, 고객의 피드백에 바로 응답할 수 있는 여건을 갖추고 있다.

화장품 용기 생산에 있어서 대경P&C는 독자적인 기술력을 바탕으로 R&D부문에 공격적인 투자를 진행하고 있으며 고객사와 소비자들의 니즈에 부합하는 우수한 제품을 개발하고 있다. 또한, 앰플병의 성형에서부터 인쇄까지 진행할 수 있는 것이 대경P&C만이 가지고 있는 특화된 장점이라 할 수 있다. 모든 후가공 절차를 진행하기 위해 스포이드 조립라인을 설치함으로써 높은 제품 회전성과 대량생산이 가능하다. 독자적인 품질관리부서를 운영함으로써 사출과 바이알 생산라인의 모든 공정을 시간별로 검수하여 품질을 높이고 있다.

▶ 주요생산품목

• 화장품용기 사출, 바이알, 피펫, 자동인쇄, 프리필드 시린지

▶ 공장 면적

• 1공장면적–부지: 3,819mm²
건축면적: 1,478m²

• 2공장, 3공장면적–부지: 6,612m²
2공장 건축면적 1,927m²
3공장 건축면적 2,541m²

▶ 생산시설

사출기, 조립라인, 바이알 생산라인, 피펫 생산라인, 자동인쇄 라인, 다이렉트 브로우, 인젝션 브로우 등

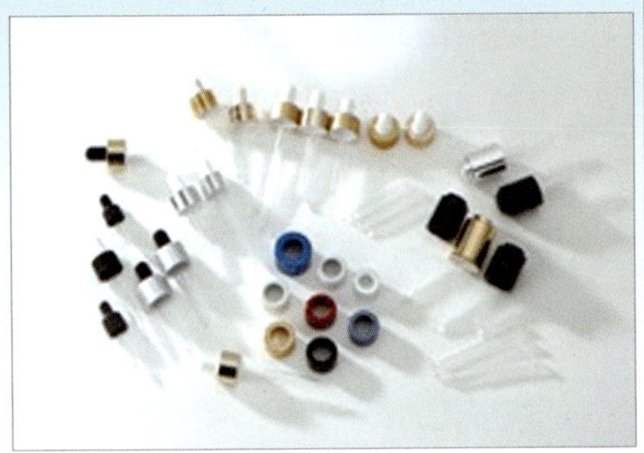

▶ 회사연혁

- 2007. 01. 대경 알앤씨 설립 (대표: 박 규수)
- 2010. 09. 법인전환 (주식회사 대경 피앤씨)
- 2012. 05. COPHEX 제약화장품전시회참가 (킨텍스)
- 2013. 11. 코스모 프로프 홍콩박람회 참관
- 2014. 01. 2공장 건물준공 건축면적 1,406.68㎡ <연면적 2,499.56㎡>
- 2014. 01. 사업장 이전 (경기도 평택시 청북면 청북중앙로 349)
- 2014. 09. 공장 등록(청북중앙로 349)
- 2014. 10. ISO- 9001: 2008 , ISO- 14001: 004 획득 / 연구전담부서 신설
  특허 등록 (숫형 베이스커브 몰드의 불록 형상면 코팅층 건조용 베이스커브 몰드건조대)
- 2015. 01. 주사약제 수용용기 상측 플립 캡의 NON-AL대체제 연구개발
  04. COPHEX 제약화장품 전시회 참가(킨텍스)
  03. 한국무역협회 회원등록

• 2016. 02. 2 공장 신축 완공
04. 평택상공 회의소 회원 가입/특허등록 (의료용기용 캡)
헬스 앤 뷰티 박람회 참가 (코엑스)
09. ISO- 9001: 2008 , ISO- 14001: 004 획득

• 2017. 01. 특허등록 (질 세정기)
04. 디자인등록: 포장용 용기
09. 기업부설연구소 설립
12. 경기도기술고도화사업완제품개발지원사업협력기업시행

• 2018. 07. Main-biz 인증
08. 특허등록 (주사기방식의 이종물질혼합기 및 그조립방법)
10. 벤처기업인증, 이노비즈기업인증,
12. 중소벤처기업부장관표창 수상
경기도기술고도화사업완제품개발지원사업협력기업시행

• 2019 01. 디자인등록 (동물용 수액용기) / 위험성평가 인정
03. 디자인등록 꼬마주사기 용기
04. COPHEX 제약 및 화장품전시회 참가(킨텍스)
05. 코스모뷰티 서울2019전시회 참가 (코엑스)
08. 경기도 기술고도화 사업 완제품 개발지원 사업 협력기업 선정
스크류 타입 이종물질 혼합기 특허 취득
09. 2공장 공장등록(정북중앙로 349-13)
10. 병역지정업체(산업체) 선정 / 스크류 타입 이종물질 혼합기 특허 취득
11. 대한민국 엔지니어상 수상

• 2020 02. 3공장 착공 면적 2,531.40㎡
05. 스냅버튼스포이드 용기 디자인등록
09. 누액방지구조가 구비된 화장품 용기 특허등록
3공장 준공 면적 2,531.40㎡
10. ISO- 9001: 2008 , ISO- 14001: 004 획득

대화유씨피

회사명	대화유씨피
대표자	김정전
주　소	서울시 중구 퇴계로54길 8 쌍림동 대화특수빌딩
대표 연락처	홈페이지: www.dh-print.co.kr, 이메일: dh3659@hanmail.net 전화: 02) 2273-3659, 팩스: 02) 2277-6940

▶ 회사 소개

1977년 창립 이래 특수인쇄 분야를 선도해 온 대화UCP는 디지털사업부를 발족, 디지털 특수인쇄 분야의 리딩 컴퍼니로 자리매김했다. 대화UCP는 "Universal Company of Printimg"의 머릿글자로 인쇄와 관련된 모든 프로세스와 이를 위한 기술과 품질, 서비스 등에 있어 전 세계적인 표준, 모범을 지향하겠다는 의미이다.

지난 2010년 5월에 HP인디고4500을 도입하여 디지털시대의 첨병으로서 인쇄분야의 새로운 이정표를 제시한 바 있었는데 10년이 지난 2020년 6월에 **최신기종 인디고 6900으로 교체**하여 한층 더 발전된 디지털 시대를 열어가고 있다.

디지털 인쇄 방식은 제품의 기획에서 판매까지의 리드타임을 단축할 수 있고, 재고율을 획기적으로 줄일 수 있는 강점을 가지고 있으며, 소량 다품종의 생산이 가능해 스마트한 시대의 새로운 인쇄 수요를 창출하고, 고객 니즈의 만족을 실현하는 데 최적의 시스템이다.

김정전대표는 디지털인쇄기를 가장 화려한, 고품질의 인쇄를 요구하는 화장품라벨에 적용하여 다양한 고객들의 요구사항을 만족시키는데 적절한 시스템임을 고객과 함께 매번 절감한다고 칭찬을 하셨고 화려함을 더 짙은 향기로 가득 채운 넘버링, 난수, 친환경, 바코드 등 고난도 선진기술의 총결집을 이루어낼 수 있었다고 한다.

45년 라벨 개발의 외길을 걸어 온 대화UCP의 강점은 끊임없는 R&D 투자를 진행해 글로벌 시장에서도 손색이 없는 최고 품질의 라벨을 생산하는데 있다.

올해 12월에도 **최신 로터리 LR4 기종이 도입된다.**

또한 2022년 5월, 인쇄업계에 그간 쌓아올린 공적을 인정받아 정부로부터 은관문화훈장을 수훈한 김정전 대표는 앞으로도 생산 효율성과 최상의 시스템을 구축하기 위해 설비에 지속적으로 과감하게 투자하여 혼을 담은 라벨 개발로 국내외에서 인정받는 대화U.C.P. 가 되도록 임직원 모두와 최선의 노력을 다 할 것이다.

(주)더말코리아

회사명	주식회사 더말코리아
대표자	정연호
주 소	본사(공장) : 충청북도 음성군 삼성면 대성로 547번길 105 야탑사무실 : 경기도 성남시 분당구 야탑로 81번길 10 아미고타워 7층 713호
대표 연락처	공식 홈페이지: www.dermalkorea.com, 대표 이메일: os@dermalkorea.com 본사(공장): 031-798-7114 사무실 : 031-704-8222, 팩스:031-778-7010

▶ 회사 소개

주식회사 더말코리아는 2002년 법인 설립 이후 스킨케어 전문 브랜드 기업으로 인지도를 쌓았으며, 국내 최대 제조 및 포장 설비와 철저한 품질관리 시스템을 갖춘 화장품 전문 기업이다. 우수한 품질의 신제품 개발과 글로벌 시장의 흐름을 반영한 경쟁력 있는 제품을 다수 생산하여 고객으로부터 꾸준한 신뢰를 얻는 기업으로 성장하고 있다.

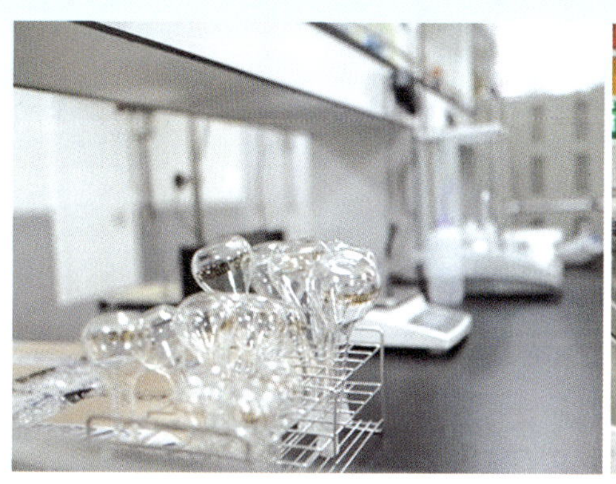

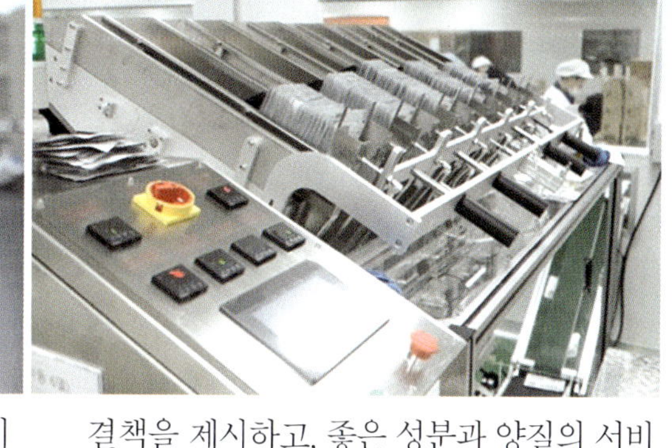

'DERMAL'은 '피부의, 피부에 관한'이라는 사전적인 의미를 가지며, 'MAKE A DIFFERENCE'라는 슬로건과 함께 수년간 쌓아온 피부 전문 지식과 과학적인 솔루션을 바탕으로 차별화된 제품을 완성시키고자 하는 철학을 담고 있다.

더말코리아는 이러한 철학을 바탕으로 다양한 외부 환경으로부터 민감해진 피부 개선에 도움을 주며 건강한 피부를 유지하기 위해 끊임없는 연구와 제품 개발에 힘써왔다. '예민해진 피부에 근본적인 맞춤 해결책을 제시하고, 좋은 성분과 양질의 서비스를 제공하는 것'을 기업의 가치로 삼아 꾸준한 노력을 거듭하며 우수한 기업으로 발돋움하고 있다.

글로벌 최대 쇼핑 플랫폼인 아마존에서 '더말 콜라겐 에센스 마스크'로 시트 마스크팩 카테고리 강자로 거듭나며 글로벌 경쟁력을 다졌다. 더말코리아의 대표 상품인 더말 콜라겐 에센스 마스크는 46종의 다양한 종류와 끈적임없이 촉촉한 에센스로 전 세계인의 사랑을 받으며 꾸준한 수출 성장

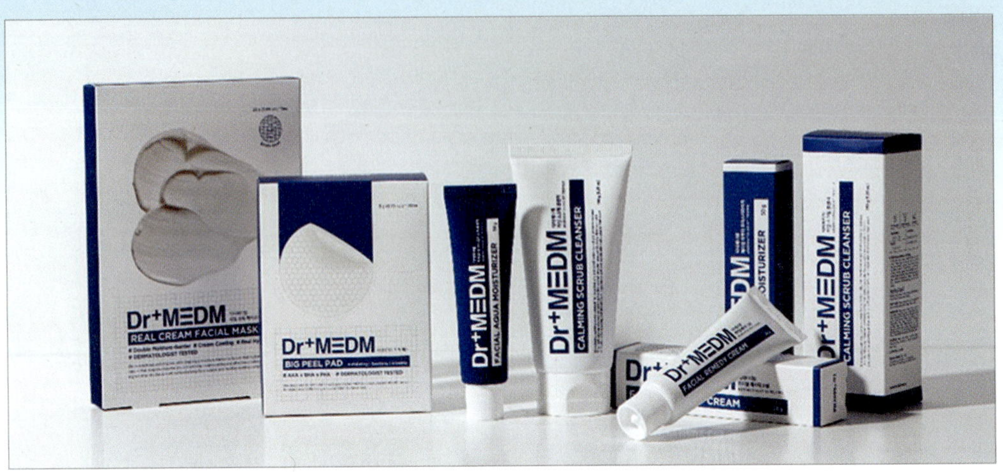

세를 이어오고 있다.

또한 스킨케어 브랜드 '닥터메디엠'을 통해 코로나19 시대에 장시간 마스크 착용으로 인한 피부 고민을 해결해주는 저자극 스킨케어 라인을 출시하였다. 클렌저, 크림 2종, 마스크팩, 토너패드로 이루어진 이 라인은 현재 국내 뷰티 시장에서 '저자극 스킨케어 브랜드'로서 활발히 기반을 다져나가고 있다.

2021년 상반기 더말코리아는 닥터메디엠 트리플C세럼을 출시하여 정제수0%, 물 타지 않은 프리미엄 저자극 비타민C세럼을 선보였다. 트리플C세럼은 여성들의 주요 피부 고민인 미백과 보습, 탄력을 한 번에 관리해주는 만능 비타민C세럼으로 고농축, 고함량, 고영양을 자랑한다. 소비자의 니즈에 맞게 고를 수 있도록 20ml 와 50ml 그리고 20ml 3개 기획세트로 구성되어 있다.

더말코리아는 자사 브랜드 제품 외에도 OEM과 ODM을 통해 글로벌한 제품을 생

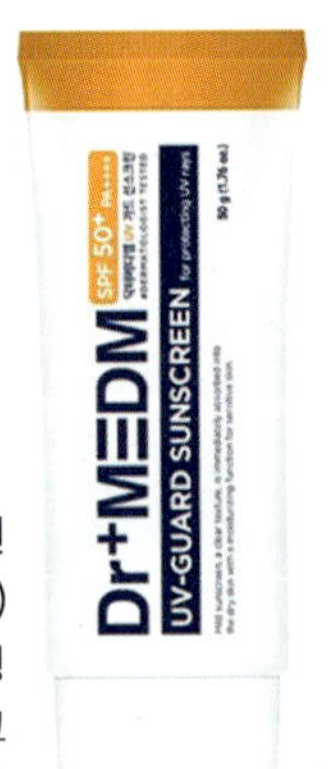

▶닥터메디엠 UV가드 선스크린 SPF50+ PA++++ (50g)
산뜻한 수분 로션 같은 부드러운 제형의 선크림으로 저자극으로 순하고 강력한 자외선 차단 효과를 선사

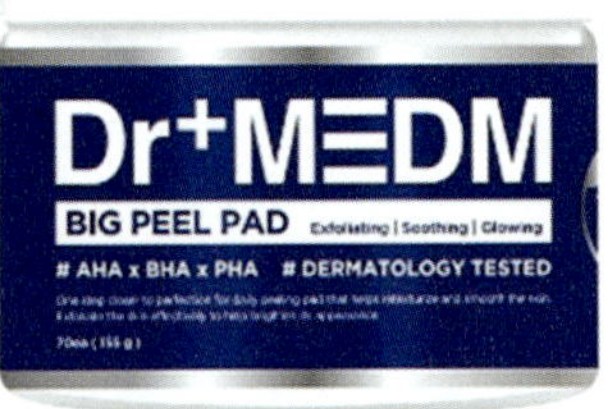

▲닥터메디엠 빅필패드(70ea)
AHA_BHA_PHA성분이 함유된 대왕 토너패드로 병풀 추출물이 함유되어 순하고 촉촉한 피부 완성

산한다. 제품의 기획, 연구개발, 제조, 생산까지 전 공정을 관리하며 엄격한 품질관리 시스템을 통해 보다 양질의 제품을 만들고자 최선을 다하고 있다. 또한 여러 종류의 설비를 기반으로 클렌저, 토너, 세럼, 크림과 같은 기초 스킨케어 제품은 물론 바디와 헤어, 스틱, 마스크팩 등 다양한 종류의 화장품을 브랜드사에 제공하여 글로벌 시장을 공략하고 있다.

더원코스메틱

회사명	(주)더원코스메틱
대표자	양정님
주 소	공장/사무실: 경기도 김포시 양촌읍 황금로 257번길 36
대표 연락처	홈페이지: http://theonecos.com/ 전화: 032) 815-8801~8802

▶ 회사 소개

(주)더원코스메틱은 화장품 OEM/ODM 전문 기업으로 2004년에 설립되어 파라벤, 합성계면활성제, 타르색소, 미네랄오일 등 피부에 유해하다고 알려진 성분들이 보편적으로 사용됐을 때부터 식물성 천연원료, 유기농 원료만을 고집해 피부에 안전한 제품 위주의 연구 · 개발 · 생산을 진행해온 기업이다. 국내 최초로 파라벤 없는 화장품 개발해 유럽 및 일본에 20여 거래처를 확보했고 인체에 무해하고도 친환경적인 천연원료로 제품개발에 주력한 결과 천연화장품 연구 및 제조 전문회사로써 선두주자로 자리매김하고 있다.

또한 오랜 시간 화장품 시장의 경험을 바탕으로 '천연화장품 전문 제조사'라는 포트폴리오를 만들어가고 있으며 다품종 소량 생산 시스템으로 클라이언트의 초기 부담을 덜어주고자 노력하고 있다.

2019년에는 새로운 도약을 위해 김포 학운 3산업 단지로 CGMP기준의 시설을 확충하고 이전했으며, 기초 및 헤어 제품의 생산 위주에서 색조 제품의 생산 시설을 보완해 7,900m² 규모로 연간 3,500만개의 생산 시설 및 생산 능력을 확보하고 제2의 도약을 꿈꾸고 있다.

ISO 9001:2015, ISO 14001:2015, ISO 22716 인증을 모두 받았으며, 현재 2건의 특허(산소가 발생하는 다기능 화장품 조성물/추출물을 유효 성분으로 하는 화장료 조성물)를 보유하고 있다.주요 생산 제품은 △기초화장품 △천연화장품 △비건화장품 △유기농화장품 △기능성화장품 △헤어케어 △바디케어 △색조화장품 △마스크팩 등이다. 또한 포장 설비로는 △자동셀라인 △튜브 실링기 2대 △마스크팩 자동 접이기 △마스크팩 자동 충진 포장기기 △자동 샘플 타우치 기기 △자동 수축포장기기 △평탄 자동스티커 부착기 △측면 자동 스티커 부착기 등이 있다. 매년 발전을 거듭하고 있는 더원코스메틱은 지난 5년간 R&D 인력을 최소 30% 이상으로 유지해왔으며,

현재 계속해서 인원을 충원하고 있다. 다수의 연구인력은 업무외에도 집중연구 기간을 따로 설정해 새로운 원료와 제형을 개발하는데 주력하는 등 끊임없는 연구를 이어가고 있다.

▶ 회사 연혁

- 2004　화장품 제조업 허가 취득 (주)더원코스메틱 법인 설립
- 2008　공장확장 및 증설 산소버블폼 특허 출원 및 제품출시
　일본,태국,베트남,중국,대만 등 수출
- 2009　천연화장품 개발 및 런칭 온라인 시장 '시드물' 메가히트
- 2011　환경경영시스템인증(ISO 14001:2004)
　품질경영시스템인증(ISO 9001:2008)
　ECOCERT 원료 기반 제품 개발 식물성 줄기세포 제품 개발
- 2012　제1연구실 및 사무실 확장 이전 화학성분 배제 천연화장품 개발 및

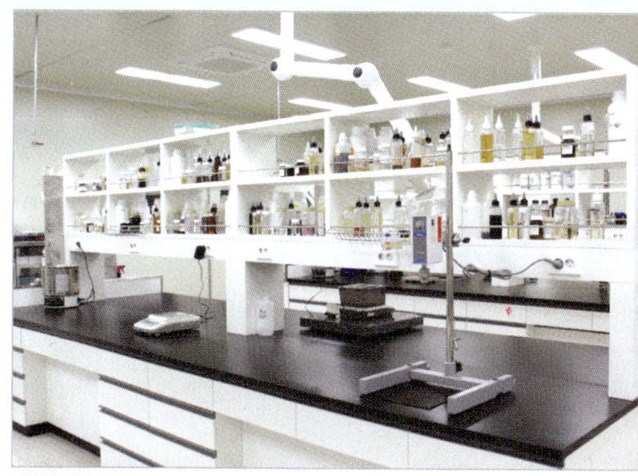

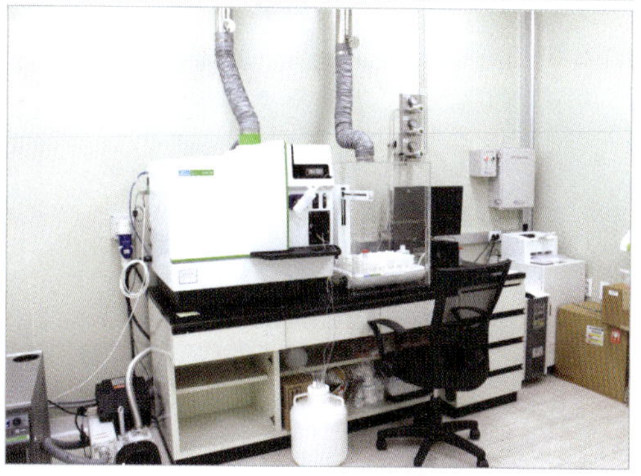

출시 발효 효모 특허 화장품 개발

- 2014　'보나쥬르' 인도네시아식약처 공식 수출 허가(국내 최다 품목 승인)
  원조 '흔적세럼' 개발 및 온라인 시장 히트 Vegan 제품 연구 및 개발 진행
  식품의약품 안전청 화장품 제조업 등록필
- 2015　한방성분 사용한 아토피 진정 화장품 개발 자사 아토피 전용 브랜드
  '아토비케이' 런칭 국내 최초 부활초 핵심성분 화장품 개발
- 2017　이노비즈 인증 메인비즈 인증 국내최초 '루페올' 함유 제품 개발
  '욕세럼' 개발 및 온라인 히트
- 2018　'보나쥬르' 비건인증 (40개 품목 으로써 단일브랜드 중 국내 최대)
- 2019　5월 중 7600㎡ 규모의 신축공장 완공 ISO 22716, CGMP 인증 완료

(주)동방코스메틱

회사명	(주)동방코스메틱
대표자	차영환
주 소	인천광역시 서구 가재울로32번길 39(가좌동)
대표 연락처	홈페이지: www.dbcos.kr 전화: 032-571-3347~8, 팩스: 032-571-3349

▶ 회사 소개 OEM/ODM 전문기업

(주)동방코스메틱은 화장품 연구개발 및 제조OEM, ODM업체로 설립 이래 지속적인 기술 혁신을 통해 빠르게 변화하는 코스메틱 시장에서경쟁력을 확보하고 우수한 연구진 및 기술력을 보유하고 있으며 안전성 있는 품질력으로, 국내 유통은 물론 해외 시장에 이르기까지 글로벌 코스메틱 선도기업으로 성장해 왔다. 2000년 창립 이래 우수한 연구인력을 보유하고 있는 R&D센터를 기반으로 스킨케어/색조/헤어/바디/기능성제품/애완용제품/ 및 공산품 등의 사업을 전개해 오고 있으며, 기업으로서의 책무인 국가 경제와 사회 발전에 꾸준히 공헌해 오고 있다. 대한민국 및 글로벌 코스메틱 산업을 이끌어간다는 사명감을 원동력으로 삼아 철저한 품질경영 및 지속적인 연구개발을 통해 소비자가 믿을 수있는 제품을 생산하고 끊임없는 변화와 혁신을 통한 새로운 코스메틱 시장을 리드하는 기업으로 노력해 나갈 계획이다.

▶ 제조생산 설비 현황 : 7t, 6t, 3t, 2t, 1t, 1.5t, 500kg, 500kg, 300kg

OEM/ODM PORTFOLIO

▶ 회사 연혁

- 2021년 1월 위생용품 제조업 등록
- 2020년 9월 중국위생 허가 취득
- 2020년 7월
  BELSON K-비말차단마스크 런칭
- 2018년 IOS 22716 인증
- 2016년 자사(CGMP) 공장 신축
- 2013년 2월
  식품의약품안전청 화장품 제조업 등록필
- 2012년 1월 의약외품 제조 허가 취득
- 2000년 5월 동방코스메틱 출범

▶ 인증현황

- 세제 및 수제비누 / 공산품
- BELSON K 비말차단마스크
  (KF-AD)인증
- VEGAN CERTIFICATE 인증
- BELSON K 마스크_KC인증
- 2019년 기술평가우수인증기업
- ISO 22716, ISO 9001
- 연구개발전담부서 인정
- 화장품 제조업
- 화장품 제조판매업

▶ 생산 설비 및 품목

- 스킨케어, 헤어/바디/색조제품, 기능성제품, 애완용제품, 의약외품,
  공산품(방향제, 세제), 마스크

동성제약

회사명	동성제약
대표자	이양구
주 소	본사 : 서울시 도봉구 도봉로 683(방학동 동성빌딩) 아산공장 : 충청남도 아산시 둔포면 관대안길 45 (주)오마샤리프화장품 공장 및 연구소 : 충청남도 아산시 음봉면 연암율금로 237-29
대표 연락처	홈페이지: www.dongsung-pharm.com 본사 02)6911-3600, 아산공장 041)420-5400, 오마샤리프화장품 041)420-5588 해외 지사 또는 주요 매장 : 미국 LA, 중국 상해 주요 제조(유통)브랜드 : 동성 랑스, 이지엔, 에이씨케어, 리투앤

▶ 회사 소개

동성제약은 진보된 의약기술 분야와 축척된 염모제 기술 분야, 신개념의 기능성 화장품 분야 등 변화하는 사회환경에 발맞춰 다각적인 사업을 시행하고 있다.

창립 이후로 끊임없는 연구개발과 품질 혁신으로 자타가 인정하는 기술적 진보의 성과를 이루어 온 동성제약은 이에 만족하지 않고 최신설비의 대규모 공장과 연구소를 통해 신기술 개발에 더욱 박차를 가하여 차별화된 제품, 국제경쟁력은 가진 제품을 만드는데 주력하고 있다.

▶ 주요 특허 보유 현황

봉독 관련

• 봉독을 유효성분으로 하는 여드름 예방 및 치료용 조성물(특허 제10-1018352)

• 봉독을 유효성분으로 함유하는 피부미백 및 피부질환 예방 및 치료용 조성물(특허 제10-1225114)

누에실샘 관련

• 누에생실샘 미세분말을 포함하는 색조 파우더용 화장품(특허 제10-1340484)

• 누에생실샘 미세분말을 포함하는 트윈케이크 및 팩트용 화장품(특허 제 10-1340502)

염모제 관련

• 자외선 차단제를 함유하는 산화형 염모제(특허 제10-0665342)

화장품 관련

• 아데노신 및 유용성 감초추출물의 리포좀기술을 이용한 안정화 기술 및 이를 함유하는 화장료 조성물과 그의 제조방법(특허 제10-0670440)

• 피부노화억제에 효과적인 키네틴의 리포좀기술을 이용한 안정화 기술 및 이를 함유하는 화장료 조성물과 그의 제조방법(특허 제10-0779819)

▶ 주요 브랜드

동성 랑스크림: 멜라닌의 생성과 배출 과정에 관여하여 맑고 환한 피부를 가꾸는 데 도움을 주는 미백 기능성 화장품이다.

이지엔(eZn): 동성제약이 지난 2014년 올리브영에 단독 런칭한 염모제 브랜드이다. 탱탱한 푸딩 제형으로 혼자서도 뿌리와 뒷머리까지 손쉽게 염색이 가능하며, 모발에 빠르게 침투하는 제형의 특성으로 선명한 컬러를 구현해주는 것이 장점이다.

에이씨케어: 문제성 피부에 빠르고 효과적으로 대응하여 깨끗한 피부로 유지 및 개선시켜주는 제품으로, 동성제약이 1998년에 출시한 브랜드이다.

리투앤: 농업진흥청과 공동 개발된 천연 실크 추출물인 실크 프로테인(특허등록 제 0428431호)을 함유한 안티에이징 기초 브랜드다. 실크 프로테인이란 누에고치의 섬유인 실크의 피브로인에서 추출한 성분을 뜻한다. 피부 세포 내의 수분을 채워줄 뿐만 아니라 피부 보습막을 형성하여 수분 손실을 막아준다.

▶ 회사연혁

- 1957 동성제약주식회사설립
- 1965 끊이지 않는 염색약 양귀비 출품
- 1968 패션염색약 훼미닌 발매
- 1983 (주)오리리 화장품 설립
- 1993 국내 최초 파운데이션으로 FDA(미국식품의약청) 공인
- 1996 공장신축(충남 아산) CGMP 인증 획득
- 1997 (주)오마샤리프화장품 설립
- 1998 여드름 전문 브랜드 에이씨케어 출시
- 2002 20대로 되돌아가자! 실크 화장품 <리투앤> 기초 출시
- 2003 오마샤리프 전 브랜드 베트남 수출 및 호치민시 전용 샵 4개점 오픈
- 2004 제5회 '기능성 양잠산물 심포지엄 및 평가회'에서 농림부 장관 대상 <리투앤> 수상
- 2006 역사를 담은 컬러 – 더 커버 클래식 출시
- 2008 세븐에이트 무향료 칼라크림 출시
- 2009 순간증모제 세븐에이트 흑채 커버 스프레이 출시
- 2010 봉독화장품 에이씨케어 비즈라인 출시
- 2011 거품타입 염모제 버블앤비 포밍 헤어칼라 출시
  에이씨케어, 일본 최대 화장품 입소문 사이트 '앗토 코스메' 1위 등극
  동성제약 무역의 날 500만 달러 수출탑 수상
- 2012 거품염모제 버블앤비 포밍 헤어칼라 판매 300만개 돌파
  버블앤비 포밍 헤어칼라, GS샵 2012년 히트상품 3위, 이미용상품 1위 등극
- 2013 대만 메이우파사와 중성염모제 ODM 계약 체결
  누에 실샘의 '실크 샤이닝 파우더™'를 함유한 메이크업 브랜드
  –오마샤리프 실크 출시
- 2014 민감한 남성 피부를 위한 에이씨케어 스마트블랙 출시
- 2014 새로운 푸딩제형의 이지엔 쉐이킹 푸딩 헤어컬러 출시

버블앤비 포밍 헤어칼라, 중국 홈쇼핑 런칭 및 판매 전개

• 2015 순수 헤어트리트먼트 200만개 판매 돌파

• 2016 쉐이킹 타입 염모제 108만개 판매 돌파 /헤이 씨리얼 헤어컬러 런칭
어두워지지 않는 새치염색 '세븐에이트' 멋내기새치 신컬러 2종 출시

• 2017 이지엔 쉐이킹 푸딩헤어컬러 '스모키 애쉬' 라인 런칭
헤이 쥬씨 헤어컬러 롭스 런칭

• 2018 이지엔 헤어케어 라인 '닥터복구' 런칭
헤이 씨리얼 신규 컬러 '코튼 캔디' 3종 출시
글로벌 코스메틱 유통사 아트페이스사와 '동성 랑스크림' 중국 수출 계약 체결
이지엔 닥터복구 No.2 트리트먼트 동아일보 2018 골든걸 뷰티어워드
트리트먼트 부문 1위 수상

• 2019 이지엔 블랙빼기, 올리브영 2018 헬스&뷰티 어워즈 수상
이지엔 크리미 헤어블리치 블랙빼기 동아일보 골든걸 2019 에디터스픽
탈색제 부문 선정
동성 랑스크림, 2019 중국 상해 미용박람회 참가

• 2020 이지엔, '2020 올해의 브랜드 대상' 한국, 중국 '염모제' 부문 1위 달성
미국 월마트 닷컴에 세븐에이트, 허브스피디 등 염모제 13종 런칭
중국 샤오홍슈에 '이지엔' 국제 브랜드관 오픈
'에이씨케어 비즈 프리미엄' 베트남 시장 진출

• 2021 동성 미녹시딜과 함께 사용하는 '동성 모텍 샴푸액' 출시
암웨이 ABGIL과 염모제 공급 계약 체결
이지엔 '푸딩 염모제', 중국 왓슨스 오프라인 전 매장 입점

• 2022 이지엔, 브랜드 글로벌 뮤즈로 소녀시대 '태연' 선정
'오마샤리프' 프리미엄 토탈 헤어 솔루션 브랜드로 전면 리뉴얼
이지엔, '2022 올해의 브랜드 대상' 3년 연속 한국, 중국 2개국 염모제 부문 수상

두리화장품(주)

회사명	두리화장품(주)
대표자	이병수
주 소	본사 : 서울시 서초구 사임당로 175 갤럭시타워 13층 공장 : 충남 금산군 추부면 다복로 588
대표 연락처	본사 : 전화 02)3019-4700, 팩스 02)3019-4799 공장 : 전화 080)080-4200, 팩스 041)754-7488 홈페이지: 기업 : http://www.dooricare.com 브랜드 : http://www.doorimall.net

▶ 회사 소개

두리화장품은 1998년 한방 헤어 케어 댕기머리 브랜드를 개발한 이래 탈모, 건강 등으로 고민하고 있던 소비자들의 마음을 사로잡으며 성장한 기업이다. 두리화장품의 '댕기머리'는 어성초, 하수오, 측백엽 등의 국내산 한약재에 자사만의 블렌딩 기술을 적용했고, 33%이상의 전통방식으로 직접 달인 한방 추출물을 제품에 함유한 것이 특징이다. 두리화장품은 2009년 에는 우수보건제품을 뜻하는 GH 마크를 획득했으며 "국제 우수 화장품 제조 및 품질관리 기준"을 충족, ISO 22716 및 CGMP도 인증

받았다. 2008년에는 기술혁신 중소기업 이노비즈 확인서를 취득했으며 특히 정통 한방과학 노하우가 풍부하며, 열 추출 생산에 있어 국내 최고 수준의 기술력을 갖고 있어 업체의 다양한 요구에 맞추어 제품을 빠르게 생산 할 수 있다. 또한, 2021년 EVE(Expertise Vegan Europe)로부터 생산시설 및 운영 시스템에 대한 EVE VEGAN(이브 비건) 인증을 획득했다. 헤어, 기초, 키즈 제품뿐 아니라 동물용 의약외품까지 제조가 가능하여 비건 인증이 다양한 제품군에 적용이 가능한 점도 OEM/ODM 사업 부문에서 두리화장품(주)이 갖고 있는 장점으로 뽑힌다.

▶ 생산 설비

*생산 시설 및 강점: 두리화장품은 글로벌 기준에 맞는 제품 생산시설과 품질관리 시스템을 갖추고 있으며 금산에 위치한 생산공장은 15톤 제조믹서, 6톤 약초 추출기, 5톤 약초추출물 저장소를 보유 하고 있어 일 50만 개, 월 1천만 개의 화장품 생산이 가능하다. 또한, 한방 헤어 케어 부문에서 독보적인 강점을 보유하고 있고, 기능성 제품을 생산할 수 있는 시스템도 갖췄을 뿐만 아니라 천연 제품과 유아용 제품도 생산할 수 있는 등 다양한 주문을 소화할 수 있는 것도 장점이다.

*의약외품, 동물용의약외품 제조허가 취득: 기존분야인 화장품에만 안주하지 않고, 의약외품, 동물용의약외품 등 전문영역을 확장하고 토탈 뷰티케어 전문 기업으로서 입지를 굳히면서 업계에 역동적인 지각 변동을 이끌었다. 알프레독, 두리케어 펫앤어스 라인에서 샴푸, 린스, 귀세척제, 구중청량제, 탈취제 등 다양하게 동물용 제품을 진행하였으며 손소독제 역시 두리케어 등에서 활발히 진행하여 의약외품의 신흥강자로 떠오르고 있다.

*다양한 약초추출물 특허 보유: 두리화장품은 헤어케어, 스킨케어 부문에서 다수의 특허를 보유하고 있으며 특히 국내외 한

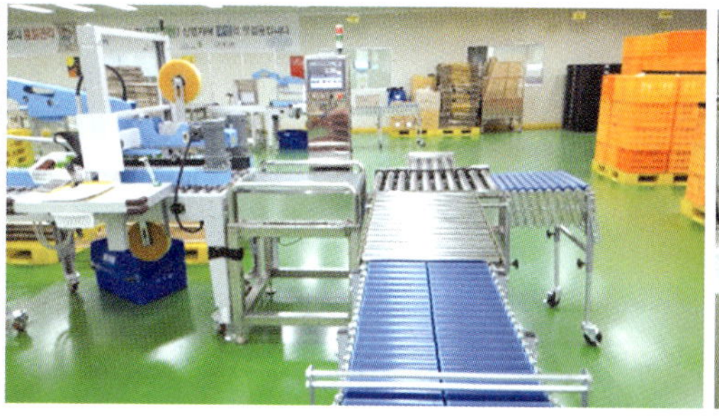

글래모 샴푸(공영쇼핑, CJ 오쇼핑 플러스 입점)

두리케어 브랜드 론칭(두리몰 전용)

약재를 이용한 한방 소재부문에서 특허 14개를 보유하고 있고 대표적으로 탈모방지 및 발모 조성물을 함유하는 샴푸, 피부 세정제 조성물, 한약재를 이용한 발모제 조성물 특허 등이 있으며, 이러한 기술을 바탕으로 소비자들이 만족할 수 있는 다양한 제품들을 제공하기 위해 노력하고 있다.

▶ R&D 현황

*연구소–소재 개발

• PCR을 이용한 DNA분석/항원 항체 반응을 이용한 단백질 분석

• 세포를 이용한 효능 및 안전성 분석

• 미생물을 이용한 안전성 분석

• "세포연구 및 효능효과 분석 가능" (성분 추출기, 회전감압농축기, 원심분리기, 진탕배양기, 고압멸균기, 초전온냉동고, 퓸후드, 클린벤치 보유)

• 80여종의 직접 추출한 한방 소재 보유 / 20종 한약재에 대한 의약외품 별첨규격 보유

• 19개의 화장품 소재 관련 특허 보유

*연구소–제품 개발

• 기능성허가 보유 현황 : 탈모관련허가, 주름/미백, 염모제, 썬케어, 여드름

• 헤어 : 샴푸, 트리트먼트, 앰플, 두피토닉, 에센스, 씻어내지 않는 트리트먼트

• 바디 : 바디워시, 바디크림, 바디에센스, 바디로션, 바디오일, 샤워젤, 바디버터, 수딩젤, 샤워 톤업 크림, 바디미스트, 핸드크림, 풋크림

• 기초화장품류 : 스킨, 에센스, 로션, 크림, 앰플, 기능성제품, 단일 추출물

• 클렌징류 : 클렌징폼, 클렌징 오일, 클렌징 워터, 클렌징 밤

• 기타 화장품류 : 비건 인증, 파우치류, 선크림, BB크림, 마스크팩, 워시오프팩, 이너미스트, 여성청결제, 러브젤, 손소독제

• 의약외품 : 동물용(샴푸, 린스, 귀세척제, 구중 청량제, 탈취제), 손소독제

*글래모 샴푸(공영쇼핑, CJ 오쇼핑 플러스 입점)

*두리케어 브랜드 론칭(두리몰 전용)

▶ 영업 마케팅 전략과 해외 활동 현황

두리화장품(주)는 미국 코스트코, 샘스 클럽, 중국의 신화그룹, 러시아의 타버트레이드사를 필두로 세계 20여 개국에 수출을 진행하고 있다. 다년간의 노력으로 진입 장벽이 높은 인도네시아 시장의 메인 유통처에 입점, 브랜드 입지를 확고히 하고 있으며, 하이엔드 시장인 싱가포르에서의 지속적인 판매, 말레이시아 왓슨스 내 베스트셀링 헤어케어 제품으로 선정이 되며 제품력을 인정받고 있다. 그 외 CIS국가, 동남아 시장에서 인증된 제품력으로 선전하며 꾸준한 성장을 하고 있으며 올해에도 두리화장품(주)는 제품의 우수성을 널리 알리고 세계적인 경쟁력을 갖추기 위해 해외박람회 참가할 예정이며 이와 같은 활동으로 대한민국 대표 화장품 회사로 성장시켜 나갈 계획이다.

*주요수출국: 미국, 중국, 일본, 캐나다, 홍콩, 싱가포르, 러시아, 호주, 뉴질랜드, 터키, 베트남, 미얀마, 몽골, 라트비아, 우크라이나, 폴란드, 태국, 불가리아, 카자흐스탄, 필리핀, 캄보디아, 키르기스스탄, 인도네시아

▶ 향후 비전

더 많은 고객들에게 건강한 아름다움을 제공하기 위해 토탈 뷰티컴퍼니로 성장하고자 스킨케어 및 바디케어 제품들로 사업영역을 확대시키며 신기술 및 대규모 공장 시설을 이용하여 OEM/ODM 사업 및 코로나19로 가속한 비대면 소비 트렌드에 발맞춰 온라인 사업을 확장시킬 계획이다. 또한, 글로벌 시장 확대를 위해 획득한 비건 인증으로 두리화장품(주)은 비건 인증 생산공장을 찾는 많은 OEM/ODM 수요 고객에 대해서도 만족스러운 서비스를 제공할 것이며 한방과학의 우수성과 동양의 미를 세계로 알리기 위해 새로운 도약을 향해 매진하고 있다.

(주)두코

회사명	(주)두코
대표자	민병선
주 소	인천광역시 서구 도담8로 12
대표 연락처	홈페이지: www.dooco.co.kr, 전화: 032) 543-9966

▶ 회사 소개

(주)두코는 1996년 설립 이래 화장품용 펌프 개발을 시작으로 현재는 화장품 진공 용기 전문 기업으로 발전했다. 현재는 국내 및 해외 고객사의 요구에 부합하고자 끊임 없이 노력 하여 최고의 품질로 보답하고 있다. 20년이 넘는 기간 동안 금형 개발 플라스틱 성형 전문 제조업체로 성장을 거듭 하여 고객 만족이라는 최우선 과제를 가지고 고객이 원하는 품질을 제공하고자 생산 시스템을 구축하여 거듭 발전하는 시장에서 고객 만족에 다가가고 있다. 이러한 노력으로 ㈜두코는 화장품 용기가 내용물을 담는 도구가 아닌 아름다움을 느끼고 그에 공감하여, 고객의 아름다움이 소중하기에 혼과 열정을 다해 제품을 만들고 있으며 지속적 성장을 위하여 혁신적 사고와 방법으로 현재의 부족함을 개선 하고 고객과 만나고자 한다. (주)두코는 고객만족을 최우선 목표로 끊임없는 기술 개발을 바탕으로 경쟁력 확보에 힘쓸 방침이다.

▶ 기업 비전

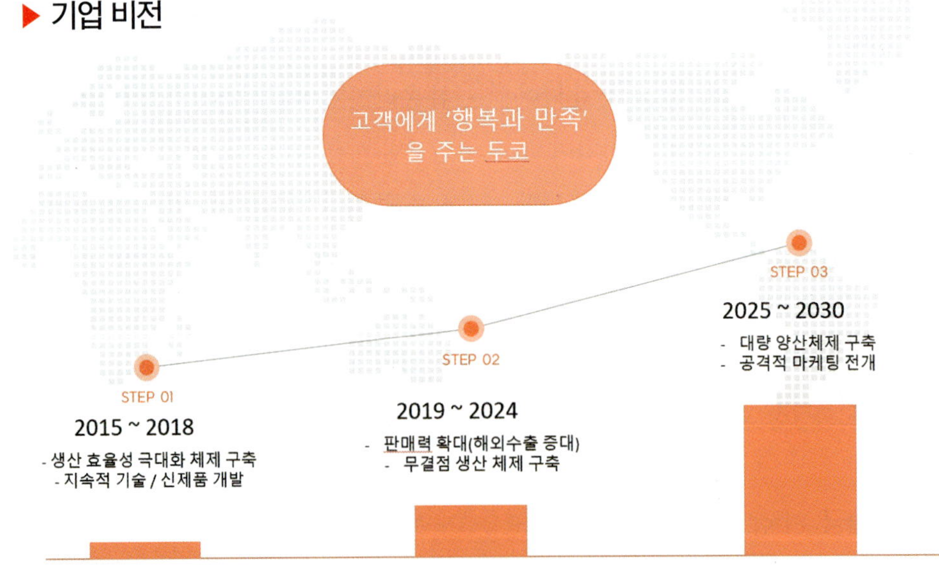

▶ 생산설비, 월 기준 (개)

*펌프생산 : 500만개　*용기생산 : 300만개　*브로우생산 : 150만개

▶ 지속가능 경영

Green R&D

RE-ECO - 다시 쓸 수 있는 제품 개발 및 확대

• Refill 가능한 용기로 플라스틱 사용량 감소

REDUCE - 탄소 배출을 줄이는 제품 확대

• 부품의 일체화, 사출 재료 사용의 감소를 통해 에너지 사용량 / 폐기량을 감소.

▶ 품질경영

㈜두코는 공정 중 4번의 검사와 출하 시 최종 검수를 통해 고객이 추구하는 품질의 제품을 생산하고 있으며, 선행 품질 강화와 내/외부 품질 경쟁 강화 로 품질 경영을 리딩 함으로 써 고객 만족을 위해 노력하고 있다.

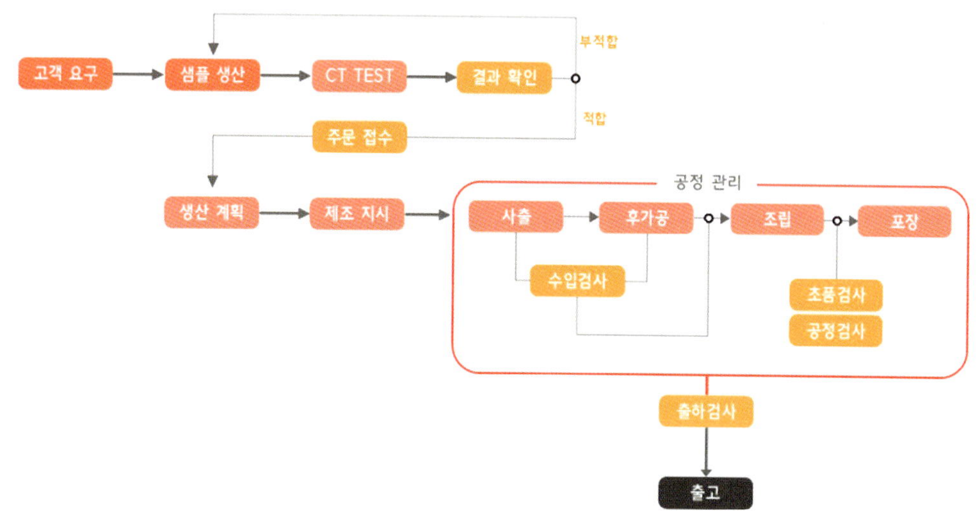

▶ 주요 고객사

현재 미주, 유럽, 중국 및 동남아에 제품을 수출하고 있으며, 꾸준하고 지속적인 제품 개발에 힘써 국내 외 해외의 고객사로부터 인정을 받고 있다.

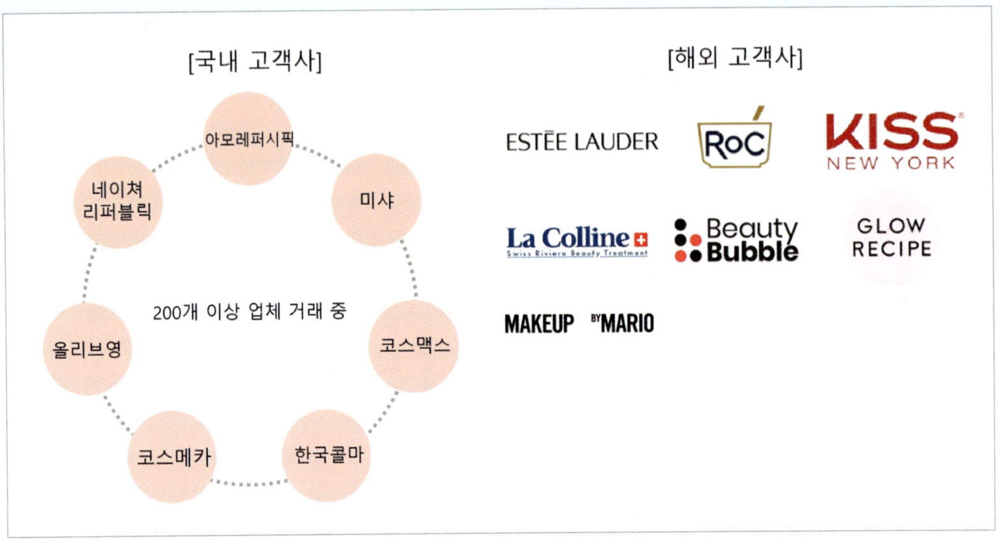

▶ 주요 제품군

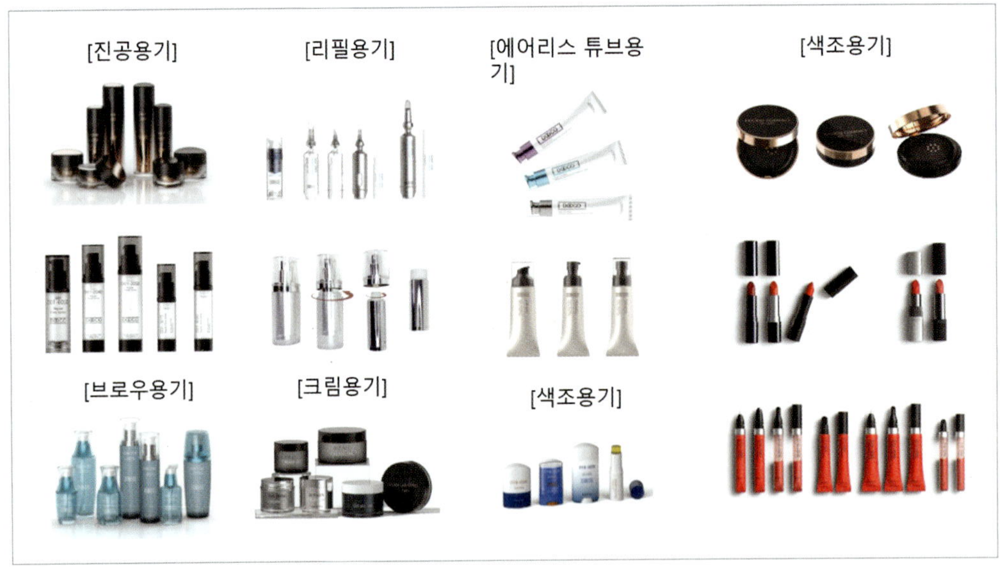

▶ 회사연혁

- 1996년 4월 두코 무역 설립
- 1998년 2월 화장품용 펌프 개발 (0.2cc 에센스), 실용실안 획득
  4월 화장품용 펌프 개발 (0.6cc 펌프)
- 2000년 8월 상호변경 (주) 두코 (법인설립)
- 2001년 2월 펌프 자동화 조립기계 및 자동화 전수검사 설비 도입
- 2003년 10월 ISO 9001 경영인증 획득
- 2005년 5월 회사 이전 (인천시 효성동)
- 2006년 5월 에어리스 용기 독자개발
- 2007년 5월 트위스트 용기 개발
- 2008년 8월 회사이전 (인천 강화)
- 2011년 2월 에어리스용기 개발 (점보 시리즈)
- 2013년 12월 경영혁신형 중소기업 (MAIN-BIZ)선정, 매출 100억 달성
- 2014년 9월 실용신안등록 (아이섀도)
  12월 "인천의 꿈과 한국의 비전" 표창
- 2016년 3월 헤비브로우 용기생산공장설립
  12월 월 매출 200억 달성
- 2017년 5월 SGS 품질시험 인증획득
  (Consumer Testing Service Quality System)
  8월 특허등록 [화장품용 에어리스 쿠션]
- 2019년 1월 검단 신사옥 준공 이전
- 2021년 2월 에스티로더 그룹사와 거래 시작

(주)디케이코스메틱

회사명	(주)디케이코스메틱
대표자	이원기
주 소	인천시 남동구 앵고개로556번길 124 (고잔동 156블럭6로트)
대표 연락처	홈페이지: http://www.btyone.com/ 본사: 전화: 032) 815-6188, 팩스: 032) 815-6190

▶ 회사 소개

(주)디케이코스메틱은 이익과 성장에만 초점을 둔 사업을 수행하지 않으며, 개인과 기업뿐만 아니라 사회적 차원에서 윤리적 책임을 가지고 성장하고 있다. 사람은 회사의 가장 중요한 자산이며 개인 성장은 회사의 성장이다. 개인 생활의 만족도를 높이기 위해 회사는 개인으로서, 파트너로서 성장하기 위해 노력할 계획이다.

2000년대 초반 당시에 염모제 제품들은 세계적인 브랜드 일부와 국내 브랜드 일부 제품이 전부였다. 대부분이 암모니아 베이스의 멋내기 컬러 염색이 주류를 이루고 있었던 시절이었고 그레이 컬러 역시 그 속의 일부인 제품이었다. 그레이 컬러는 소비자가 제일 많이 사용하고 자주 하는 컬러인데 냄새 나고 손상되는 부분을 좀더 개선을 하면 어떨까 하는 고민에서 부터 시작하여

'오징어먹물 염색약'을 개발하게 됐다. 그레이 컬러 전용 염모제이고 냄새가 적고 손상이 적어 미용실에서 굉장한 인기모았으며, 그 후 우리나라 염모제 시장에서 '오징어먹물 염색약'이 보편화됐다.

현재 (주)디케이코스메틱은 젊은 세대부터 그레이 세대까지 경계 없이 사용할 수 있고 누구나 자신에게 어울리는 색을 찾을 수 있도록 여러 형태의 컬러 제품들을 출시하고 있다. 2021년12월에 확장 이전을 한 만큼 앞으로도 실질적인 제품 개발의 선봉에 서도록 신 제형, 신원료 개발에 주력하여 차별화된 제품을 국내 뿐만 아니라 국외 시장으로 판매망을 넓혀갈 예정이다. 또한, 기존의 프로페셔널 헤어 제품을 주력으로 개발했다면 앞으로는 온라인 홈케어 시장에 맞추어 좀 더 사용하기 쉽고 자극이 덜한 제품으로 소비자에게 직접적으로 다가갈 예정이며, 끊임없는 기술개발과 적극적인 R&B 투자로 고객님들께 다가갈 것을 약속 드리며 무한한 고객 가치 실현을 위해 최선을 다하는 디케이코스메틱이 되도록 노력할 계획이다.

▶ 주요 고객사 및 유통 채널

- 전국 100여 개의 미용재료 대리점 유통
- 유명 헤어싸롱 내 입점
- 중국 청도 지사를 통한 중국 내 유통
- 미국 LA 수출
- 케이블 홈쇼핑 유통
- 한국 약국총판 유통

▶ 생산설비

- 제조 설비 현황–500kg 2개 , 1t 2개 , 2t 1개
- 생산 설비 현황–라인 8개

▶ 회사연혁

- 2006. 7 (주)디케이코스메틱 제조업 등록
- 2011. 10 無향료, 無암모니아 염모제 기술개발
- 2011. 11 벤처기업인증
- 2012. 04 화학성분 제거용 헤어 클리너 조성물 특허 출원
- 2015. 04 ISO 9001:2008 인증
- 2015. 06 이노비즈, 메인비즈 인증
- 2015. 02 <조성물 특허>흑마늘박 발효물을 포함하는 두피 또는 모발 케어용 조성물 및 그 제조방법
- 2015. 11 각종 환원제의 소취 실험 성공
- 2018. 10 탈모증상 완화 트리트먼트 개발 및 생산
- 2019. 01 자사브랜드 중국 지사 오픈
- 2019. 02 국내 최초 탈모증상 완화 뿌리볼륨 토닉 개발 및 생산
- 2019. 05 ISO22716 : 2007 획득
- 2019. 01 국내 최초 기능성 샴푸 듀얼 타입 개발 및 생산
- 2022. 탈모기능성 샴푸,토닉 주성분 4가지,주성분3가지 보유

(주)라샘코스메틱

회사명	(주)라샘코스메틱
대표자	송재석
주 소	인천광역시 서구 북항로 32번안길 102
대표 연락처	홈페이지: www.lasaem.com, 전화:032-683-3111 , 팩스:032-684-3520

라샘코스메틱은 화장품 연구 · 개발(OEM/ODM) 전문기업으로 1999년 설립이후 괄목할 성장세를 보이고 있는 강한 기업이다. 라샘코스메틱은 창의적인 생각과 실천, 겸손과 창의, 화합과 절약을 내걸고 꾸준한 노력과 연구로 최고의 제품 생산을 위해 힘쓰고 있다.

라샘코스메틱은 세 가지 경영 이념인 △제품 최고의 내실있는 경영 △공정 · 신뢰의 효율적인 경영 △아름다운 미용문화 창달 경영을 바탕으로 사업영역을 확대해가고 있다.

라샘코스메틱 관계자는 "라샘은 급속하게 변화하는 뷰티 문화와 고객이 원하는 것에 발맞추어 끊임없이 융화되는 기업이 되고자 한다. 화려하고 변화하는 기업보다 진실되고 정직한 기업이 되고자 전 직원이 거짓 없이 신뢰받는 제품을 위해 기초부터 지켜 나가고 있다."고 밝혔다.

라샘코스메틱은 ISO 9001, ISO 14001,

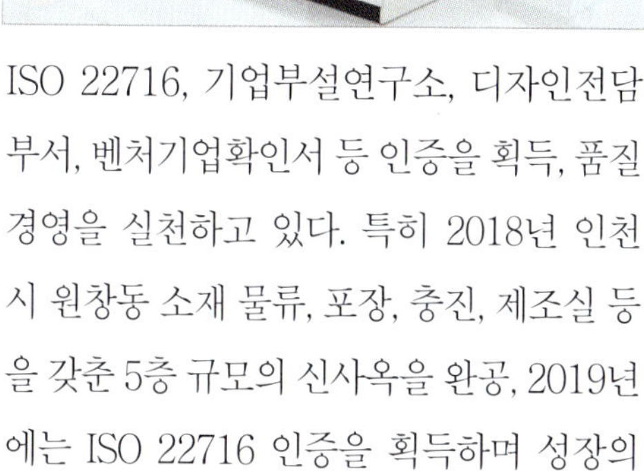

ISO 22716, 기업부설연구소, 디자인전담부서, 벤처기업확인서 등 인증을 획득, 품질경영을 실천하고 있다. 특히 2018년 인천시 원창동 소재 물류, 포장, 충진, 제조실 등을 갖춘 5층 규모의 신사옥을 완공, 2019년에는 ISO 22716 인증을 획득하며 성장의 발판을 마련했다.

▶ 최고 제품으로 승부

라샘코스메틱 R&D 개발은 기업부설연구소와 디자인전담부서가 신제품 개발을 위해 처방부터 포장 판매까지 구상한 제품기획으로 다방면 전문가들이 함께 지원하여 완성도 있는 제품을 추구한다. 라샘코스메틱의 주 연구개발 분야는 △헤어제품(헤어클리닉-샴푸, 린스, 트리트먼트, 헤어팩 등/헤어스타일링-왁스, 스프레이, 에센스, 앰플 등/헤어칼라 제품) △기초화장품(스킨, 로션, 크림, 에센스 등) △기능성화장품(미백, 주름개선, 자외선차단제, 염모제, 탈색제, 산화제 등) △바디제품(바디워시, 바디로션, 핸드크림, 풋크림, 네일관련 등) △퍼머넌트웨이브(매직스트레이트, 펌제 등) 등으로 다양하다.

업체 관계자는 "연구개발은 점점 빠르게 변화하는 소비자 눈높이에 맞춰 더 나은 제품을 생산하기 위한 필수 요소이다. 라샘은 다채롭고 변화에 맞는 안전한 처방과 합리성을 생각하는 패키지디자인, 유통과 판매를 위한 생산/포장 과정들이 하나의 제품개발 위한 최상의 연구개발 프로세스를 구축, 고객만족을 실현하고 있다."고 말했다.

▶ 엄격한 품질관리 시스템

라샘코스메틱은 가장 기본이 되는 품질관리 시스템으로 제품개발을 시행하고 있다.

라샘코스메틱 관계자는 "최상의 생산시스템을 통해 헤어 · 기초 · 바디 및 다양한 제품군을 OEM · ODM · OBM으로 생산하고 있으며 제품 제형 연구/부자재 디자인에서 판매를 위한 포장 완제품 출고까지 완벽히 제공한다. 또한 헤어살롱사업을 위한 제품을 비롯해 온라인 전담부서를 구축, 온라인 전용 자체 브랜드 개발/제품 생산 및 출고를 원스톱으로 진행하고 있다."고 설명했다.

(주)미도화장품

회사명	(주)미도화장품
대표자	서광선
주 소	인천 서구 원적로 17번길 20
대표 연락처	홈페이지: www.midocosmetic.com 전화: 032-578-3092~4, 팩스: 032-578-3095

▶ 회사 소개

(주)미도화장품은 화장품 전문기업(OEM · ODM)으로서 우수한 연구개발 능력을 바탕으로 한 신기술의 개발과 국내시장 및 해외시장 개척 등을 통해 꾸준한 성장과 비약적인 발전을 거듭하고 있는 기업이다.

2000년 3월 13일 설립된 미도화장품은 '창조적으로 생각하며 언제나 합리적인 방법으로써 매사에 적극적으로 행동해 보람의 일터를 스스로 만든다'는 미도화장품 정신을 바탕으로 해 21세기 가치 경영을 실현한다는 목표로 화장품, 기능성식품 등의 연구개발에 전념해 오고 있다.

미도화장품은 우수한 화장품과 질높은 기능성화장품을 제조할 수 있는 완벽한 품질관리 체계를 갖추고 제품의 품질과 기술의 향상을 위해 전력을 다하고 있다. 다품종 소량생산은 물론 대량생산이 가능한 생산

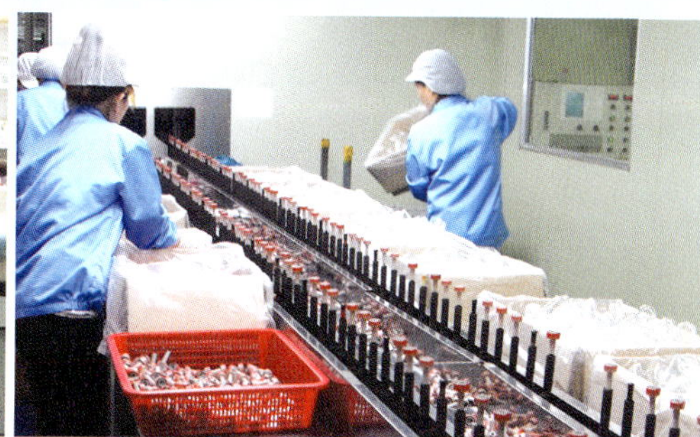
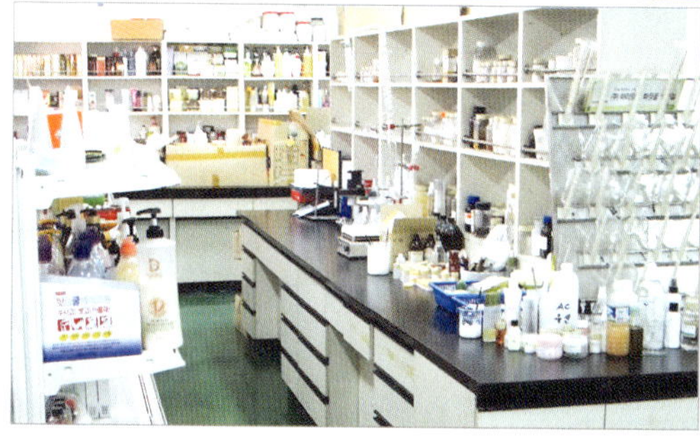

설비와 CGMP에 준한 시설을 갖추고 있다.

아울러 투명한 기업, 건실한 기업, 신뢰할 수 있는 기업으로 평가받으며 정도기업영 경영을 실천하고 있다. 또한 '연구개발에 대한 투자가 곧 경쟁력'이라는 신념을 바탕으로 매년 10% 이상을 연구 개발비에 집중 투자하고 있으며 연구원의 자질향상과 전문성을 높이는데 지원을 아끼지 않고 있다.

미도화장품의 핵심부서인 중앙연구소는 우수한 연구진들의 최첨단 화장품 소재로 신제품 연구개발에 노력하고 있으며 차별화된 국내 최고의 제품을 개발한다는 목표를 두고 각사의 요구 및 소비자가 원하는 제품을 개발하는 데 모든 노력을 다하고 있다.

▶ 회사연혁

- 2000.03 (주)마리랑스 법인 설립
- 2000.05 CGMP시설기준에 의한 제조법 허가 획득
- 2001.05 색조생산시설 구축
- 2002.10 공장 이전(가좌동)
- 2003.03 기초생산시설 증설(500kg 제조용 시설)
- 2005.03 ISO 9001 품질시스템 인증

부강코스메틱

회사명	부강코스메틱
대표자	우창욱
주 소	음성공장 : 충북 음성군 금왕읍 유촌리 82 연구소 : 경기도 수원시 영통구 광교산로 154-42 경기대학교 산학협력단 706호
대표 연락처	홈페이지: http://www.bkcosmetic.co.kr/ 전화: 070) 8911-0777, 팩스: 070) 4249-7638

▶ 회사 소개

부강코스메틱(대표 우창욱)은 국내 최대 바(고체)타입 제품 제조기업으로 약 10년간 뷰티 제품을 끊임없이 연구하고 생산해 오고 있다.

부강코스메틱은 제조(OEM, ODM)업체로 2008년 설립되어 다양한 제품을 생산하고 있으며, 급변하는 화장품 시장에 발맞춰 미국/중국/필리핀/태국 등 해외 시장에도 성공적으로 진출하여 수출력 강화를 통한 글로벌 경쟁력을 갖추고 있다.

부강코스메틱은 글로벌 스탠다드에 적합한 연구 시스템과 생산시설 및 기술력을 바탕으로 고객이 원하는 가치창출을 위해 노력하며, 정직과 신뢰를 지켜 믿음을 드리고, 새로운 것을 찾는 개척정신을 담아 자체 브랜드와 우수한 제품력으로 고객을 위한 가치 창출을 실현하고 있다. 또한 빠르게 변화하는 뷰티 시장에서 경쟁력을 확보하고, 미래를 내다보는 탁월한 안목으로 꾸준히 성장하고 있다.

충북 음성군 금왕읍 유촌산단로 82에 위치한 음성공장은 화장품 OEM&ODM을 위한 최상의 생산시스템을 구축해 2020년

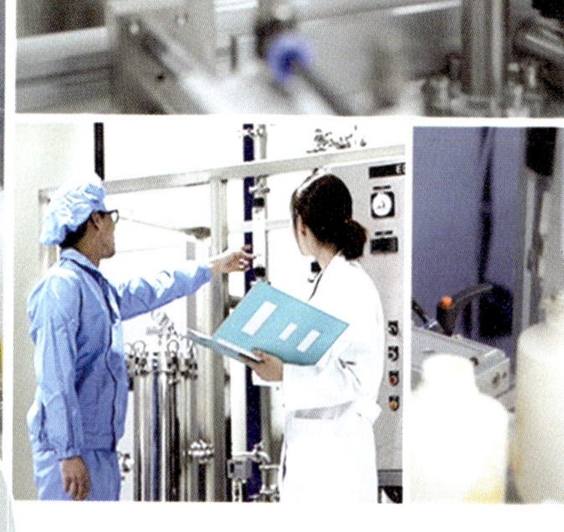

ISO22716, 2021년 비건 인증을 취득하였으며, 유기농, 천연화장품 제조인증까지 획득하였다. 2022년 3월에는 제로웨이스트 인증을 획득했다. 음성공장에서는 기초화장품을 비롯해 바디제품, 헤어제품, 기능성 화장품, 비누제품, 마스크팩 등 대량생산 시스템을 완비했으며 생산 캐파는 연평균 3백만개이다. 지속적인 연구개발을 위해 부강코스메틱은 현재 목원대학교, 대구 한의대학교와 산학연을 진행중이다.

부강코스메틱은 젊은 패기와 긍정적인 마인드로 치열한 코스메틱 시장에서 성장하고 있다.

특히 합리적인 MOQ와 꾸준한 연구개발로 쌓인 다양한 처방으로 고객을 만족시키고 있다.

▶ 주요 생산품목

1. 비누: CP.MP.약산성비누.설거지바, 샴푸바, 린스바, 클렌징 오일바 외
2. 화장품: 스킨케어 라인, 클렌징 라인, 헤어라인, 남성화장품
3. 생활세제: 주방세제, 섬유세제, 욕실세제, 섬유유연제, 섬유탈취제

▶ 생산설비

유화기-300kg 5000kg 1ton, 2ton 보유

비누가마-300kgX3기, 500kgX2기

기초라인, 세정제류 라인 생산 및 포장 가능

▶ 인증 현황

ISO 9001, ISO 14001, ISO 227165

비건 인증, 천연 화장품, 유기농 화장품 생산인증, 제로웨이스트 골드등급 인증

▶ 강점

클린뷰티, 제로웨이스트 등 친환경 이슈에 적합한 고체바에 대한 노하우 보유

차별화된 생산설비 및 품질관리시스템으로 더 나은 제품 공급

부국티엔씨(주)

회사명	부국티엔씨(주)
대표자	이재신, 이도경
주 소	경기도 용인시 처인구 이동읍 덕성산단2로76번길 30
대표 연락처	전화: 031-321-7592 팩스: 031-321-7594

▶ 회사 소개

부국티엔씨(주)는 1969년 4월24일 부국금속으로 시작하여 현재의 상호로 변경 국가발전에 근간이 되는 알루미늄 용기 산업분야에 전력투구 1년간의 연구개발 끝에 국내최초로 알루미늄 튜브를 생산하여 국내에 시판하는 기업으로 태어난 것이다. 부국티엔씨(주)는 국내에 안주하지 않고 1974년 국내 최초로 알루미늄 튜브를 해외(호주 및 동남아시아)로 수출 1983년도에는 약 16만불 1986년에는 약 38만불의 수출 실적을 올리는 기업으로 자리매김하였다. 또한 1983년12월 중소기업진흥공단으로부터 근대화승인업종 1985년 2월에 중소기업진흥공단으로부터 유망중소기업으로 선정되어 국내 제약회사 및 화장품 회사로부터 인지도가 상승하는 계기가 되었다. 이로 인한 사업의 다각화 검토를 통한 알루미늄캔을 1986년 국내최초로 제조생산하여 화장품 회사들의 알루미늄캔 용기 수입을 억제하고 자사제품을 판매하여 수입대체 효과로 인해 외화절약 및 신속한 사후관리가 가능하게 되었고 이로인해 더욱더 제약회사 및 화장품 회사의 시장을 부국티엔

씨(주)가 리드해 나가는 원동력이 될 수 있었다. 부국티엔씨(주)은 인화와 신뢰를 바탕으로 최고의 품질을 창조한다라는 사훈 속에 투철한 사명감과 장인정신으로 더 나은 제품을 연구개발하여 품질향상을 이룩해가고 있으며, 윤리경영을 통한 견실한 기업경영을 하여 사회에 환원하려는 기업의 사회적 책무를 묵묵히 실천해가고 있는 중소기업으로 성장하고 있다. 부국티엔씨(주)는 화장품 용기 재활용이 세계적인 이슈로 부각된 가운데 지속가능한 '친환경 튜브 패키징'을 개발해 친환경 패키징 시장을 선도 하고 있다. 인간과 생태계에 악영향을 가능한 한 적게 미치고, 사회적인 책임을 소홀히 하지 않으며, 지속적으로 이익을 창출하는 지속가능 경영이 이슈가 되고 있다. 또한 지난 몇년 동안 사회 트렌드로 뿌리내린 웰빙 바람이 화장품에 영향을 크게 미치고 있고, '착한 소비' 역시 증가하고 있다. 전 세계적으로 환경오염에 대한 우려가 높아지면서 우리정부도 기업들의 친환경·재활용제품 개발 및 사용을 강력히 권고하고 있다. 특히, 화장품 용기는 다양한 종류, 다양한 재질의 원료, 특수 공법 사용 증가와 새로운 기술 발전으로 인한 후유증으로 글로벌 환경 오염 문제가 대두되기 시작하며, 소비자의 환경보존에 관한 인식 변화, 그리고 세계 각국의 환경 보호를 위한 규제로 인해 전세계 화장품 용기 산업은 이제 새로운 전환점을 맞이하고 있다. 현재 글로벌 화장품시장은 지속가능한 패키징(sustainable packaging)이 업계 최고 중점 현안으로 가시화되고 있으며, 환경오염을 최소화 하여 생산 할 수 있는 방법을 찾아 연구와 개발에 박차를 가하고 있다. 이렇듯 급속히 변화하는 시장속에서 우리 부국티엔씨(주)도 시장 경쟁력을 확보하고, 사회적 사명을 다하며, 고객의 needs를 파악하고, 글로벌 환경 보전과 지속 가능한 패키징에 대응할 수 있도록 연구개발에 박차를

가하여 현재 4가지의 친환경 튜브 용기를 개발 완료하고 양산체제를 구축하고 시장에 공급하고 있다.

특히, 부국티엔씨(주)는 지난해 용인 덕성산단업단지에 26400㎡의 토지를 매입, 신공장을 신축하고 현장 환경 개선, 최신의 기계설비 도입을 통해 친환경 튜브 연구개발, 생산에 집중하며, 글로벌 화장품 기업과의 거래 또한 확대하고 있다.

▶ 주요 생산품목

• 알루미늄 제품 분야

· 의약품 용기류 (제약용연고 등)

· 유화제품 용기류 (미술용 물감)

· 헤어제품 용기류 (염모제1제2제 외)

· 기초화장품 기능성 용기(주름, 미백크림, 선크림, 아이크림)

· 바디케어 화장품 용기(핸드크림)

· 치약용 용기류

• 라미네이트 제품 분야

· 의약품 용기류(제약연고 등)

· 치약용 용기류

· 헤어제품 용기류 (염모제1제2제 외)

· 기초화장품 용기류 (에센스, 비비크림, 썬크림, 클렌징폼, 아이크림 등)

· 기능성화장품 용기류 (미백)

· 헤어케어화장품 용기류 (샴프, 린스, 트리트먼트, 헤어왁스)

· 바디케어화장품 용기류 (바디워시, 바디로션 등)

• 플라스틱 제품 분야

· 의약품 용기류 (제약용연고 등)

· 기초화장품 용기류 (에센스, 비비크림, 썬크림, 클렌징폼, 립에센스 등)
· 기능성화장품 용기류 (미백, 아이크림)
· 헤어케어화장품 용기류 (샴프, 린스, 트리트먼트)
· 바디케어화장품 용기류 (바디워시, 바디로션 등)

▶ 인증 현황

• ISO9001 (품질경영시스템) : 2005년 인증

• KOSHA18000 (산업안전보건경영시스템) : 2013년 인증

▶ 부국티엔씨(주) 지속가능한 '친환경 튜브 패키징'

• Recycled tube packaging

현재 거의 모든 제품의 PE 튜브들은 LDPE 신제 원료를 사용하여 생산하고 있다. 그리하여 해마다 생산되는 튜브가 증가할수록 그만큼 플라스틱 원료의 수요 또한 증가하기 시작하며, 그 제품들은 한 번만 사용 후 버려져 환경 오염의 주 원인이 되었다. 이러한 이유로 플라스틱의 사용을 조금이라도 줄이고자 한번 사용된 PE 원료를 재처리하여 재활용하는 방법 이용하여 재생 PE 원료를 만들어냈고 이를 PCR(Post Consumer Recycled) 원료라고 부른다. Recycled tube packaging은 튜브 생산 시 PCR(Post Consumer Recycled) 원료를 전체 튜브용기 중량의 50% 이상을 사용하여 제조한 튜브 용기를 말하며 신제 원료 사용을 줄이는 기능을

한다. 또한 FDA 인증 원료를 사용하여 제품 안정성 또한 확보했다.

• Recyclable tube packaging

일반적인 화장품용 튜브 용기들은 단일 재질이 아닌 서로 다른 재질의 원료로 만들어진 다층 레이어(multi-layer) 구조를 하고 있다. 그러한 이유로 생산 공정도 까다롭고, 상대적으로 단가도 높고, 실질적인 완전한 재활용이 어려운 상황이다. 이러한 이유들로 제품의 품질의 그대로 유지하면서도 튜브 용기를 100% 재활용이 가능하도록 튜브와 캡을 전체 하나의 mono-material(HDPE)로 생산한 튜브 용기. 전체 100% 재활용 가능하며 단일 소재의 원료를 사용하여 기존 튜브 대비 단가가 저렴한 것도 장점이다.

• Bio-based tube packaging

어떤 제품을 생산하더라도 생산 중에 이산화 탄소가 발생하고 이는 지구 온난화의 주범이 된다. PE 튜브 또한 마찬가지로 제조 중에 이산화 탄소가 발생이 된다. 이를 조금이라도 줄이고자 튜브 생산 시 bio polymer, Bio-based plastic 와 같은 대기중의 탄소가 광합성에 의해 고정된 식물 자원을 원료로 사용하여 탄소 중립형 식물체 바이오 메스(Bio-mass)를 포함한 이산화 탄소의 발생이 없는 플라스틱 원료를 튜브 용기 전체 중량에 25% 이상을 사용하여 제품 생산 시 발생 되는 탄소 발생량을 최대 70% 까지 절감시킨 튜브 용기. 탄소저감 인증(EL727) 원료를 사용했다.

• 대체 원료(paper) tube packaging

일반적인 라미네이트 튜브 용기는 AL film 또는 PE film 이 다층 구조로 합지(laminating)된 원단을 사용하여 제조 된다. 또한 가격적인 이점과 가공의 용이성으로 수요가 계속해서 증가함에 따라 플라스틱 원료의 사용량 또한 증가하고 있다. 이에 라미네이트 튜브 제작시 조금이라도 플라스틱을 사용량을 줄이기 위해 플라스틱 또는 AL film 대신 종이를 사용하여 라미네이트 원단을 만들어, 이름 사용하여생산된 튜브 용기. 동일한 튜브용기 대비 플라스틱 사용량을 튜브 슬리브 기준 75% 절감했다.

또한 환경 보전을 위해 FSC 인증된 종이를 사용하여 친환경 이미지 극대화하고 있다.

▶ 회사연혁

- 1969. 04　부국금속공업㈜실립
- 1969. 10　서울시 성동구 성수동 2가 309번지 부국금속공업(주) 공장 준공
- 1970. 01　PB(납) Tube 및 SN(주석) Tube 생산개시
- 1971. 11　AL-TUBE 생산개시
- 1979. 12　경기도 용인시 이동면 덕성리656-5번지로 공장 신축 이전
- 1983. 12　중소기업 진흥공단 근대화 및 유망중소기업 선정
- 1986. 06　국내 최초 AL-Aerosol CAN 생산개시
- 1991. 03　Plastic Tube 전문생산업체인 자회사 경훈산업㈜ 설립
- 1997. 01　중소기업은행 우량업체 선정
- 2001. 08　엣센스 펌프및 진공용기 전문생산업체인 자회사 펌텍코리아(주) 설립
- 2003. 01　경훈산업을 부국금속으로 흡수합병하여 부국티엔씨주식회사로 상호변경
  - 03　제37회 납세자의 날 성실납세자 사업장으로 선정수상
  - 09　경기도 용인시 이동면 화산리 384-7번지로 알루미늄 공장 신축이전
- 2005. 03　라미네이트 튜브 생산개시
  - 경기도 모범 경제인상 수상
  - 06　ISO 9001 인증 (품질경영시스템)
- 2011. 12　용인시 이동면 화산리624-1번지로 PE사업부 공장신축이전
- 2013. 08　KOSHA 18000 인증 (산업안전보건경영시스템)
- 2014. 10　용인시 이동면 화산리619번지로 LM사업부 리모델링후 이전
- 2018. 04　용인시 성실납세자 사업장으로 선정수상
  - 12　K-뷰티를 이끈 우수기업 대상수상
- 2020. 10　용인시 덕성산업단지 공장 신축 이전

(주)뷰티화장품

회사명	(주)뷰티화장품
대표자	오한선
주 소	본사/공장:충청북도 음성군 원남면 원남산단로 274-14 서울사무소: 서울시 송파구 오금로 35길 16 뷰티빌딩
대표 연락처	홈페이지: https://www.btcosmetic.com 공장 전화: 043) 877-5107, 팩스: 043) 877-5108 서울사무소 전화: 02) 443-5107, 팩스: 02) 401-4998

▶ 회사 소개

(주)뷰티화장품(대표 오한선)은 최첨단 생산 자동화 시스템을 갖추어 기초화장품, 하이드로겔 아이패치, 하이드로겔 마스크팩, 바이오셀룰로오스 마스크팩 등 화장품 제조생산 OEM&ODM 전문 회사로서 국내 판매는 물론 미국, 중국, 영국, 체코, 일본, 동남아 등 35개국 해외 수출을 통해 지속적인 발전과 성장을 하고 있다.

하이드로겔 아이패치와 하이드로겔 마스크팩뿐만 아니라 기초제품, 색조제품, 클렌징 제품 등 하이드로겔을 다방면으로 활용하여 제품을 다양화하기 위한 로드맵을 구상하며, 하이드로겔 시장을 선도하기 위한 토대를 마련해 가고 있다. 또한 겔 미용팩 조성물 특허와 의장등록, 마스크 팩 관련 특허 등 여러 디자인 등록을 통해 다양한 지적재산권을 확보하고 있다.

늘어나는 수요에 따른 양산능력 향상을 위해서 과감한 투자와 개발을 이어나갔고 제조 · 생산 · 포장 · 출고까지 전자동화 시스템을 구축하였다.

정확성과 안전성, 안정성을 위해 시설에 중점을 두어 CGMP(우수화장품 제조 및 품질관리기준) 적합업소로 인증, ISO9001 · ISO14001 · ISO22716 인증, SQP(품질보증평가인증) 인증 등을 획득하여 우수한 품질의 제품을 생산할 수 있는 양산 체제를 갖추고 기업이 성장할 수 있는 기틀을 마련하여 고객에게 안전성 및 안정성 있는 제품을 공급하는 기업이다.

■ 품질관리를 위한 품질관리전문부서

■ 신제품개발 등 전담 기업부설연구소

■ 바코드 및 자동시스템에 따른 자동 전산관리로 정확도를 높이는 'RWS자동칭량시스템'

■ 하이드로겔 생산 자동화 시스템 구축

■ 실시간 재고관리 등 물류 흐름 정보를 실시간 파악 가능한 'WMS 창고관리시스템'

■ 스마트 공장 고도화의 핵심, 공장의 모든 생산활동을 데이터로 기록 · 관리하여 생산성을 높이는 'MES시스템'이 있다.

또 차압관리를 통해 외부의 오염된 공기가 화장품 생산라인에 접근하지 못하도록 막아 교차 오염과 외부 오염물질 유입을 철저히 방지하여 안전성 있는 제품을 생산하는 총력을 기울이고 있다.

가장 돋보이는 부분은 양산 능력이다. 하이드로겔 마스크류는 하이드로겔 마스크만 월간 800만장을 생산할 수 있으며 하이드로겔 아이패치 용기타입은 월간 200만개, 하이드로겔 립패치타입은 월간 500만개 에센스 시트마스크 1000만개에 달하는 규모를 갖췄다.

▶ 수출역량강화

뷰티화장품은 글로벌 마케팅 역량을 강화하기 위해 매년 여러 사업들에 참여하고 있다.

꾸준히 미주 사절단, 인도 사절단, 중남미 무역사절단, 동유럽 무역사절단 등 대통령 순방 경제사절단에 참가하여 해외진출을 위한 사업에 끊임없이 발돋움하고 있으며, 중국 상해미용박람회, 라스베가스 ASD 박람회, 홍콩 코스모프루프 등 세계 주요 화장품 박람회에 매년 10여 차례 참가하여 회사와 제품을 홍보하고 신규바이어를 발굴하고 있다.

꾸준한 신제품 개발 등 수출역량 강화를

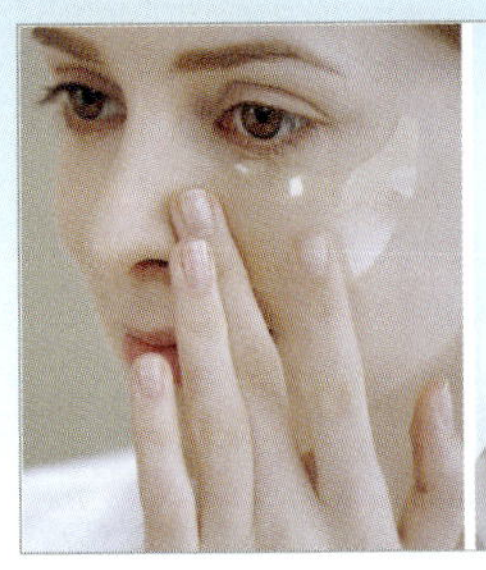

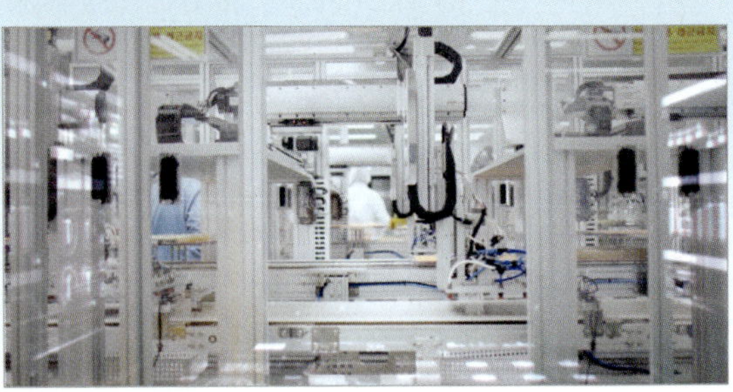

위한 활동을 지속적으로 전개하고 있으며 수출 신장, 페루 MOU 체결 등 괄목할 만한 성과를 이뤘다.

뷰티화장품은 CGMP 적합 공장을 설립 후 사업 포트폴리오를 OEM · ODM과 자사 브랜드 제품 출시 이원화로 구성하고 초기에는 OEM · ODM 영업을 집중하여 공장의 경영 안정화를 꾀했고 2015년부터 OEM · ODM 영업과 함께 자사품을 본격적으로 출시하여 해외수출에 심혈을 기울였다.

코로나19 사태로 인해 수출 시장의 성장이 둔화되는 상황 속에서도 (주)뷰티화장품의 수출이 날로 증가하고 있는 이유는 하이드로겔을 베이스로 하는 아이패치, 마이크로 홀 마스크팩, 립 · 넥 · 골프패치 등이 마니아 층으로부터 꾸준히 인기를 얻고 있기 때문이다.

2016년 충북 화장품 수출 8억불 달성에 기여하고 2020년 40여 개국에 수출하는 등 성과를 이루어 산업통상자원부로부터 500만불 수출의 탑을 수상받았다. 현재 중소기업벤처기업부 중소기업수출지원센터 주관 "글로벌 강소기업" 지원사업을 수행하고 있으며 궁극적 목표인 세계 30개국 총판구축 달성을 위해 매년 힘쓰고 있다.

▶ OEM · ODM 솔루션

(주)뷰티화장품 기업부설연구소와 영업 · 마케팅팀에서는 최신 트렌드 연구데이터를 기반으로 고객의 니즈에 부합하는 솔루션을 꾸준히 개발하여 글로벌 커스터마이징 코스메틱의 비전을 실현하고자 한다.

최신기술과 혁신적인 자동화 시스템을 통해 제품개발 및 상품기획부터 생산, 품질관리, 출고에 이르기까지 토탈서비스를 제공하는 시스템을 운영하며 신뢰받는 화장품 연구개발 및 생산전문 기업으로 전문화된 상품개발 솔루션을 제공한다.

OEM · ODM 업체, 거래처가 뷰티화장품을 선택함에 있어서 샘플 및 각 서류 대응이 신속하며 연구소를 이원화하여 운영하므로써 제품 개발에서 출시까지 기간이 짧은 것이 장점이다.

• 거래처와 동반성장 영업

• 샘플개발, 신속한 서류 대응, 뛰어난 양산 능력으로 생산에서 납품까지 최적화

• CGMP 적합 시설로서 우수한 품질 보증

• 하이드로겔 제품군 자동화 시스템 구축

▶ 숨 쉬는 마스크 '마이크로홀 하이드로겔'

하이드로겔은 식품성분으로도 쓰이는 식물성 원료와 유효성분을 혼합해 고농축 겔을 형성한 수용성 제품으로 압력을 가해도 수분이 빠져나가지 않으며, 사람의 피부 온도에 반응하여 피부 속 깊숙이 유효성분이 흡수되는 안전하면서도 기술혁신형 제품이다.

(주)뷰티화장품은 하이드로겔 전문 제조생산 업체로서 독보적인 선두주자로 자리매김하고 있으며 공장 내에 기업부설연구소를 마련해두고 해마다 매출의 7%씩 투자를 이어나가고 있으며 다양한 지적재산권을 확보함으로써 생산규모뿐만 아니라 연구개발 분야에서도 강점을 지닌 기술혁신형 중소기업이다.

뷰티화장품에서 생산하는 하이드로겔 마스크팩 중 특허받은 Breathing Hydrogel, 숨을 쉬는 마이크로홀 하이드로겔 마스크팩은 겔 다공성 안쪽에 공간이 생겨 겔이 에센스(피부 활성 성분 함량 증가)를 머금고 있다가 피부 온도에 따라 점점 피부에 영양을 공급해주어 기존 제품보다 더욱 오래 사용할 수 있고, 보습력 활성 성분에 따른 기능성 화장품 효능 효과에 도움을 준다.

'하이드로겔 전문기업'이라는 칭호에 걸맞게 뷰티화장품의 하이드로겔 아이패치, 다공성 하이드로겔 마스크팩은 산업통상자원부로부터 '차세대 세계일류상품'으로 선정되어 국가에서도 그 기술력과 혁신성을 인정받은 바 있다.

▶ 브랜드 소개

'뷰그린(Beauugreen)'은 자연의 혜택과 지혜를 담아 고객에게 아름다운 피부와 건강한 그린 라이프를 선사하는 테라-코스메틱 브랜드이다. 자신의 삶을 사랑하고 존중하는 아름다운 당신이 지친 일상으로부터 잠시 쉬어갈 수 있도록, 삶의 자신감과 아름다움을 회복할 수 있도록, 뷰그린만의 힐링 포뮬러를 통해 그린 라이프를 선사하고자 한다.

'로달리(LoDali)'는 아름다운 피부, 아름다운 인상을 위한 현대인들의 라이프스타일 니즈에 맞는 제품을 선보인다. '당신의 인상이 달리 보이도록'이라는 브랜드 슬로건 아래에 단순한 아름다움이 아닌 건강한 아름다움을 지향점으로 두고 있다. 건강한 아름다움을 위한 자연 친화 복합추출물로

자사만의 원료배합 BT Leaf Complex는 건강한 피부를 유지하는데 도움을 준다.

현재 글로벌 시장에서는 더욱 높은 수준의 안전 규격을 요구하고 있다.

(주)뷰티화장품은 이와 더불어 환경개선과 품질에 대한 엄격한 기준을 두어 우수한 품질을 갖추고 세계 최고의 제품 생산을 목표로 하고 있으며, 이를 통해 국내시장 선도는 물론 중국, 미국, 영국, 체코, 일본, 동남아 등 해외 수출을 통해 지속적인 발전과 성장을 하고 있다.

▶ 화장품 OEM 플랫폼 뷰티콥(Beautycop)

㈜뷰티화장품은 제품 컨설팅기획, 제조, 생산, 품질관리 등 원스톱으로 제공되는 화장품OEM 플랫폼 뷰티콥(https://beautycop.kr/)을 운영한다.

㈜뷰티화장품은 코로나 팬데믹 이후 신규 해외 바이어 창출과 더 나은 서비스 제공을 위한 디지털 혁신을 통한 대응체계를 마련했으며, OEM 플랫폼 뷰티콥(Beautycop)은 화장품 개발 경험이 없는 업체부터 대면 영업이 어려운 원거리 바이어들까지 편리하고 빠르게 화장품을 만들 수 있도록 최적의 OEM 프로세스를 제공한다.

보다 접근성과 편리함을 중점으로 화장품 제조에 필요한 원료, 포뮬러, 패키지 정보와 개발의뢰서비스(리퀘스트)를 함께 제공하며, 고객의 기획이 진행된 정도에 따라 상세개발요청과 간편개발요청을 선택하여 진행할 수 있다. 또한 플랫폼 내에 등록된 원료, 포뮬러, 패키지를 위시리스트에 담은 후에 이를 토대로 리퀘스트를 진행할 수 있다.

파트너쉽이 체결되면 기업부설연구소와 영업&마케팅팀, 플랫폼전담팀은 체계적인 협업 시스템으로 프로젝트를 진행하며 다양한 국가의 바이어 수주, 니즈를 반영하여 품질우수 화장품OEM 제조시설(CGMP · ISO22716인증)과 35개국 해외수출 역량을 바탕으로 빠른 대응력과 안정성 있는 제품을 생산하여 제공한다.

㈜뷰티화장품은 뷰티콥을 통해 화장품 개발과 화장품 수출의 문턱을 낮추고, K-뷰티산업의 선진화를 이끌어 가며 변화하는 시장에 맞게 지속적으로 컨텐츠를 업로드하는 등 화장품 OEM 플랫폼으로 글로벌 시장을 선도해 나갈 것이다.

주요 인증, 특허 현황 (2021년 기준)

(주)뷰티화장품 국내 · 외 지재권 출원 · 등록

		특허	실용신안	디자인	상표
국내등록(건)		40	3	13	29
국내출원(건)		6	2	1	15
해외등록(건)	미국	1		2	1
	일본 등 아시아		2	3	12
	유럽(EU)				
	기타				
해외출원(건)	미국				
	일본 등 아시아	2		1	8
	유럽(EU)				18
	기타				4
합계		49	7	20	87

- CGMP(우수화장품 제조 및 품질관리기준 인증)
- ISO22716, ISO9001, ISO14001, INNO-BIZ, MAIN-BIZ
- 차세대 세계일류상품 인증(마이크로 홀 하이드로겔 마스크팩, 하이드로겔 아이패치)
- 비건인증 (시카웰 부스터, 시카웰 세럼, 시카웰 크림)
- 제10-2394472호 피부미용 겔패치 성형 및 충진 자동화장치 및 그 방법
- 제10-1873337호 미세 타공이 형성된 하이드로겔 패치의 제조방법 및 이에 의해 제조된 하이드로겔 패치
- 제10-1819168호 미이크로니들 어레이가 도입된 하이드로겔 팩
- 제10-2031699호 하이드로겔 아이패치 자동 적재 시스템

회사 주요 연혁

- 2022.04 글로벌강소기업 선정 (재선정)
- 2021.10. 대통령 표창 (중소기업인대회)
- 2020.12. 500만불 수출의 탑 수상 (산업통상자원부)
- 2020.12. 강소기업 대상 '혁신상품 화장품 부문' (강소기업협회)
- 2020.10. 충청북도 '품질경영 대상' 수상
- 2019.12. 보건복지부장관 표창
- 2019.10. 충청북도 '품질경영우수기업' 지정 연장 (2014.10 신규인증)
- 2018.10. 충청북도 중소기업 '수출대상' 수상
- 2017.12. 중소벤처기업부장관 표창
- 2017.12. 충북도지사 표창 (충청북도 무역인의 날)

(주)비담은코스메틱

회사명	(주)비담은 코스메틱
대표자	김정남
주　소	경기도 안양시 만안구 안양2동 856-14 4F
대표 연락처	www.bidameun.com 전화: (070)-8250-7996 , 팩스: 031-469-7926

▶회사 소개

(주)비담은 코스메틱(대표 김정남)은 정도 영업의 실현과 유통질서 확립, 판매조직 확대, 현장 영업력 강화로 4대 초점을 맞춰 브랜드 이미지를 구축해왔다.

또한 '활류 · 자윤 · 수백' 3가지 라인으로 구성된 기초라인 이외에도 코스맥스와 지속적인 협력관계를 통해 우수한 품질의 제품을 공급해 고부가가치를 창출하고 '비담은 시율' 을 전문점 대표 브랜드로 육성하고 있다.

이미 비담은 시율 브랜드는 특화된 한방화장품으로 제품 경쟁력과 가격 경쟁력을 보유한 브랜드로 지속적으로 성장하고 있다.

비담은 시율은 지난 2008년 첫 출시된 이후 브랜드 고급화와 브랜드 라이프 사이클을 지속적으로 연장시키며 성공적인 시장진입과 함께 전문점 시장에서도 소비자들에게는 뛰어난 제품력으로 전문점주들에게는 유통

질서 확립으로 지지를 받으며 새로운 활력을 일으키는 제품으로 인정받아왔다.

▶프리미엄 한방브랜드 '비담은 시율(詩律)'

비담은 시율의 주성분인 천산 일대에 서식하는 신비의 꽃 '설연화(雪蓮花)'와 다섯 가지 빛을 띠는 한방 꽃 '오색미화수(五色美花水)', 그리고 특허성분 사물단, 보음단 등을 함유한 프리미엄 한방브랜드이다.

▶연구 및 처방

화장품 연구개발 생산전문기업인 코스맥스(주)에서 연구 및 생산되며, 한방화장품의 주성분을 동의보감에 수록된 생약성분들로 사용해 효능과 효과면이나 안전성이 우수하며 자연친화적인 성분으로, 피부에 자극이 적어 더 많은 소비층을 형성하고 있다.

▶베스트 셀러

• 비담은 비타콜라겐 스네일 위시 화이트닝 크림

비담은 코스메틱㈜의 비타콜라겐 스네일 위시 화이트닝 크림은 촉촉하고 부드러운 크림타입의 제형으로 간편하게 펴발라 즉각적인 화이트닝 효과를 볼 수 있는 제품이다. 뿐만 아니라 고온다습하고 강수량이 많은 동남아의 날씨에 어울리는 균일하지 않

은 피부톤을 화사하고 촉촉하게 가꾸어 주는 보습 크림 제형이다. 달팽이 점액 추출물을 포함한 스네일 화이트닝 크림은 피부의 주름개선에 도움을 주며 산뜻하고 빠른 흡수력으로 얼굴뿐 아니라 바디에도 사용가능한 토탈 화이트닝 크림이다. 비담은 시율의 브랜드 '비담은 스네일 위시 화이트닝 크림'는 2016년 출시 이후 브랜드 홍보를 위해 페이스북을 활용해 제품 리뷰와 입소문 마케팅을 적극적으로 진행했다.

특히 미얀마에서는 페이스북과 트위터 및 SNS를 통한 화장품 마케팅이 활발하게 이뤄져 왔으며 이러한 마케팅은 지속적으로 이어지고 있다. 그 결과 소셜미디어에서 전체 매출의 90% 이상을 창출하고, 단일품목으로 작년 3백만불의 쾌거를 달성하고 현재 인근 동남아국가로 수출까지 진행하는 동남아의 대표 화장품 브랜드로 자리매김했다. 김정남 대표는 앞으로도 지속적으로 페이스북, 인스타그램, 라인 등 공식계정을 통해 소비자들과 소통하고 인플루언서를 통한 홍보 마케팅을 진행해 제품과 브랜드를 알리는 것에 주력을 다 할 계획이다.

㈜ 삼화

회사명	주식회사 삼화
대표자	조성환
주 소	경기도 의왕시 오전공업길 14
대표 연락처	홈페이지: http://samhwakorea.com, http://mazel.co.kr 전화: 031) 428-0100, 팩스: 031) 445-1188

㈜삼화 기업이념 "정도(正道), 창의(創意), 겸손(謙遜)"

(주)삼화는 1977년 창업한 이래 금형제작과 플라스틱 성형 전문 제조업체로 화장품관련 부자재 업계를 대표하는 기업이다. 지난 40여 년 동안 국내 화장품 부자재 시장의 발전을 위해 앞장서 온 삼화는 정도를 걷는 신념으로 새로운 도약을 꿈꾸며 혁신적인 도전정신 기업문화를 갖춘 Total cosmetic packaging 전문기업이다. 주된 생산제품은 펌프제품, Airlsee 용기, 크림용기 등의 기초제품과 컴팩트, 립스틱, 립틴트 등의 색조제품 군을 생산하고 있으며 특히 쿠션 컴팩트 용기의 경우 제품기술력 및 혁신성을 인정받아 최근5년간 글로벌 NO.1 제조기업의 자리를 굳건히 지키고 있다. 또한, 최근에는 Blow생산 설비를 도입하여 기초 제품군 확장을 위한 제품개발에 매진하고 있다. 삼화는 혁신적 제품개발을 통한 고객과의 동반성장을 꿈꾸며 최선을 다해왔으며 40여년간 얻은 기술과 경험을 토대로 고객만족 실현을 위한 노력을 게을리 하지 않겠습니다.

삼화의 뿌리는 "금형기술"

주식회사 삼화는 1977년 금형사에서 출발하여 금형 제작, 제품 개발 및 설계, 사출, 조립, 코팅, 증착 및 인쇄에 이르기까지 ONE LINE 시스템을 갖추고 40여년간의 경험을 토대로 급변하는 국내 · 외 시장에 고품질의 화장품 용기를 공급하고 있다.

2021년 삼화는 새로운 10년을 준비하고 있다.

삼화의 근간이라고 할 수 있는 금형 사업부문의 신규투자를 단행하여 경기도 의왕시에 새롭게 금형 센터를 설립하였다. 삼화는 혁신적인 제품개발을 최우선 목표로 수립하고 국내 · 외 고객과 소통하고 있기에 개발의 근간인 금형 사업부문의 투자는 필수적으로 뒷받침 되어야하는 뿌리산업의 근본이다.

삼화는 경쟁사들과는 달리 기업의 태동이 금형사로부터 시작되었기에 항상 남들보다 더욱 빠르게, 진취적으로 금형사업부문의 성장을 시도해 왔으며 이는 혁신적인 제품개발로 이어져 비약적인 발전을 해왔으며 앞으로도 선행개발을 통한 금형기술 축적으로 글로벌 시장을 호령하는 세계적인 화장품 부자재 종합 제조사로 성장할 것을 다짐한다.

친환경 ECO 소재 및 제품 개발의 선도자 "삼화"

소비자의 생활수준이 향상되고 개인위생에 대한 관심이 높아지면서 최근에는 작동 매커니즘, 친환경 제품 및 PCR(Post-Consumer Recycled plastic resin) 소재를 활용한 Sustainable 제품등으로 개발 영역을 확대하고 있다. 또한, 1000여 종이 넘는 다양한 제품군의 프리몰드로 국내 · 외 고객사들에게 친근하게 다가가고 있다.

일례로 2020년 10월 출시한 ALL PP(폴리프로필렌) 소재의 펌프엔진은 모든 부품의 소재가 단일소재PP(폴리프로필렌)로 제작되어 기존의 철소재의 스프링을 대체함으로써 자원 재순환의 용이성을 높여 세계적인 친환경 기조에 부합한다. 또한, 기술적으로도 진일보한 제품으로 펌프용기 시장에서 또 하나의 이정표를 만들것으로 기대하고 있으며, 플라스틱 소재가 아닌 유리(Glass)소재 제품의 확대 리필(Refill) 가능 제품의 확대뿐아니라 PCR 소재를 사용한 제품개발을 기존의 글로벌 Chemical사 개발팀과 협업 진행을 통해 지구의 환경과 미래를 생각하는 친환경 제품개발 및 시장화에 박차를 가하고 있다.

BLOW 제품 개발

삼화는 에어리스/디스펜서 제품으로 스킨케어 시장 및 쿠션 제품으로 글로벌 메이크업 시장을 확대해 가고있다.

2018년 브로우 시장 진출 후 지속적인 설비 투자와 다양한 제품개발로 국내 및 세계 시장에서 자리를 잡았으며 40여년 기술과 경험으로 혁신적인 제품을 신속하고 지속적으로 선보이도록 더욱 노력할 것이다.

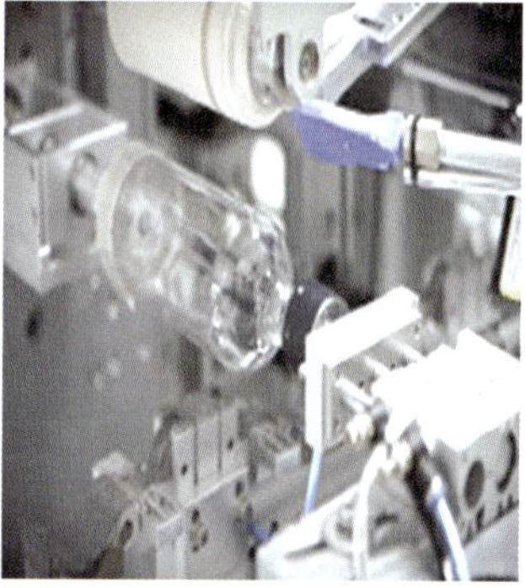

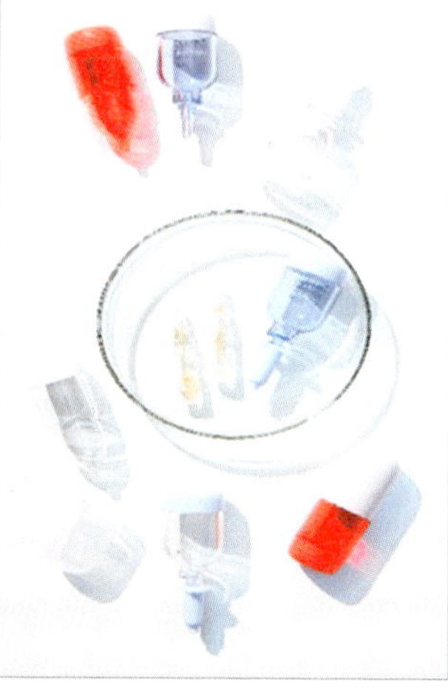

Dual Deep Blow
D1DB-080

"용기(勇氣)로 세계 최고의 용기(容器)를 만들다."

40여 년간 실패를 두려워하지 않는 도전정신과 지속적인 연구개발로 완성된 혁신적인 제품 개발의 결과 삼화의 제품은 세계최고의 화장품 용기로 인정 받고 있다.

또한, 친환경 제품을 선호하는 시장 트랜드에 맞게 3R(Rechcle/Reduce/Reuse) 키워드로 INNO-ECO-Product개발에 매진하여 소비자 만족을 실현할 신제품 개발에 한 걸음 더 다가가게되었다.

"겸손은 최고의 미덕, 조휘철 회장과 조성환 대표"

45년 전 제약회사에서 펜대를 잡던 손으로 금형기계를 만지고 국산개발 화장품 용기로 글로벌 시장을 제패하기까지 매순간을 도전과 용기로 점철된 시간을 보내왔던 조휘철 회장은 국내는 물론 세계시장에서도 인정받고 있는 대한민국 제조업 1세대 장인이다.

현재는 조휘철 회장의 뒤를 이어 조성환 대표와 함께 세계로 나아가는 글로벌기업으로 인정받고 100년 기업을 꿈꾸고 있는 "(주)삼화" 이다.

(주)서울화장품

회사명	(주)서울화장품 SEOULCOSMETICS
대표자	한광석
주 소	1공장: 인천 남동구 남동동로 63번길 12 2공장: 인천 남동구 남동동로 63번길 15
대표 연락처	홈페이지: www.seoulcos.co.kr 전화: 032) 815-5800, 팩스: 032) 811-8518

▶ 회사 소개

(주)서울화장품은 1982년 설립된 후 차별화된 연구개발과 철저한 품질관리로 고객과 함께 성장하는 화장품 연구개발 및 제조생산 전문 기업이다. 수년간 축적된 연구개발 기술 노하우를 바탕으로 염모제, 샴푸, 퍼머넌트 제품 등 헤어제품뿐만 아니라 화장품과 의약외품, 동물용부외품 등 뷰티와 헬스, 생활부문에 이르기까지 고객의 니즈를 만족시키는 고품질의 제품을 제공하고 있다. 2002년 인천 남동공단 내 약 6,600㎡ 부지에 현대화된 최신 공장을 신축했으며, 2017년 연면적 3,444평 지하 1층 지상 5층 규모의 제2공장을 준공, 2020년 대지 560평 건평 1000

평 규모의 제3공장을 매입하였으며, 2021년에 FDA OTC 전용 공장을 신축하였다.

특히, CGMP, ISO 9001, ISO 14001, ISO22716 등 각종 인증을 획득하여 글로벌 시장에서도 인정하는 생산 · 품질관리 시스템을 갖췄다. (주)서울화장품은 2008년 100만불 수출의 탑 수상을 시작으로, 2010년 300만불 수출의 탑, 2014년 500만불 수출의 탑을 수상한데 이어 2020년도 수출 1000만불 실적을 달성했다.

▶ 경영이념

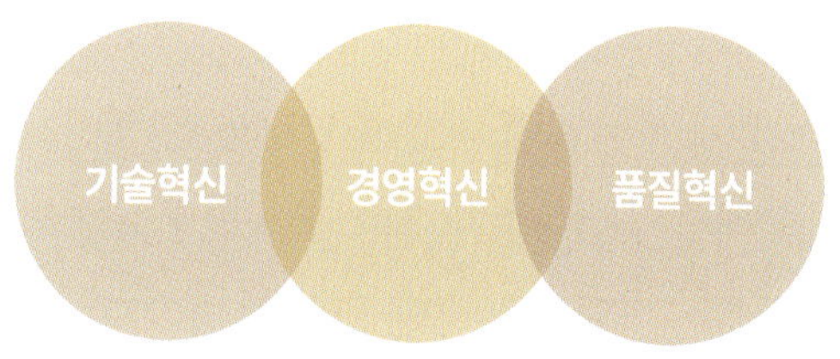

▶ R&D센터

독자적인 기술력과 혁신적인 아이디어, 머리부터 발끝까지 모든 제형을 개발할 수 있는 연구센터이다. 무한한 성장가능성을 가진 서울화장품의 핵심 R&D센터는 2004년 5월 기업부설연구소로 인가를 받고 국내뿐 아니라 세계 최고의 제품을 개발하기 위해 2009년부터 헤어케어 연구소, 스킨케어 연구소로 운영하고 있다. 혁신적인 아이디어를 바탕으로 한 특허 제형과 나노테크놀러지 등의 독자적인 기술을 접목하여 소비자들에게 만족을 줄 수 있는 제품 개발에 힘쓰고 있다. 정부과제 수행으로 얻어진 핵심역량을 바탕으로 서울화장품만의 기술력 있고 효능이 검증된 제형을 끊임없이 개발하고 있으며, 제품의 안정성확보를 위한 온도별 가혹테스트, 방부력 시험(Challenge Test)을 통하여 안전한 화장품을 개발하고 있다. 글로벌 트렌드에 맞춰 그린 코스메틱 개발을 위한 비건인증, 비동물실험 성분을 우선적으로 적용하고 EU Regulation, FDA Regulation 에 적합한 제형 개발을 진행하고 있다. 해외기술연수와 정기적인 국 · 내외 시장조사로 세계의 다양한 소비자 요구에 발맞추기 위하여 모든 노력을 기울이고 있다.

R&D 부문

스킨케어 연구소

트렌드에 맞춰 기본에 혁신을 더한 스킨케어 연구개발의 선두주자, 스킨케어 연구소는 페이셜 케어, 바디 케어 다양한 기능성 화장품 등 개발을 담당하고 있다.

• 기초연구분야 – 스킨케어 제품개발 / 효능효과 측정법 연구 / 특수한 신제형 제제 연구 / 기능성 화장품 연구 / 아토피, 아크네 제품 제형 연구 / 선케어 제품 개발 / 페이셜클렌징 제품 개발 / 베이비 케어 제품 개발 / 다양한 Body Care 제품 개발

• 유화메이크업 분야 – 비비크림, 파운데이션 등 제품 개발

• 특수제형 연구분야 – 신소재 유효성 연구 / 다중 유화 및 비고시 기능성 / 화장품 개발 특허 및 논문 수록 지원

• 에어졸 제품 분야 – 질소타입 페이셜 미스트, 후발포 쉐이빙젤, 쉐이빙 폼 제품 개발 / 에어졸 마스크, 팩, 클렌징 제품 개발 신발냄새제거제등 공산품 제품 개발

• 의약외품연구 분야 – 손소독제 개발 / 구강청결제 개발 / 데오드란트 개발

헤어케어 연구소

국내 혁신 제품 개발에 앞장서 온 헤어제품 개발의 선두주자, 헤어케어 연구소는 헤어제품, 의약외품, 동물용 제품 등 개발 담

■ 시설 ■

구분	내 용
1공장	대지 : 2,000평, 건평 : 3,500평
2공장	대지 : 1,200평, 건평 : 3,500평
3공장	대지 : 560 평, 건평 : 1,000평
FDA OTC공장	대지 : 151 평, 건평 : 604 평

■ 생산 CAPA ■

구분		내 용
제조	1공장	제조기기 19대, 제조량 6,000톤/연
	2공장	제조기기 7대, 제조량 1,500톤/연
	FDA OTC공장	제조기기 2대, 제조량 240톤/연
포장	1공장	생산량 17백만개/연
	2공장	생산량 13백만개/연
	FDA OTC공장	생산량 2백만개/연

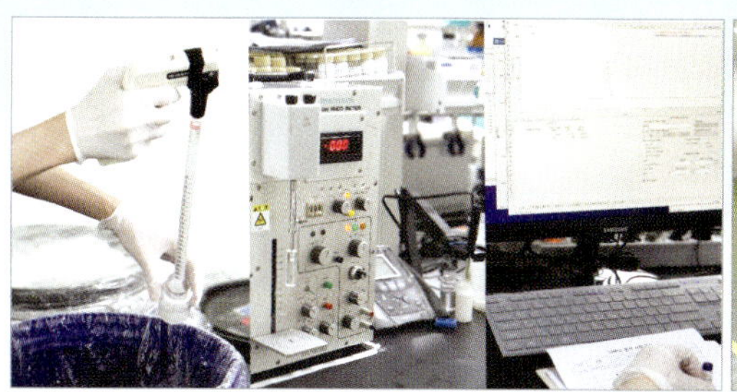

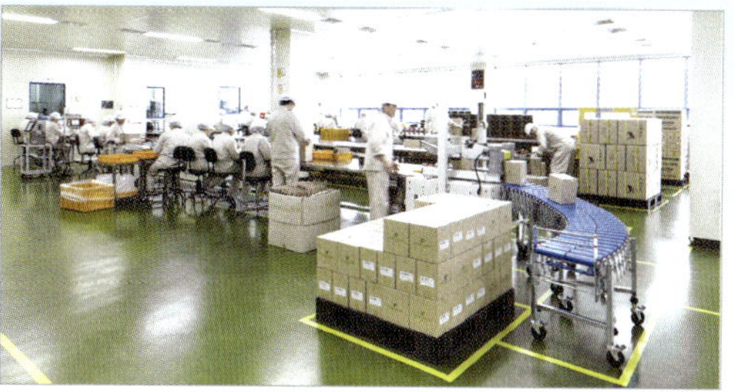

당하고 있다.

• 두발연구 – 다양한 헤어케어 제품 개발 / 극손상모용 퍼머넌트 제품 개발 / 모발케어용 헤어케어 제품 개발 / 두피케어용 헤어케어 제품 개발 / 모발의 구조와 기능에 대한 연구 / 기초 연구

• 기능성화장품 연구분야 – 다양한 제형의 염모제 개발(염색시간 단축 염모제, 저퇴색 염모제, 저자극 염모제, 극손상모용 염모제 , 샴푸형 염모제) / 탈모방지제재 개발(샴푸, 트리트먼트, 토닉 등 고시기능성 유형 7종 보유)

• 의약외품연구 분야 – 외용소독제 (액, 겔, 스왑 등) 함량별 허가 다수 보유

• 동물의약외품 분야 – 다양한 동물용 제품 개발

연구성과

• 정부지원 연구과제 수행 실적

–2019.12 ~ 2020.12 Lauroyl Methylglucamide Laurate 개발 및 사업화

–2017.04 ~ 2019.11 대한민국 자생 천연 식물추출물 이용한 글로벌 헤어케어 제품개발

–2015.07 ~ 2017.07 미생물학적 오믹스 기법을 적용한 고기능성 안티에이징 화장품 소재 및 제품개발

–2013.06 ~ 2015.05 산가요록 전통발효물의 Microbial Metabolomics를 이용한 기능성 화장품소재 개발

–2012.06 ~ 2013.01 폼 타입 이용한 염모제 개발

–2011.10 ~ 2013.09 옥수수 지상부 유래의 미백 기능성 화장품 소재 및 화장품 개발

–2008.08 ~ 2010.07 Silicone Polymer Complex를 이용한 Hair Protecting 기능을 가진 Hair Color Product 개발

–2007.07 ~ 2008.06 저비점액체 및 고비점 기체를 함유한 화장품용 포말제제 개발

–2006.08 ~ 2007.07 천연염료 및 매염제를 이용한 두피보호용 염색제 개발

특허 출원 현황

• 10–2014–0117096 두피 보호용 산화형 염모제 조성물

• 10–0780180 탈모 방지 및 모발 생장 촉진용 한방 조성물 및 그 제조방법

• 10-2007-0074692 저자극성 목욕용 오일 세정제 조성물

• 10-2015-0011887 스폰지 폼에 함침시켜 제조하는 자외선 차단용 화장품

• 10-2014-0115589 듀얼 모드 액체 분사 용기의 구조

• 10-1817776 락토바실러스 펜토서스-GFC LP 균주를 이용한 비수리 발효 추출물 및 이외 제조방법

• 10-1966185 보습 활성을 갖는 피부 세정제 조성물

• 10-1856480 미세조류 추출물을 함유하는 자외선으로 인한 피부 손상 방지용 및 두피 자극 완화용 화장료 조성물

• 10-2017-0094686 화장품 용기

• 10-2212894 호두 펩타이드를 유효성분으로 함유하는 모발 볼륨감 강화용 화장료 조성물

• 10-2278055 과라나 추출물을 유효성분으로 함유하는 비듬 및 두피가려움증 개선용 화장료 조성물

▶회사연혁

- 1982. 04 서울향장 설립(現 회장 한광석)
- 1983. 04 국내 최초 에어졸 '미모나라라' 헤어스프레이 런칭
- 1984. 12 본사 건물 신축이전 (경기도 부천시 삼정동 217-5)
- 1993. 03 서울화장품으로 상호 변경
- 1996. 01 의약외품 제조업 허가 획득
- 1999. 04 미용실 전문 브랜드 '뚜라비' 런칭
- 2001. 03 인천시 남동구 고잔동(남동공단) 2000평 부지 매입
- 2002. 10 서울화장품 인천공장(인천광역시 남동구 고잔동 718-8) 준공 및 이전, 대지 2000평, 건물 2800평 규모
- 2003. 06 서울화장품 법인 전환 (대표이사 한광석)
- 2004. 05 기술 연구소 설립
- 2006. 06 벤처기업증서 획득, 수출유망중소기업 선정(인천중소기업 수출지원센터)
  - 03 유망중소기업 선정(신한은행)
  - 02 ISO9001 : 2000 인증서 획득 / KSA 9001 : 2001(DAS KOREA 국제인증원)
- 2007. 11 '탈모방지 및 모발 생장 촉진용 한방 조성물 및 제조법' 공통 특허 획득(특허청)

05 INNO-BIZ획득, 기술혁신형 중소기업

• 2008. 11 100만불 수출탑 수상

08 CGMP 적격업소 인증 (대한화장품협회)

• 2009. 01 ISO14001 : 2004 / 14001 : 2004 (MSA인증원)

ISO9001 : 2000 / KSA9001 : 2007 (MSA인증원)

• 2010. 11 300만불 수출탑 수상

05 기술혁신형 중소기업 (INNO-BIZ) 확인서 (중소기업청)

• 2011. 11 비전기업 인증 (인천광역시)

06 품목별 원산지수출인증자 인증 획득(한-EU) : 바디클렌져(인천세관)

05 품목별 원산지수출인증자 인증 획득(한-아세안) : 토너(인천세관)

• 2012. 12 행복한 중소기업 일자리 기업 선정 (중소기업진흥공단)

07 업체별 원산지인증수출자 인증(인천세관)

• 2013. 07 CGMP 우수화장품 제조 및 품질관리기준 적합업소 판정(식약처)

04 기술혁신형 중소기업 (INNO-BIZ) 확인서 (중소기업청)

03 ISO 22716 : 2007 인증서 획득 (SGS)

02 ISO 14001 : 2004 품질경영시스템인증 (ICR 국제인증원)

ISO 9001 : 2008 품질경영시스템인증 (ICR 국제인증원)

• 2014. 12 인천 중소기업인상 대상 수상

인천 무역유공기업 선정

500만불 수출탑 수상

03 산업통상자원부장관 표창

• 2015. 01 보건복지부장관 표창

• 2016. 06 서울화장품 제 2공장 기공식

• 2017. 11 2017년 중견성장사다리기업 우수기업 수상

10 서울화장품 제 2공장 준공식 (지하 1층 지상 5층 연면적 3,444평)

• 2019. 12 서울화장품 한광석 대표, '국민훈장' 목련장 수훈

• 2020. 제 3공장 대지 560평, 건평 1000평 매입

• 2021. FDA OTC 전용 공장 신축 (대지 151평, 건평 604평)

(주)선앤엘 생활뷰티BG

SUN&L (주)선앤엘 생활뷰티BG

SUN&L Living & Beauty BG HEAD OFFICE & FACTORY
Changnyeong, Korea

SUN&L BOEUN FACTORY
Boeun, Korea

SUN&L KUNSHAN PLASTIC PRODUCTS
Kunshan, China

CK DISPENSER
Bangkok, Thailand

대표이사

생활뷰티BG BG장

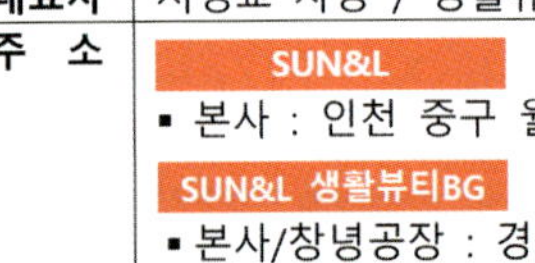

회사명	㈜SUN&L 생활뷰티BG
대표자	서성교 사장 / 생활뷰티BG장 노창우 전무
주 소	**SUN&L** ▪ 본사 : 인천 중구 월미로96 (북성동) **SUN&L 생활뷰티BG** ▪ 본사/창녕공장 : 경상남도 창녕군 도천면 영산도천로 396 (일리) ▪ 보은공장 : 충북 보은군 보은읍 보은원미로 156 ▪ 서울사무소 : 서울 영등포구 선유로130 에이스하이테크시티3 1508호 ▪ 중국공장 : 399 Songjiagang Road Zhoushi Town Kunshan Jiangsu CHINA (en.sunandl.cn/) ▪ CKD : 42/23-24, Moo5, Lum Luk Ka, Lum Luk Ka, Pathum Thani, THAILAND (www.ck-pump.com) ▪ 미국사무소 : 222 South Harbor Blvd Suite #750 Anaheim, CA 92805, USA
대표 연락처	홈페이지 : www.sunandl.com / mail : sales@sunandl.com 전화 : +82-55-294-8801, 팩스 : +82-55-252-8840

▶회사 소개

국내 생활용품 Pump dispenser 최강자인 ㈜다린은 2021년 1월 지분 100% 대주주인 선창산업㈜에 흡수합병되고, 이후 선창산업㈜가 2021년 4월 ㈜SUN&L로 사명을 변경하여 ㈜다린은 ㈜SUN&L 생활뷰티 BG(Business Group)로 사업을 영위하게 되었다. 새로운 사명인 ㈜SUN&L은 고객의 Life style을 Level-up 하겠다는 그룹의 비전을 담았다. 이와 동시에 기존 경남 창원시 마산자유무역지역에 위치하던 공장을 경남 창녕군으로 이전하였으며, ㈜SUN&L 생활뷰티BG는 SUN&L Group의 한 축을 이루는 핵심사업의 역할을 맡음으로써 그룹 차원에서의 전폭적인 투자와 지원을 통해 한 차원 높은 발전을 계획하고 있다.

▶사업분야 및 연구방향

㈜SUN&L 생활뷰티BG는 지난 1972년 설립되어 Trigger sprayer 제조/판매 사업을 영위하며, 축적된 기술력을 바탕으로 1991년 국내 최초로 Pump Dispenser 국산화에 성공한 업체로서, 국내 업체 중 Pump dispenser에 관한 가장 많은 노하우를 보유하고 있다. 또한, 국내 최대의 Pump dispenser 대량생산 공급업체로서 업계 최다 자동조립기, 사출기, 금형을 보유하고 있으며, 이를 바탕으로 최고의 생산성, 원가 및 품질 경쟁력을 확보하고 있다

최근 업계에서 화두가 되고 있는 금속 스프링을 사용하지 않은 All plastic pump dispenser 분야에서도 ㈜SUN&L은 이미 2008년부터 친환경 포장재가 시장 Mega trend로 부상할 것을 예상, 선제적으로 친환경 제품 개발과 생산에 매진하였다. 그 결과 기존의 Stainless Spring을 대체하는 All Plastic Pump Dispenser 뿐만 아니라 All Plastic Trigger Sprayer를 개발하여 Recycling이 가능한 제품을 출시하였다.

▶회사 연혁

[태동기]

1972.10 일본캐니온, 한국캐니온㈜ 설립

1991.03 한국캐니온 공장 인수 후 산수㈜ 상호변경

[성장기]

1993.01 국내 최초 생활용품 펌프디스펜서 국산화 성공

1993.09 중국 JVC 태창 다린 설립

1997.01 ㈜다린 설립

2004.12 기업부설연구소 설립

2011.06 충청북도 보은 공장 설립

2011.09 태국 JVC CK Dispenser 설립

[발전기]

2014.09 코넥스 상장

2015.04 선창산업㈜로의 대주주 변경

2016.03 미국사무소 설립 (Anaheim)

2017.07 코넥스 자진 상장 폐지

2018.10 ERP 구축

2021.01 ㈜다린, 선창산업㈜(모회사)에 흡수합병

2022.04 SUN&L 생활뷰티BG로 사명 변경 및 본사 확장 이전

2022.07 MES 구축 中

▶주요 인증 및 수상 현황

· ISO9001 인증

· ISO14001 인증

· ISO15378 인증

· 동반성장 유공 국무총리상 수상(2016)

· LG생활건강 동반성장 우수협력사 2위(2016)

· 아모레퍼시픽 포장재부문 우수협력사 2위(2018)

· 아모레퍼시픽 포장재부문 우수협력사 1위(2021)

▶마켓 리딩 및 비전

㈜SUN&L 생활뷰티BG의 핵심 경쟁력은 오랜 기간 축적된 기술 경험과 기술 개발 영업력으로 요약된다. 국내 최초로 Pump Dispenser 및 Trigger Sprayer를 개발하였으며 이와 관련하여 국내 지식 재산권 57건, 해외 지식 재산권 11건을 보유하고 있다.

3.5cc 대용량 All Plastic Pump Dispenser 개발을 시작으로 현재는 자동조립기를 이용한 All plastic pump의 대량생산체제를 구축하고 있으며 대량생산을 통해 고품질의 제품을 최적의 가격으로 고객에게 공급할 수 있을 것으로 자신하고 있다. 이와 더불어 3.5cc뿐만 아니라 1.0cc, 1.5cc 용량의 All plastic pump 또한 개발 완료 단계에 있다

▶주요 고객사

[국내]

[해외]

▶주요 생산 제품 현황

[Pump Dispenser]

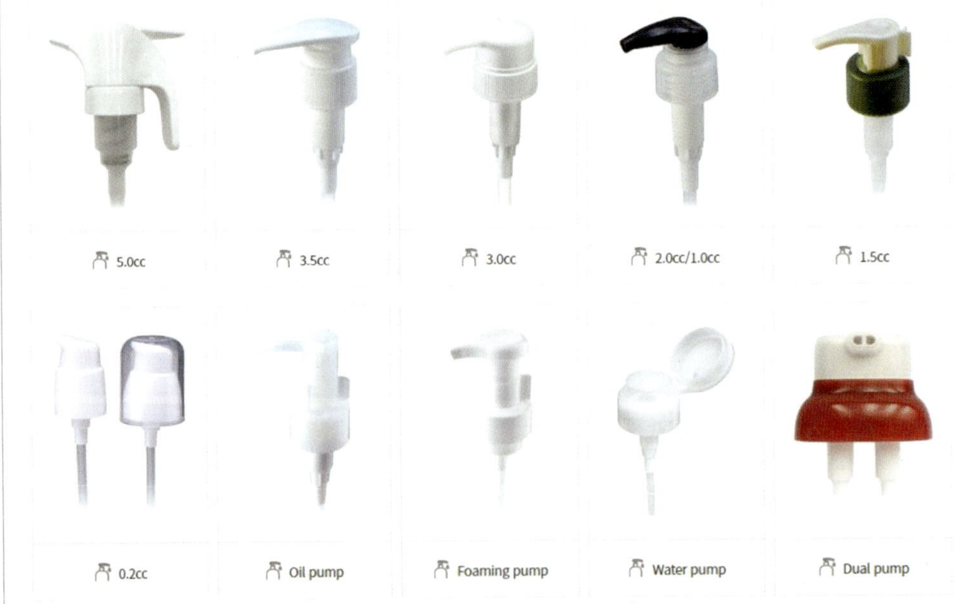

[Trigger Sprayer]

0.55cc

0.8cc

1.0cc

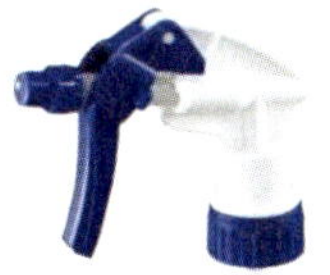

1.1cc

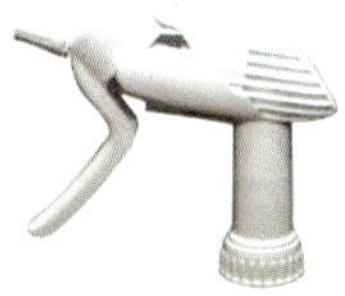

3.0cc

[All Plastic Pump/손소독제]

All plastic pump

All plastic trigger
(Child-resistant)

All plastic trigger
(Foam&Mist)

Pucorin hand cleanser

Pucorin hand care spray

▶ 신제품 개발 현황

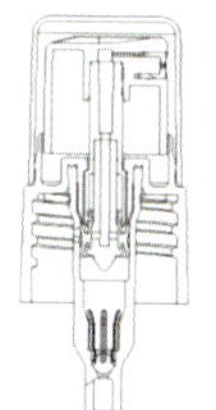

MIST SPRAY
스프링 2EA 압력 분사

PLP
All Plastic Pump 1cc

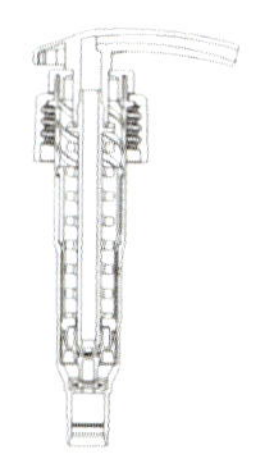

PMP
All Plastic Pump 2cc
(3FP10A 및 기존 L/MP 캡 활용 가능)

PGP
기존 GP 기종 플라스틱 스프링화

PHD
DOWN LOCK 가능
All Plastic Pump 3.5cc

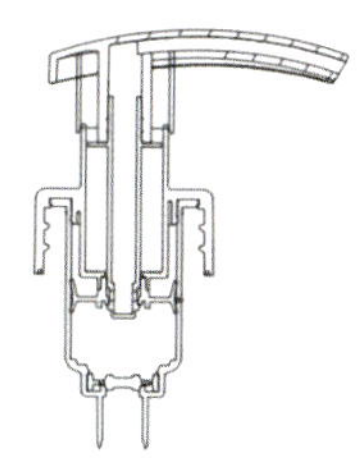

PSN
STOPER 타입, 하우징 짧음
All Plastic Pump 3.5cc

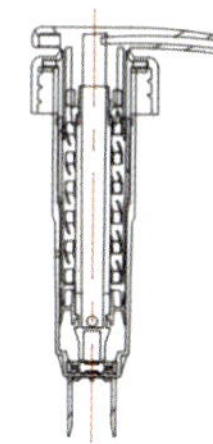

P4D
DOWN LOCK 가능
All Plastic Pump 4.5cc

(주)세화피앤씨

회사명	(주)세화피앤씨
대표자	이훈구
주　소	서울 송파구 법원로11길 11 현대지식산업센터 A동 1203호 충북 진천군 초평면 은암길 36
대표 연락처	홈페이지: www.sewha.co.kr 서울 02)555-4019, 팩스 02-555-4018, 충북 043)838-1010 이메일: sewha@sewha.co.kr

▶ 회사 소개

㈜세화피앤씨는 1976년 창사 이래 염모제 분야 기술 경쟁력을 바탕으로 모든 종류의 염모제를 자체적으로 연구개발 및 생산하는 탄탄한 기술력과 생산 시설을 갖추고 있다. 세계 최초 5분 타입 염모제 발매, 국내 최초 고농축 헤나 추출물 개발 등 끊임없는 연구개발을 통해 소비자들에게 간편하고 빠른 염색 방안을 제공하고 있으며, 다양한 제형(크림형, 샴푸형, 버블형, 젤리형, 3제형 등) 및 컨셉의 염모제를 선보이며 국내 염모제 시장의 트렌드를 선도하고 있다.

현재 충북 진천에 연간 약 6,000만 개의 염모제 및 화장품 생산이 가능한 자체 공장을 보유하고 있으며, 42년 기술 노하우를 지닌 중앙연구소 R&D센터에서는 염모제,

기초, 헤어, 바디 등 분야별로 세분화된 전문 인력이 포진해 지속적인 연구개발 투자는 물론 다양한 특허 출원 등 꾸준하게 연구 및 개발에 힘쓰고 있으며, 국내 유일의 헤나 전문 기업으로서 독보적인 고농축 헤나 엑기스 추출 공법을 보유하고 있다.

1997년 세계 최초로 선보인 5분 타입 염모제 '하이 스피디 칼라크림'은 빠르고 간편하게 염색을 하고 싶어 하는 고객들의 니즈를 적극적으로 반영한 혁신적인 제품이다. 또한 13초에 1개씩 판매되는 샴푸형 염모제 '리체나 이지스피디 헤어 칼라'의 경우 2008년 홈쇼핑 런칭 이후 2017년 상반기까지 누적 판매 2,100만 개, 700억 판매를 돌파하였고, 2017년 8월 말에 새로 리뉴얼되어 시즌 8 제품이 출시됐다.

2010년 본격적인 OEM/ODM 사업에 착수한 ㈜세화피앤씨는 특화된 헤어 분야 기술력으로 아모레퍼시픽, LG 생활건강, 토니모리, 풀무원 등 대규모 브랜드 및 대형 브랜드숍과 지속적인 파트너십을 맺고 있다. 한편, 중국, 동남아, 중동, 러시아 등 50여 개국의 자사 제품을 수출함으로써 2015년 542만 불, 2016년에는 586만 불을 달성해 국내뿐 아니라 해외 시장에서도 놀라운 수출 성장세를 보이고 있다.

리체나, 헨릭

2016년 모레모(MOREMO)를 런칭하여 물미역 트리트먼트라 불리는 '모레모 워터트리트먼트 미라클 10' 등 국내외 시장에서 품질과 제품력이 검증된 모레모 헤어케어 라인을 집중 공급하고 있다.

'모레모 헤어트리트먼트 미라클 2X'가 '2019 화해 뷰티 어워드' 트리트먼트 부문 1위, '모레모 워터트리트먼트 미라클10'이 '2019 올리브영 어워즈'의 헤어케어 부문에 선정된데 이어 론칭 1년만에 10만개 이상 판매

모레모

된 '모레모 리커버리밤 B'가 글로우픽 어워드까지 국내 뷰티 트렌드를 선도하는 3대 어워드를 모두 석권하였다. 국내 대표 H&B 스토어 올리브영, 랄라블라, 롭스, 시코르 등 다양한 유통채널을 확보하고 있으며, 미국과 일본, 동남아시아, 중동, 유럽 등 전세계적으로 글로벌 시장 공략을 강화하고 있다.

또한 최근 선보인 스킨케어 브랜드 얼스노트(EARTH NOTE)는 민감해진 피부를 위해 어성초와 시카의 강한 진정 효과를 담은 '얼스노트 초시카 토너'와 '얼스노트 초시카 크림', '얼스노트 초시카 세럼'을 출시했으며, 블랙보리의 강한 수분력을 담은 블랙보리 카밍 라인도 함께 만나볼 수 있다.

세화피앤씨는 코스닥 상장사로, '리체나', '라헨느', '프리모', '모레모', '얼스노트' 등 국내외 프리미엄 염색약, 헤어케어, 기초화장품 시장을 선도하며 50여개국에 제품을 수출하는 글로벌 코스메틱 전문기업이다.

얼스노트

(주)순바이오팜

회사명	(주)순바이오팜
대표자	임애순
창립일	2016년 9월
주 소	경기도 화성시 청원산단 4길 57
대표 연락처	홈페이지: http://www.soonbiopharm.com/ 전화: 031) 357-1858, 팩스: 031) 357-0739

▶ 회사 소개

(주)순바이오팜은 2016년에 설립하여 마스크팩 생산 (각종 시트 및 특화된 셀롤로오스 등) 전문 기업으로 인지도를 쌓았으며, 2021년 확장 이전 후 최첨단 자동화 생산 시스템 구축과 국제규격인증(ISO9001, ISO22716(GMP)) 획득을 통한 국제 트렌드에 부합하는 업체로 거듭나고 있다.

꾸준한 신제품 개발과 특화 공법 연구개발, 자체 특허 원료 개발을 통하여 세계 각지에 수출을 할 수 있는 제품력을 확보하며, 이런 제품력을 통한 병,의원의 영업망에 집중 케어 제품(미백앰플, 재생세럼, 펩타이드 크림등)을 납품하고 있으며, 의료기기와 접목하여 사용하는 더마 화장품(필링 시스템 제품, 스템셀 등)을 수출하여 매출을 향상시키고 있다. 순바이오팜은 또한 토탈 스킨 케어(미백, 주름, 리프팅, 탄력 등)를 중심으로 트러블, 민감성 케어, 세정제(소취샴푸, 바디워시, 이너 클렌저 등)를 고객사의 니즈에 맞게 솔루션을 제안하는 OEM, ODM전문 기업이다.

▶ 순바이오팜의 독보적 기술력

우수한 품질과 합리적인 가격으로 승부하겠다는 임 대표의 당찬 포부에 걸맞게, 순바이오팜의 제품들은 신소재, 신기술을 이용한 우수한 품질에 바탕을 두고 있다. 독자적인 발효 공법과 3D-워터플 공법, ACTIVE성분의 리포좀화 공법, 미네랄 성분을 응용한 피부침투 공법 등의 기술이 접목된 제품을 개발하여 시장에 선보이고 있다. 피부의 영양을 가장 탄탄하게 채워줄 수 있는 기초 제품, 바디 제품과 마스크팩 등이 주력상품으로, 건국대학교 의료생명대학에서 기술이전 받은 '산사나무 열매에서 추출한 천연 피부미백 화장품 조성물'과 더불어 발효공법에 대한 오래 연구를 통하여 영양이 풍부한 곡물에서 흡수율과 영양분을 최대로 추출할 수 있는 고체 발효 공법의 특허 및 발효 특화 화장품 조성물 특허를 추가로 획득하는 등 독보적인 기술력 확보에 최선을 다하고 있다.

▶ 화장품 통해 아름다운 삶 창조 하고파

임 대표가 가장 중요하게 생각하는 것은 외면과 내면의 균형 잡힌 아름다움이다. 단순한 화장품이 아니라 화장품을 통해 고객의 몸과 마음을 아름답게 가꾸고, 한발 더 나아가 아름다운 삶을 만드는데 기여하고자 한다. 생산하는 사람들이 행복하고 즐거워야 소비자들 역시 행복하다는 생각 아래, 공장 인테리어도 하나하나 세심하게 신경을 썼으며 직원들을 위한 교육 및 자기 계발 등 다양한 복지 제도도 운영하고 있다. "Here for your beauty life!!" 활짝 웃는 임 대표의 말처럼, 순바이오팜의 제품을 통해 세계 시장이 활짝 웃을 그날을 기대해본다.

생산 제품군

- 기초화장품 –크림 / 미스트 / 세럼 / 앰플 / 로션 / 립밤 등
- 마스크팩 –형상파우치 / 일반 파우치 등
- 클렌징 –샴푸 / 소독제 / 바디워시 / 외용 클렌저 등

(주)승일

회사명	(주)승일
대표자	현창수
주 소	천안사업장(본):충남 천안시 서북구 직산읍 4산단1길 10 음성사업장:충북 음성군 원남면 원남산단1길 50 인천사업장:인천 서구 가재울로 54번길 36 서울사무소:서울시 서초구 사임당로 76 S&W빌딩
대표 연락처	홈페이지: www.sungroup.kr 천안사업장(본):041-411-1813 음성사업장:043-928-1300 인천사업장:032-864-8111 서울사무소:02-2186-1291

▶ 회사 소개

(주)승일은 1961년 설립 이래 오랜 기술 노하우를 바탕으로 화장품, 의약외품, 가정용 및 산업용의 에어졸 제품과 대용량의 식품용기, 공업용 캔 등의 일반관 제품을 OEM방식으로 생산 · 판매하고 있다.

주요 사업부문인 에어졸 부문의 경우, 완제품의 연간 생산능력이 1억1,000만개에 달하며 관계사인 (주)태양을 포함하여 전체 시장의 60% 수준의 점유율을 상회하고 있어 명실상부한 국내 1위의 자리에 있을 뿐 아니라 국내 대부분의 화장품 제조업체가 모두 승일의 OEM 고객이라 할 수 있을 만큼 많은 거래처를 확보하고 있다. 아모레퍼시픽, LG생활건강, 한국콜마, 코스맥스, 코스메카 등 주요 거래처를 포함해 국내외 200여개의 업체와 거래하고 있으며, 해외수출에 있어서도 연간 3천만불 규모로 꾸준히 상승세를 이어가고 있다.

2010년 천안지역에 첨단 설비와 신규 생산라인을 구축한 에어졸 제관공장을 건설하여 본격적인 글로벌 경쟁력을 갖추게 되었으며, 2015년 음성에 CGMP 기준에 적합한 에어졸 완제품 제조공장을 건설하고 2016년 11월 동종업계에서는 최초로 전공정 CGMP 인증을 취득함으로써 국내 매출 신장은 물론 해외 수출에 박차를 가하고 있다.

음성공장은 CGMP 기준에 맞는 철저한 품질관리를 통해 화장품 및 의약외품 생산라인 등 총 18개 라인을 운영하고 있으며, 고객의 신체에 직접 접촉되는 제품을 생산하는 만큼 공조설비 및 급지구분을 통해 공기의 교차오염을 방지하고 인동선과 물동선의 철저한 구분, 전실운영, 방진복 착용 등으로 어떠한 미세 오염도 근본적으로 방지할 수 있는 청정한 생산환경을 조성하고 있다.

또한, 에어졸에 사용되는 모든 추진제(propellent)를 인체용으로 여과 · 정제(탈취, 탈수 등)할 수 있는 시설을 대폭 증설하여 글로벌 규격에 적합하고 더 안전한 제품

이 양산될 수 있도록 했다. 더불어 2016년 4월부터는 분당 200개의 고속 생산과 8도 인쇄까지 가능한 알루미늄캔 제관라인을 신규로 도입하여 현재는 35파이, 40파이, 45파이, 50파이, 53파이 관종을 생산하고 있다. 승일은 에어졸 완제품 생산에 필요한 공캔, 돔, 보돔, 밸브, 캡 등의 부품부터 미스트, 썬스프레이, 데오드란트 등 화장품류, 염모제, 제모제 등 의약외품류, 살충제, 생활용품 등 다양한 종류의 충전캔(완제품)을 생산하기 때문에 고객사가 원하는 모든 요구를 만족시켜줄 수 있는 원-스탑 생산이 가능하다.

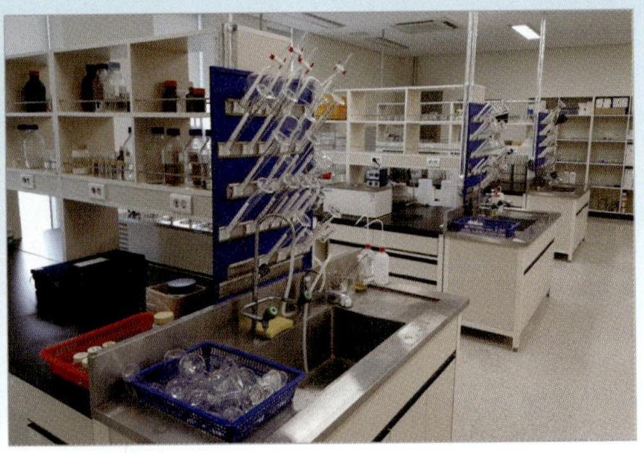

또 다른 사업부문인 일반관은 2018년 신공장을 준공하면서 18L라인의 경우 외부 공기가 완벽히 차단된 공조 시스템과 HACCP 기준에 맞춘 깨끗한 생산환경 조성 등으로 경쟁력을 갖추게 됐으며, PAIL 라인의 경우 최신 설비를 도입하여 국내에서 독보적인 트리플 시밍 방식으로 캔을 생산하여 고객사에 납품하고 있다. 주요 제품으로는 식품관, 참기름관, 장류관, 케미칼관, 페인트관, 윤활유관 등 국내에서 가장 다양한 관종을 취급하고 있으며, 식품안전관리인증기준인 HACCP 기준에 따라 안전한 제품 생산이 가능하고 시장 변화에 적극적으로 대처하여 경쟁력을 강화하기 위해 끊임없이 노력하고 있다.

승일은 단순한 OEM 납품 수준을 떠나 ODM 방식으로의 전환을 추진하기 위해 연구개발에도 매진하고 있으며, 국내 최초로 에어졸 제품을 생산, 보급하기 시작했다는 자부심을 바탕으로 철저한 품질관리와 정돈된 생산환경을 조성함으로써 불량율은 낮추고 생산성은 높여 양질의 제품을 공급하고, 이를 통한 거래처 확대로 성장세를 지속하고 있다.

주요 인증 · 수상 현황

- 2017년 전 공정 ISO22716 인증
- 2016년 에어졸 업계 최초 전 공정 CGMP 인증
- 2012년 ISO 14001 인증
- 2010년 제 47회 상공의 날 이천만불 수출의 탑 수상
- 2009년 상공의 날 기념 지식경제부 장관 표창
- 2003년 동탑산업훈장
- 2001년 상반기 KMAQA 선정 최우수인증기업 ISO품질경영 시스템 대상
- 2000년 제 37회 상공의 날 천만불 수출의 탑 수상 / 무역진흥 대통령 표창
- 1995년 석탑산업 훈장

신우

회사명	주식회사 신우
사업부문	뷰티 패키지 지함, 지관, 단상자 등/페이퍼 프레스
대표자	유문종
주 소	경기 용인시 처인구 이동읍 덕성산단2로 50번길 44
대표 연락처	홈페이지: http://www.sinwoopack.com/ 전화: 031) 338-9811

화장품 패키지 전문기업 신우는 친환경적 혁신 패키지 기술인 '페이퍼프레스'로 도약을 계속하고 있다.

페이퍼 프레스란 화장품 박스 안에 제품을 고정시키는 틀(트레이)을 기존 플라스틱수지 대신 종이로 만드는 친환경 · 신소재 기술이다. 플라스틱 트레이를 벗어나지 못하는 현실 속에서 신우는 종이 패키지인 파격적이고 혁신적인 페이퍼프레스를 개발, 양산시스템을 구축하며 업계의 주목을 받고 있다.

▶ 플라스틱 대체할 친환경 아이템 '페이퍼 프레스'

페이퍼 프레스는 원지2장을 파도모양으로 엇갈려 금형으로 접착, 용기 형상 틀을

잡아주는 방식으로 내구성이 강하고 실용적인 것이 강점으로 현재 아모레, LG 등을 비롯해 국내 유수의 업체에 납품되며 좋은 반응을 얻고 있다.

페이퍼프레스 개발의 핵심포인트는 친환경, 제품의 보호성, 제품의 퀄리티, 제품의 생산성에 주안점을 두고 개발하였다. 페이퍼프레스의 장점은 친환경 트레이(수용성 코팅), 다양한 인쇄 차별화, 다품종 소량생산에 적합한 시스템이라는 것이다.

페이퍼 프레스는 국내 특허로 종이트레이, 2중금형 개발 특허 출원을 완료했으며 유럽4개국 외 미국, 인도, 중국, 베트남 등 국제 특허출원을 진행하고 있다.

신우 유문종 대표는 "최근 세계적인 화두로 떠오른 환경의 가치와 맞물려 신우 '페이퍼 프레스'에 업계의 관심이 상당히 높다. 이에 신우는 전시회 출품을 비롯한 업체당 한품목 금형비 지원 등 적극적인 마케팅을 펼치며 시장공략에 박차를 가하고 있다."고 밝혔다.

▶ 용인 덕성산단 생산설비 증설 성장 발판 마련

신우는 2020년 용인 덕성산업단지 2,500평 3층 규모 신공장 이전으로 완벽한 생산시스템을 구축했다. 이에 페이퍼프레스 대량 생산 라인을 비롯해 세트포장 라인을 확대하여 성장의 발판을 마련했다. 생산라인 증설을 통해 생산캐파도 20% 가량 증가되어 발빠른 대처가 가능해 국내 최고의 토탈패키지 솔루션을 제공하게 되었다.

유문종 대표는 "현재 소비자들은 친환경적이고 지속가능한 제품의 가치를 찾고 있

다. 또한 기업들은 2022년부터 포장용 플라스틱에 대해 환경 부담금을 내야 한다. 이렇듯 환경 문제로 인한 규제가 강화되어 친환경 포장재에 대한 필요성이 커지고 있다. 이에 신우 '페이퍼 프레스'는 최근 친환경 패키지를 사용하고 환경보호에 적극적인 기업 문화와 맞물려 높은 성장률을 달성하고 있다."고 강조했다.

페이퍼 프레스는 화장품 분야와 더불어 식품, 건기식 등 다양한 산업분야에도 적용이 가능해 높은 성장가능성을 보여주고 있다.

특히 ESG 경영이 최근 이슈인만큼 신우 역시 다방면에서 친환경 경영을 실천하고 있다. 인쇄기술을 비롯해 종이, 잉크, 자재 등 최대한 환경을 위한 제품을 생산하고자 끊임없이 연구개발을 진행하고 있으며 계속적으로 신제품도 출시할 계획이다.

신우의 페이퍼 프레스는 친환경 소재 적용으로 가치있는 기업이미지를 구축할 수 있으며 디지털인쇄 30000장비 도입으로 다양한 디자인과 인쇄로 차별화한 제품 생산을 가능케 한다.

신우는 33여년의 축적된 기술노하우를 바탕으로 지속적인 성장을 이어오고 있는 최고의 패키지 전문기업으로 끊임없는 연구개발로 다수의 고객사로부터 품질력을 인정을 받고 있다.

지난해에는 기존 Analogo 인쇄방식을 벗어나 4차 산업인 30000 digital press 장비를 국내최초로 도입하였다. HP Indigo 30000 digital press는 LEP(Liquid electro photograghy) 기술을 통해 디지털 인쇄 장비 중 최고의 인쇄 품질 구현이 가능한 인쇄기로 폭발적으로 성장하는 국내 디지털 인쇄시장에서 다품종 소량 생산, 제품 주기 단축, 가변 데이터 처리 등을 실현하는 최상의 시스템이다.

▶ 주요생산품목

신우의 주력생산 품목은 화장품 포장 자

재인 단상자, 일개지함, 세트지함, 지관 등으로 다양한 인쇄물을 생산하고 있다. 긴급제품과 샘플용 인쇄물을 디지털 인쇄기로 빠르게 처리, 완벽한 생산시스템 구축으로 고객만족을 실현하고 있다.

▶ 회사 연혁

- 1981 12월 신우상사 설립(서울 방산상가)
- 1986 1월 지함공장 설립(서울 독산동)
- 1990 11월 제2공장 확장설립(군포)
- 1993 2월 ㈜신우 법인전환
- 1994 5월 용인공장 준공 이전
- 1999 ISO 9002 인증획득
- 2000 ERP 개발 및 구축
- 2003 생산정보시스템 개발 및 구축
- 2005 ISO 9001 인증획득
- 2007 중국 천진공장 설립
- 2011 중국 청도공장 설립
- 2012 바코드 및 제품 혼입 방지 시스템 도입
- 2013 인도 뉴델리공장 설립
- 2018 11월 디지털인쇄 30000 국내 최초 장비 도입
- 2019 페이퍼프레스 개발
  페이퍼프레스 특허출원(국내, 국제4개국)
- 2020 종이 성형선대 선정(AP주관), 정부지원
  우수상품 디자인선정(굿디자인)
  7월 용인 덕성산업단지 공장 준공

(주)씨아이티

회사명	(주)씨아이티 (Cosmetic Institute of Technology)
대표자	김 재 진
주 소	본사 : 충청남도 당진시 합덕읍 합덕산단1로 110 연구소 및 영업사무소 : 서울특별시 금천구 가산디지털1로 19 대륭테크노타운 18차 1401호
대표 연락처	홈페이지: www.citcosmetic.com 전화 02-863-0276 / 팩스 041-363-3414

▶ 회사소개

(주)씨아이티(Cosmetic Institue of Techonology)는 2000년 창립 이래 단순 화장품 제조 회사가 아닌 화장품 연구소로 출발해 기술력과 제품력을 바탕으로 고객사와 최종소비자에게 최상의 제품을 공급하기 위해 노력하고 있다. 뿐만 아니라 CGMP 규격을 갖춘 Private Label 회사로서, R&D 및 시설투자, 인재양성, 신기술력을 바탕으로 고객사들의 이익과 가치를 실현시키기 위해 같이 노력하며 달려가고 있는 회사이다.

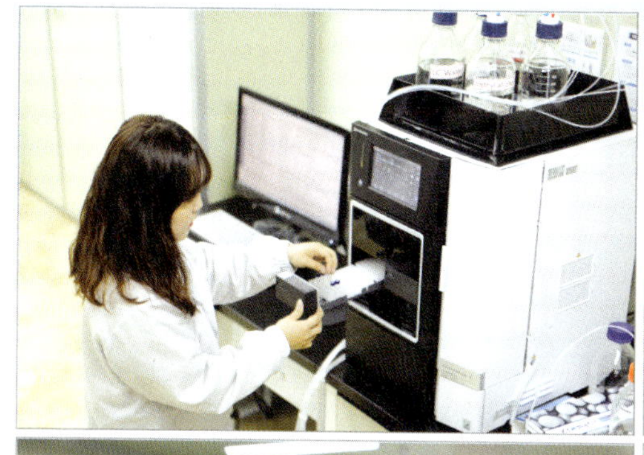

씨아이티는 국내외 다양한 화장품 브랜드의 OEM(주문자상표제작), ODM(제조업자개발생산)뿐 아니라 해외 유명 유통업체에 PB상품을 공급하고 있으며 특히, 해외 PB브랜드 개발을 통해 편견 없는 해외 소비자들로부터 먼저 품질을 인정받고 이를 통해 역수출의 실적을 창출하고 있다. 현재 씨아이티의 해외 진출 국가로는 미국, 캐나다, 멕시코, 덴마크, 핀란드, 터키, 프랑스, 독일, 노르웨이, 스웨덴, 영국, 러시아, 중국, 태국, 베트남, 홍콩, 대만 등 25개국 이상 국가로 수출되고 있으며, 해외 시장 확대에도 적극적으로 나서고 있다.

국내외 고객사에게 두터운 신뢰를 쌓기 위해 씨아이티는 체계적인 품질 관리 시스템 또한 구축하고 있다. CGMP 인증을 비롯하여 ISO22716, ISO9001, ISO14001, OHSAS18001 등의 인증을 획득했으며, 원료부터 최종 완제품 출고까지의 모든 생산 단계에서 체계적인 품질 관리와 공정 검사를 시행함으로써 지속적인 고객 만족을 실현하고 있다. 또한 로레알, 세포라와 같은 글로벌 기업과 정기적인 AUDIT을 통한 최상의 글로벌 품질 시스템을 입증하고 있다. 이에 멈추지 않고, 창고관리시스템(WMS)을 도입하여 주문, 입출고, 공간, 장비의 최적화, 재고 관리 등의 정보를 실시간으로 제공함으로써 물류 업무의 효율성과 생산

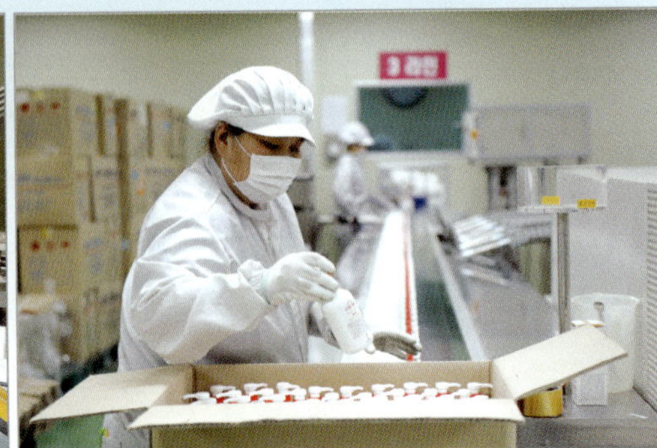

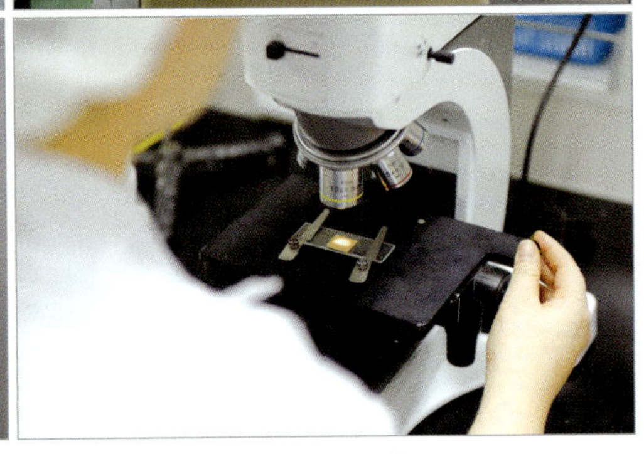

성을 향상했다. 이처럼 품질경영시스템을 지속해서 개선하고 이해관계자들과의 동반 성장도 놓치지 않고자 노력하고 있다.

씨아이티는 끊임없는 화장품 개발을 통해 보다 참신하고 고객 지향적인 제형 연구에 몰두하고 있다. 현재 급변하고 있는 화장품 시장에 먼저 앞서가기 위해 마스크에 묻어남이 덜한 저자극 파운데이션, 모델링 마스크 등 홈 에스테틱 제품 개발에 성공하였다. 최근 비건 제품에 대한 소비자의 관심도가 높아짐에 따라, 비건화장품 (Vegan Cosmetics) 개발에도 노력하여, 다양한 제품을 출시했다. 또한, 기존 자외선차단제 제형의 사용감을 개선하여 신규임상 4건을 승인 받았으며, 최근 이슈가 되고 있는 자외선차단제지수 논란 속에서도, 씨아이티는 자체 검증을 위해 인비트로 (in-vitro) 테스트를 진행하고 있으며, 정직한 처방과 우수한 제품력으로 고객 만족을 실천하고 있다.

이러한 제품력을 바탕으로 스킨케어부터 메이크업제품까지 소비자에게 더욱 합리적인 가격과 독자적인 처방을 제공하고 있다. 씨아이티는 이러한 다양하고 독자적인 제형소개 및 홍보를 위해 뉴스레터를 국내/해외 고객사에게 정기적으로 발행하고 있다. 뉴스레터 구독신청은 아래 이메일을 통해 가능하다. global@citcosmetic.co.kr

마지막으로, 씨아이티 김재진 대표는 더 많은 국내외 고객분들에게 아름다움의 가치를 전하고, 미의 영역을 선도할 수 있도록 효율적인 연구개발에 총력을 기울일 것이라고 설명했다. 이어 씨아이티는 기술제일주의와 고객 최우선주의라는 기본 경영방침을 통해 고객사와 최고의 제품으로 동반성장 하는데 초점을 두고, 지속적으로 연구개발에 투자하여 국내뿐 아니라 해외시장에서도 인정받을 수 있는 최고의 제품을 만들어 나갈 것이라며 약속했다. 마지막으로 모든 고객사의 니즈를 충족시킬 수 있는 완벽한 시스템과 연구개발력으로 글로벌 화장품 연구개발 및 제조기업으로 더욱 성장해 나갈 것이라고 전했다.

▶ 주요생산유형

- 화장품: 기초화장품류(스킨, 토너, 에센스, 세럼, 크림 등), 기능성화장품류(자외선 차단제품, 미백기능성, 주름개선기능성, 이중, 삼중 기능성), 메이크업화장품류(비비크림, 씨씨크림, 반전비비크림, 파운데이션, 에어쿠션, 그래픽베이스 등), 피지 및 각질 관리 제품(풋 필링, 페이셜 필링, 바디필링, 박각질 제거제 등), 클렌징류(산소클렌저, 탄산클렌저, 파우더 클렌저, 폼클렌징, 클렌징오일, 클렌징 워터 등), 팩류(필 오프, 워시 오프, 에센스 마스크 등), 헤어제품류, 특수제형화장품류 등

- 의료기기: 여성용세정제 등

-주요생산 브랜드: Yu.R, 엘로엘, 조성아TM, 네이처리퍼블릭, 잇츠스킨 외 다수

-기타인증사항: 식약처 CGMP, ISO9001, ISO22716, ISO14001, ISO13485, 의료기기GMP, OHSAS18001, US FDA OTC Inspection

아르느보화장품

회사명	아르느보화장품
창립일	2002년 05월
대표자	박상신
주 소	경기도 안성시 미양면 제 2공단 2길 119
대표 연락처	전화: 031) 677-8620, 팩스: 031) 677-8650 E-mail: artnouveau-1@hanmail.net

▶ 회사 소개

아르느보화장품(대표이사 박상신)은 화장품 OEM · ODM 전문기업으로 2002년 설립이후 우수한 연구개발력을 바탕으로 지속적인 성장세를 달성하고 있는 강한 기업이다.

아르느보화장품은 최상의 설비와 최고의 제품력으로 국내를 비롯 동남아, 미국 등 글로벌 20여 국가의 수출을 통해 성장의 발판을 다지고 있다. 아르느보화장품의 성장원동력은 우수한 기술력으로 기초화장품을 비롯해 색조화장품 등 토털 화장품OEM · ODM이 가능하다는 것이다. 아르느보화장품 연구소에서는 기초화장품 · 색조화장품의 신제형 연구, 다양한 기능의 제품개발, 피부안정성 연구 및 평가, 신원료 및 유효성에 관한 효능연구, 기능성 화장품에 대한 연구개발, 헤어관련 제품 개발 등 활발한 연구가 진행되고 있다. 특히 고객 중심의 제품을 개발하기 위해 끊임없이 연구개발을 펼치고 있다.

▶ 사업부문

기초화장품, 색조화장품, 바디&두발 화장품, 기능성 화장품, 인체세정용 방향용 화장품 등 화장품 전 제품

▶ 인증현황

ISO 9001, ISO 14001, ISO 22716

▶ 생산설비 및 R&D 현황

아르느보화장품은 품질관리, 제조 · 생산설비 등 완벽한 생산시설을 통해 새로운 도약을 계속하고 있다. 안성에 위치한 아르느보화장품 생산공장은 최상의 생산시스템을 구축했으며 1일 생산능력은 벌크 30ton 이상, 완제품 10만개 이상에 이른다.

제조설비는 유화가마 4대, 가용화가마 6대, 충진시설, 포장 시설 등을 갖추고 있다. 포장시설은 튜브충진기, 스킨/로션/크림 충진 설비 등을 비롯해 립스틱류, 립글로스류, 마스카라류 충진기, 스틱류 충진기, 대용량 충진기, 자동 파우더 충진기 등 설비를 갖추고 있다. 이렇듯 아르느보화장품은 최신 설비 구축과 신기술을 통해 화장품 업계 선도기업으로 자리매김하고 있다.

▶ 회사 연혁

- 2002.05 아르느보화장품 설립(인천 남동공단)
- 2002.07 일본 수출
- 2003.05 미국 선크림 수출
- 2006.05 안성 공장 확장 이전
- 2007~ TV 홈쇼핑 방영(현대홈쇼핑, CJ홈쇼핑, 롯데홈쇼핑)
- 2010.10 품질경영시스템인증(ISO9001/ ISO14001)
- 2014.07 기업 부설연구소 설립
- 2015.03 우수 화장품 제조 및 품질 관리 인증 (ISO 22716)
- 2016.09 안성 신공장 확장 이전
- 2017.02 미국 FDA 실사 (VAI 등급)
- 2019~ 미국, 유럽, 동남아시아 수출

(주)아모레퍼시픽

회사명	(주)아모레퍼시픽
대표자	서경배, 안세홍
주 소	서울시 용산구 한강대로 100 아모레퍼시픽
대표 연락처	홈페이지: http://www.apgroup.com/ 전화: 02-6040-5114

▶ 회사 소개

아모레퍼시픽은 올해로 창립 77주년을 맞았다. 1945년 9월 5일 창립한 아모레퍼시픽그룹은 '아름다움과 건강으로 인류에 공헌하겠다'는 창업 정신을 바탕으로 한국을 대표하는 뷰티 기업으로 성장했다. 한국 최초로 화장품 연구소를 설립하고 국내산 화장품을 수출했으며, 최고의 제품을 고객에게 선보여왔다. 2000년대부터는 과감한 도전을 통해 다양한 글로벌 시장 진출을 이어오고 있으며, 책임 있는 기업 시민의 소임을 다하기 위한 ESG 경영에도 최선을 다하는 중이다.

아모레퍼시픽은 한국 대표하는 미(美)의 기업으로서, 자연과 인간에 대한 깊은 이해로 내면과 외면이 조화를 이루는 아름다움을 창조하여, 아름답고 건강하게 살고자 하는 인류의 영원한 꿈을 실현하겠다는 소명을 갖고 있다.

아모레퍼시픽은 누구나 자신만의 아름다움을 실현하여 진정 자유롭게 행복한 삶을 누리는 '뉴 뷰티(New Beauty)'의 세상을 만들어가겠다는 비전을 선포했다. 이를 통해 바이오, 더마 등의 고기능 영역과 건강을 위한 웰니스(Wellness) 카테고리를 집중 육성해 삶의 모든 순간을 아우르는 '라이프 뷰티' 로 사업을 확장하고, 세밀하게 축적된 고객 데이터와 디지털 기술을 바탕으로 고객별 최적화된 '초개인화 뷰티 솔루션' 을 제공하며, 이해관계자 모두에 대한 적극적인 '공감' 으로 진일보한 기업 생태계를 만들어 나갈 방침이다.

▶ R&D 소개-아모레퍼시픽 기술연구원

'철저히 기술과 품질로 고객에게 인정받겠다'는 신념 하에 아모레퍼시픽은 1954년 화장품업계 최초로 연구실을 개설했고, 1957년부터는 매년 연구원들을 유럽과 일본 등지로 보내 선진 기술을 습득하게 했다. 특히 1992년, 창업자의 뜻을 받들어 제 1연구동인 성지관을 완공하였고(연면적 17200m^2), 이후 연구에 대한 아낌 없는 투자를 통해 괄목할 만한 혁신을 이루어가게 된다.

아모레퍼시픽은 1990년대 중반부터 피부과학연구소에 집중적으로 투자하였으며, 1994년에는 의약연구소를 설립하여 신약개발과 함께 새로운 건강식 문화를 창조해 오고 있다. 또한, 2001년에는 21세기 글로벌 기업으로의 도약을 위해 최첨단 시설을 갖춘 헬스연구동을 신축, 화장품의 효능과 안전성 연구에 집중하는 동시에 미용과 건강 분야의 기능성 식품을 개발하여 미와 건강을 고려한 토탈 뷰티 사업을 추진해 왔다. 2006년에는 식품연구소를 신설하여 녹차, 건강식품 등 헬스케어 분야의 연구 개발을 더욱 강화했다.

특히 창업 때부터 면면히 이어져 온 식물에 대한 깊은 이해를 바탕으로 1966년에는 'ABC 인삼크림'을 출시했다. 이를 시작으로, 인삼 중심의 한방미용법 연구에 매진해 전통 약용식물의 피부효능을 과학적으로 입증하고 체계화해 1997년 한방화장품 '설화수'를 선보인 바 있다.

▶ 설화수 한방과학 연구센터 소개

아모레퍼시픽 기술연구원 내에서도 최고 전문가들로 구성한 '설화수 한방과학 연구센터'에서는 한방 원료에 대한 연구가 50년 넘게 지속되어 오고 있다.

설화수 한방과학 연구센터는 3,912가지에 이르는 다양한 한방 소재의 조합과 효능을 연구하고, 그 소재 효능을 과학적으로 검증하는 안티에이징 연구를 수행한다. 최신 분석 도구를 이용해 현대적인 한방 이론을 정립하고, 설화수 핵심 원료인 인삼 역시 다양한 방식으로 집중 연구하여 독점적인 주요 효능 성분으로 계속해서 발전시켜 나가고 있다.

별도로 인삼을 키우는 밭인 '시험포'에

서 인삼의 재배 환경, 재배법, 품종 등 식물학적 연구를 진행하며 뷰티 인삼에 대한 전문성을 축적할 뿐만 아니라, 줄기 배양, 수경 재배, 바이오 컨버전 등 농업, 식물학의 최신 경향을 파악해 과학적 검증에 기반한 기술 노하우를 인삼 연구에 활용한다. 연구진의 뷰티 연구에 대한 헌신과 노력은 설화수의 모든 제품에 담겨 있다.

▶ SCM 소개-아모레 뷰티파크

아모레퍼시픽은 세계 최고 수준의 생산 물류 기술을 활용하여 전세계 고객들에게 최상의 제품을 제공하고자 한다. 그리고 그와 동시에 확대되는 해외 사업에도 효과적으로 대응해 나가기 위해 2012년 5월, 경기도 오산에 아모레 뷰티파크를 준공했다.

아모레 뷰티파크는 1973년 설립됐던 수원의 스킨케어 사업장과 1990년 설립됐던 김천의 메이크업 사업장, 그리고 각 지역에 흩어져있던 5개의 물류센터를 한 곳에 통합하여 완성한 통합생산기지이다. 축구장 30여 배에 달하는 224,400m^{2}의 대지면적에 건축면적 89,009m^2 규모의 공간으로 연 1만 5천톤의 제조와 연 1천 5백만 박스의 출하 능력을 갖추었다. 유틸리티센터, 스킨케어센터, 메이크업센터, TP(Test Product)센터, 지원센터 그리고 대규모의 물류센터를 비롯하여 다양한 부대시설로 이루어진 아모레 뷰티파크는은 아모레퍼시픽의 주요 제품들의 생산과 함께 국내는 물론 국외 고객들에게 신속한 배송을 담당하는 역할 또한 수행하고 있다.

▶ ESG 소개-아모레퍼시픽 지속가능경영

아모레퍼시픽이 2030년 달성을 목표로 하는 지속가능경영 5대 약속, '2030 어 모어 뷰티풀 프로미스(2030 A MORE Beautiful Promise)'를 공개했다. 이는 사람과 세상 모두를 아름답게 하기 위해 아모레퍼시픽 전 구성원이 함께 노력과 실천을 이어가겠다는 다짐이자, 향후 10년간 추진해 나갈 이해관계자와의 약속이다. '고객 및 사회와의 동행', '대자연과의 공존'이라는 두 축을 바탕으로 한 5가지의 목표가 주요 내용이다.

이번 약속은 지난 2009년부터 추진해 온 아모레퍼시픽의 지속가능경영 경험과 노하우가 총망라된 것으로, 향후 10년을 바라보며 새롭게 추진할 장기적인 지속가능경영

목표다. 첫 번째로는 신제품 100%에 환경 또는 사회 친화적 속성을 구현하고 고객의 지속가능한 라이프스타일 영위에 기여하는 브랜드 활동을 전개할 계획이다. 신제품 '환경 발자국' 저감, '그린 케미스트리' 기술 혁신, 가치 소비 확산을 위한 브랜드 캠페인 전개 등이 주요 골자다. 둘째로는 다양성과 포용의 가치를 사내외에 확산하고 모든 이해관계자와의 조화로운 성장을 구현할 계획이다. 전 임직원 대상 다양성 · 포용성 교육 및 인식 개선 프로그램 운영, 다양성 · 포용성 기반의 뷰티 제품 개발 및 캠페인 전개, 경제적 자립이 필요한 계층의 경제 역량 강화 및 시민의 건강한 삶 지원을 위해 1,000억 원을 투자한다는 것이 핵심 내용이다.

다음으로는 기후 위기에 대응하고 대자연과 공존하기 위한 3가지 실천 목표도 제시했다.

첫 번째 목표는 글로벌 생산 사업장의 탄소 중립을 실현하고 폐기물 매립 제로화를 달성한다는 것이다. 이를 위해 국내외 전 생산 사업장의 재생에너지 사용률을 100%까지 끌어올리고, 국내 물류 차량 100%를 전기차와 같은 친환경 차량으로 전환하는 등의 실천 방안을 추진한다.

두 번째는 제품 포장재의 플라스틱 사용량을 절감하고, 플라스틱 포장재를 사용할 경우 100% 재활용, 재사용 또는 퇴비화가 가능하도록 하는 목표다. 플라스틱 포장재 30%에 재활용 또는 바이오 플라스틱 사용, 리필 제품 및 서비스의 확장 등이 주요 내용이다.

세 번째는 생물 다양성의 보전과 이용을 위해 100억 원을 투자하고 2023년까지 팜유 사용량의 90% 이상을 'RSPO 인증 팜유'로 대체한다는 것이다. 이를 위해 생물자원 보존 및 기후변화 적응 기술을 도입하고, NGO 및 협력사와의 파트너십을 통해 팜유 농가를 지원할 계획이다.

한편, 아모레퍼시픽은 1993년 '무한책임주의'를 선언한 이래 '사람을 아름답게, 세상을 아름답게'라는 기업 소명을 바탕으로 다양한 지속가능경영 활동을 전개해왔다. 2009년부터는 기업의 지속가능경영 활동을 한 곳에 담은 '지속가능성보고서'를 매년 발간해오고 있다. 2017년에는 UN의 '지속가능발전목표(Sustainable Development Goals, SDGs)' 달성에 동참하겠다고 선언한 바 있다.

(주)아폴로산업

회사명	(주)아폴로산업
대표자	이용대, 이재경
주 소	경기도 시흥시 경기과기대로 64(정왕동)
대표 연락처	홈페이지: www.apolloind.co.kr 전화: 031)496-8790, 팩스 031)496-8789

▶ 회사 소개

(주)아폴로산업은 1970년대 대한민국 최초로 분무기 국산화에 성공하여 국내시장의 선두주자로 부상, 우리 생활에서 필요한 각종 생활용품 및 화장품 포장재 사업에서 독보적인 위치를 고수하고 있다. 특히 폼클렌저, 샴푸, 린스, 클렌징 오일, 로션, 에센스, 헤어&바디미스트, 탈취제, 세정제 등 화장품 및 의약품에 특화되어 있는 토탈 패키징 뿐만 아니라, 종합 생활용품과 농업용 기구 메이커로서 제품의 개발 및 고품질 실현을 위해 D&I센터를 운영, 독특하고 창의적인 제품 개발에 대한 투자를 지속하고 있다. 이에, 2019년 글로벌 강소기업, 2020년 기술혁신 중소기업 및 2021년 수출유망 중소기업에 선정되는 등 국내는 물론 해외 시장에도 그 가치를 인정받고 있으며, 글로벌 혁신기업으로 성장하기 위해 총력을 기울이고 있다.

(주)아폴로산업은 1976년 창업 이래 47년여 동안 차근차근 단계를 밟아 성장해왔으며, 이를 통한 최적의 제품을 위한 생산 기술력 및 노하우를 축적함으로서 4대 주요 펌프인 'Foaming', 'Dispenser', 'Mist' 및 'Trigger' 제품군에 대한 생산체제를 구축, 국내 화장품용 펌프 제조업체 중 최상위급 생산능력을 보유하고 있다. 더불어, 초미세 분무(Ultra Fine Mist)가 가능한 고품질 스프레이 개발을 완료하여 국·내외에서 그 기술력을 크게 인정받고 있다.

각종 화장품(로션, 에센스, 크림, 오일, 폼 클렌징, 헤어 케어, 미스트 스프레이, 향수 등), 생활용품(샴푸, 린스, 바디용품, 세정 용품 등) 및 제약제품(스프레이 탈취제, 방향제, 세척제, 제약 등)에 폭넓게 사용되는 플라스틱 포장재(Packaging) 부문 '글로벌 패키징 제조 전문 기업'으로서 자리매김해 나가고 있다.

특히, 금년 4월 선제적 투자를 통해 제2 공장을 신축하여 '용기사업부'를 신설, 이를 통해 화장품 및 생활용품 용기사업에 더욱 박차를 가하고 있다.

모든 생산라인은 정교한 최상급 시설로 구축하였으며, 최고 품질을 위해 외부와 차단된 클린룸을 운영하며 화장품 용기 분야에 새로운 바람을 몰고 올 채비를 끝마쳤다.

회사 관계자는 "고객사와 소비자 의견 등을 통해 빠르게 변화하는 화장품 트렌드 및 소비자 니즈를 파악, 2022년 아폴로산업이 나아가야 할 신전략을 수립 · 실천하였다. 이를 통해, 새롭게 추가된 용기사업에 전사적 역량을 집중해 글로벌 기업으로 거듭나기 위해 최선을 다하겠다"고 밝혔다.

아폴로산업은 디자인, 설계, 금형 제작 및 사출 생산시설, 품질 검사 등 모든 제조 공정 전체가 자체적으로 운영 가능한 원스톱 생산시스템을 보유하고 있으며, 일찍이 광대한 글로벌 시장을 타겟으로 한 제품 마케팅 부문에 집중하며 세계적인 화장품 브랜드 기업 및 글로벌 화장품 패키징 유통 전문기업 등에 경쟁력 있는 각종 화장품 부자재를 공급함으로서 수출한국의 위상을 더욱 높이는데 크게 이바지하고 있다.

이는 하루아침에 이루어진 것이 아니라 창업이래부터 현재까지 이어온 기술의 축적의 결과라 할 수 있다. 제품 개발의 착안에서 설계, 시제품 제작, 금형 제작, 생산, 공급에 이르는 과정을 모두 자체 처리 가능한 수준 높은 인적, 물적 자원과 축적된 개발 능력 등 기반시설을 모두 갖추고 있으며, 협력사와의 오랜 기간에 걸친 돈독한 협업 관계가 큰 자산이 되었고, 협력사와의 밀접한 관계 유지의 근본에는 이용대 회장의 아낌없는 지원과 생상의 신념, 미래 지향적

경영리더십이 오늘날 큰 성과로 나타난 결과이다.

신제품 개발과 신기술 개발에 역량을 집중하고 있으며, 현대화된 생산 공정 도입 및 전문 인력 양성에 매년 꾸준한 투자를 하고 있다. 더불어, 4차 산업 혁명의 대 전환기를 맞아 정보화 기반의 생산 현장 구축을 위한 "4차 산업혁명 기업혁신과정"에 직접 참여하고 있으며, 회사 전반의 체질 개선 및 스마트(Smart)화를 위한 "QSS 혁신활동", "스마트 마이스터 프로그램", "스마트허브 성장촉진 사업" 등의 활동은 성공리에 마무리하였다. 또한, "일본인 기술자 기술지원 사업", "기술이전 R&D 지원사업", "디자인 개발 지원사업" 등의 정부 지원사업을 실행, 최고의 제품 개발을 위한 생동감 넘치는 활동에 총력을 기울이고 있다.

▶ 사업분야

(주)아폴로산업은 포장재사업부 그리고 생활용품사업부의 2개 사업부로 나뉜다. 포장재사업부는 화장품, 제약용품 그리고 플라스틱 용기 및 펌프 등과 같은 포장재를 제조생산하고 있다.

주요 제품은 일반 디스펜서 펌프를 포함, 에어리스펌프, 포밍펌프, 초미세 미스트 펌프, 스포이드, 오일펌프, 에센스펌프, 리무버, 트리거 스프레이어, 컴팩트, 헤비블로우와 PET 용기 등 다양한 포장재 제품을 제조생산하고 있다.

국내의 주요 고객사로는 아모레퍼시픽, 코스비전, 라이온코리아, 한국콜마, 코스맥스, 코스메카 코리아, 메디앙스, 헨켈코리아, 동성제약, 참존, 엔프라니, 서울화장품, 우신화장품 등으로 종합 화장품 제조사에 제품을 공급하고 있다.

생활용품사업부는 일상생활에서 사용되는 생활용품, 라이프스타일용품, 건강 및 뷰티용품을 제조생산하고 있다. 주요 제품으로는 청소 및 원예, 차량관리용 각종 호스류, 다양한 키친용품 등이 있다. 주요 고객사로는 이마트, 롯데마트, 홈플러스, 다이소, 쿠팡 및 전국의 도소매점 이외 다수의 기업들이다.

• Foaming and Oil massage pumps

아폴로산업은 최근 자사의 기존 0.8cc 포밍 타입 제품의 사용 편리성에 익숙해진 소비자는 물론 기존 제품보다 대량으로 사용할 수 있는 제품을 필요로 하는 소비자의 수요가 증가하고 있으므로 1999년 포밍 펌프 특허 보유 기술을 기반으로 한 지속적인 연구 개발로 소비자의 요구와 기호에 초점을 맞추어 사용시 펌프내부의 스프링과 내용물이 접촉되지 않아 내용물의 변화를 일으키지 않는 장점을 갖추고 1회에 3cc를 사용할 수 있는 포밍 펌프 개발을 통하여 고급 화장품 및 세정제, 의약품 등에 적합한 제품 공급에 큰 역할을 담당하고 있다. 제품 특징은 1회 토출량 3cc의 대용량 펌핑이 목적이므로 부품의 크기로 인한 기밀성 유지와 누액 차단, 3개의 필터 장착, 거품 입자의 초미세화, 다량의 공기와 내용물을 혼합하여 거품으로 배출하는 최적의 혼합율 구현을 위한 공기역학적 설계가 핵심이다.

이 외에도 "포밍펌프 및 오일 펌프 메커니즘을 이용한 각종 어플리케이터", "사각형 타입의 0.5cc 포밍 펌프 및 용기", "외장형 디스펜서 메커니즘을 적용한 염색 및 칼라레이션 용도의 디스펜서" 등의 신제품을 출시해 호평을 받고 있다. 특히 거품타입의 클렌징과 마사지 용도의 제품은 노즐부를 용도에 맞게 선택할 수 있도록 부드러운 실리콘 고무와 미세솔, 미세 스펀지를 장착하였고, 거품 타입으로 염색을 편리하게 할 수 있도록 노즐부를 일자형과 원형으로 개발하였으며, 오일 및 일반 액상 타입의 클렌징과 마사지, 머리 광택제, 액상 염색제에도 사용할 수 있도록 노즐부를 거품 타입의 제품과 호환 적용이 가능하게 구성하였다.

• Foam Trigger Sprayer

국내 최초 트리거 스프레이 국산화 성공의 기술력으로 개발된 폼(Foam) 스프레이는 분사와 거품 타입의 구조로 설계하여 주방 및 욕실에서 사용하는 각종 세정제 용액을 거품타입으로 분사해 줌으로써, 분사 시에 액체가 날리지 않고 집중도가 높아 적은 양으로도 목표면에 균일하게 분사하여 세정력을 한층 더 높여준다. 거품 분사 방식이므로 사용 시 눈이나 인체에 내용물이 날릴 염려가 없어 안심하고 사용할 수 있다. 또한, 사용 편리성을 높여 덮개를 열고 닫는 것만으로도 사용목적에 따라 미스트 분사와 폼 분사를 선택하여 사용할 수 있도록 하였다. 안정적인 그립(Grip)감으로 소비자의 장시간 사용 시 손의 피로감을 획기적으로 줄인 점도 제품의 장점 중 하나이다.

• Dispenser pumps

시중에 가장 널리 보편화 되어 사용되고 있는 제품으로서 사용 목적에 따라 선택할 수 있도록 1회 토출량을 1cc, 2cc, 3.5cc, 4cc, 8cc, 40cc 등으로 다양화 하였고, 소비

자의 기호에 초점을 맞춘 다양한 디자인의 헤드(노즐) 및 펌프 용도에 따라 거의 모든 용기에 적용 가능한 24Ø, 26Ø, 28Ø, 33Ø, 35Ø, 38Ø, 57Ø 등의 컨테이너 캡을 갖추고 있어 선택의 폭이 다양하다. 특히 기존 펌프와는 달리 사용시 펌프내부의 스프링에 내용물이 접촉되지 않아 내용물의 변화를 일으키지 않는 장점을 가진 외장형 펌프를 양산하고 있고, 피부에 민감한 유아용 제품과 고급 화장품 및 의약품 등에 적합하다.

• Essence / Mist / Oil pumps

엣센스 및 미스트 펌프는 토출량이 0.25cc 이하로, 보다 소량화, 세밀화한 고기능 화장품용 펌핑 장치이다. 헤드, 컨테이너 캡, 스토퍼, 오버캡 등을 두루 갖추고 있어 품격 높은 디자인의 선택이 가능하다. 일반 화장품은 물론 특수한 기능 및 성질을 함유한 모발 전용 제품, 리무버 제품 등에도 적용할 수 있다. 에센스 펌프는 일반화된 소용량 0.25cc 보다 토출량을 증가시킨 0.6cc, 0.7cc 제품도 이미 상용화하여 국내는 물론 해외 수출에도 기여하고 있는 주력 제품 중 하나이다. 또한 OIL 전용 펌프를 처음으로 국산화하여 오일의 특성인 누액을 완벽하게 차단하는 탁월한 성능을 가진 펌프를 양산하고 있다. 각 제품의 토출량도 고객의 다양한 요구에 부응하기 위해 오일 펌프의 경우 0.4cc, 0.7cc, 1cc 와, 0.05cc, 0.1cc, 0.2cc 토출이 가능한 미스트 스프레이 등을 개발하여 용도에 맞게 선택의 폭을 다양화 하였다.

• **캔 미스트 및 토출량 조절 오일 펌프**

기존의 캔 타입 제품은 충전 가스로 인해 환경 파괴의 이슈가 되고 있으며, 이에 대한 대체품으로 개발한 기존의 캔 타입과 유사한 디자인의 제품으로 판로 개척에 큰 경쟁력을 갖추게 되었다. 캔 타입에 적용하는 펌프를 그대로 사용하여 기존 제품의 느낌을 유지함으로써 품질과 경쟁력, 사용감 등에서 큰 강점을 보유하게 되었고, 초미세 분사가 가능하며, 토출량 또한 0.13cc 및 0.16cc가 가능하여 용도와 특성에 맞도록 선택이 가능하다.

뿐만 아니라, 하나로 정량화된 토출량만 배출되는 기존의 펌프의 한계를 넘어 소비자별로 사용량의 차이를 가지고 있다는 것에 착안하여 0.5cc와 1cc의 토출량 조절이 가능한 오일 펌프를 개발하였고 기존에 없던 제품을 출시함으로서 고객의 요구에 부응하고 한층 진일보한 기술력을 널리 확산시키게 될 것으로 기대하고 있다.

• Remover 펌프

투명 오버캡을 적용하여 고급스러움을 더한 제품 및 오버캡을 분리하지 않는 일체형의 편리한 사용감을 높인 제품 그리고 토출구에 접시형 노즐을 추가한 세련된 외형을 자랑하는 제품을 제조하고 있다. 더불어, 외형 사이즈를 1/3로 축소한 접시형 소형 리무버 펌프는 다양한 용량별 디자인의 용기와 조화로운 하모니를 이루는 신제품으로서 수요가 두드러지게 증가하고 있다. 토출량은 0.4cc로 4가지 타입 모두 동일하다.

▶ 회사연혁

- 1976년 10월 대성공업사 설립 (서울특별시 성동구 화양동)
- 1976년 10월 아폴로 브랜드 출시
- 1979년 01월 상호 변경(대성산업사)
- 1991년 01월 무재해 3배 달성업체 선정(노동부 제 91-11호)
- 1995년 01월 법인전환 및 상호변경(주식회사 아폴로산업)
- 1999년 09월 ISO 9001 품질경영시스템 인증(중소기업진흥공단)
- 2002년 09월 시화공장 준공
- 2003년 04월 공장 이전(경기도 시흥시 정왕동 2099-1번지, 시화공단 3마 617호)
- 2009년 03월 ISO 14001 환경경영시스템 인증(중소기업진흥공단)
- 2012년 06월 APOLLO산업 기업부설연구소 설립
- 2013년 03월 ISO 9001, ISO 14001 인증 획득(SGS인증)
- 2013년 04월 ISO 15378 (화장품 용기제조 및 품질관리 기준)인증 획득(SGS인증)
- 2016년 10월 2016년 글로벌선도기업 선정(한국산업단지공단)
- 2019년 04월 글로벌 강소기업 선정(중소벤처기업부)
- 2019년 10월 산업통상자원부 장관상 수상 (소재 부품 개발 및 뿌리산업 발전 유공)
- 2020년 12월 중소기업기술혁신대전 국무총리표창 수상
- 2021년 01월 수출유망중소기업 지정

(주)에스앤비랩

회사명	(주)에스앤비랩
대표자	전은숙
주 소	인천광역시 남동구 승기천로36
대표 연락처	홈페이지: www.snblab.kr, 전화: 02) 515-1999, 팩스: 0505)300-2322

주식회사 에스앤비랩은 비누, 화장품 OEM, ODM 전문기업으로 다양한 바(BAR)제품을 비롯한 스킨케어 제품을 연구 개발하여 지속적인 성장세를 보이고 있는 기업이다. 에스앤비랩의 연구소에서는 클렌징파우더, 클렌징비누, 샴푸바, 린스바, 설거지바, 스틱밤 등 고체형 제품을 비롯해 기초화장품, 하이드로겔 등 코스메틱 트랜드를 반영한 다양한 신제품 연구개발이 지속적으로 진행되고 있다. 또 바늘없는 주사기 형태의 스킨케어 용기를 개발, 특허를 획득해 병원용으로 납품하며 시장을 넓히고 있다. 전은숙 대표는 "최근 친환경에 대한 관심이 높아지며 환경을 해치지 않으면서 성분까지 착한 화장품이 각광을 받고 있다. 이에 에스앤비랩은 이러한 추세와 맞물려 대세로 떠오른 친환경 제품 개발에 박차를 가하고 있으며 관련 브랜드에 차별화된 제품을 제안하며 꾸준히 시장확대를 꾀하고 있다"라고 밝혔다.

▶ 끊임없는 연구개발

인천 남동구에 위치한 에스앤비랩은 닥나무 복합추출물을 유효성분으로 하는 피부미백,주름개선, 보습 및 피부장벽강화 조성물, 코팅층을 갖는 기능성 동결건조화장품제조방법, 하이드로겔 마스크팩, 앰플용기등 9건의 특허를 보유하고 있으며, 해조류, 펩타이드를 유효성분으로 하는 항산화 조성물, 주사기형 용기와 주사기형 용기의 충진장치에 대한 특허출운 등 3건의 특허를 출원중이다. 또한 생물자원센터와 NCBI에 자체개발하여 특허를 획득한 닥나무균주를 기탁하고 있다. 에스앤비랩은 최적화된 연구개발과 우수한 제품생산을 통해 큰 호응을 있으며 점차 제품의 영역을 확대해 가고 있다. 특히 2022넌 8월 세계여성발명대회에 참가하여 금상을 수여하며 기술력을 입증받았다.

▶ 기업비전

에스앤비랩은 사람과 자연에 무해한 BEAUTY “Sustainablity”, 장인정신으로 만드는 제품 “Ethical qualities” , 사회를 위한 기업 “Socially friendly”의 기업비전을 실현시켜 나가는 기업이다. 제로웨이스트 라이프를 지향하고 지속가능성의 가치를 담은 제품, 작품같은 제품을 만들며 에스앤비랩과 함께 렘넌트지역아동센터 대표를 겸임하며 지역사회, 세계의 외진곳, 아티스트를 후원하고 있다.

▶ 인증현황

- ISO22716
- 특허등록 4건
- 특허출원 4건
- 실용신안등록 5건
- 디자인등록 18건
- 상표등록 40건

▶ 주요사업실적현황

- 2021. 01 알라성분 마스크 개발
- 2021. 05. 아줄렌 성분 앰플 및 크림 개발
- 2021. 07. 무방부제 천연 주사기형 제품 개발
- 2021. 08. 천연 셀룰로오스 점앰질 비누 개발
  (식품의 원료를 화장품원료로 최초로 적용한 제품)
- 2021. 12. 항당화 성분 특허출원 및 제품 개발

에스엘코스메틱(주)

회사명	에스엘코스메틱(주)
대표자	이민철
주 소	경기도 시흥시 마유로 92번길 86 (정왕동, 라온시스템)
대표 연락처	T. 031-360-2600 F. 031-360-2111 홈페이지: http://www.slcosmetic.kr/ E-mail : slcosmetic12@naver.com

▶ 회사 소개

에스엘코스메틱(주)은 제조 및 포장 설비, 그리고 철저한 품질관리를 갖춘 OEM, ODM 시스템실현으로 최고의 품질을 지속적으로 연구, 개발하고 생산함으로써 고객으로부터 화장품 연구개발 및 생산 전문기업으로 신뢰를 넓혀나가고 있다.에스엘코스메틱 연구소에서는 기초화장품, 색조화장품의 신제형 연구 및 다양한 기능의 제품개발과 피부안정성 연구 및 평가, 신원료 및 유효성에 관한 효능연구, 기능성 화장품에 대한 연구개발, 헤어관련 제품개발 등 활발한 연구가 진행되고 있다.또한 코스메슈티컬 화장품, 피부과 시술제품 등을 개발하여 노화 또는 피부질환 문제로 고민하는 고객들에게 솔루션을 제공하여 삶의 질 개선에 기여하고자 한다.에스엘코스메틱(주) 창업 이후 ISO

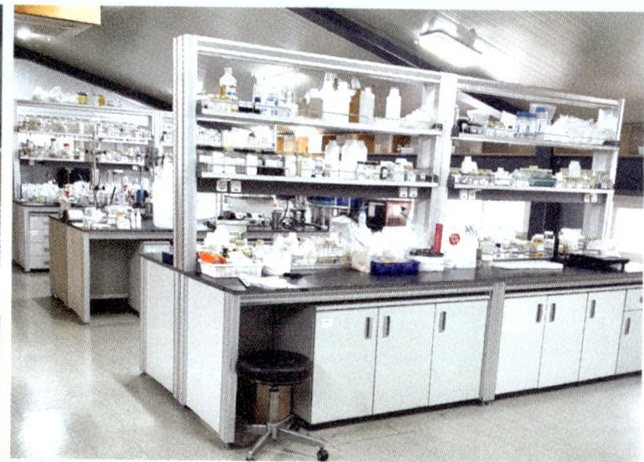

9001, 14001에 이어서 GMP 22716 인증 획득함으로써 화장품 품질수준을 고도 향상시키고자 원료부터 제품 출하에 이르기까지 엄격하고 체계적으로 관리하고, 고객사의 니즈에 부합하는 제품을 만들기 위해 끊임없이 노력하고 있다.

회사연혁

- 2020. 04. 에스엘코스메틱 설립
  - 08. 공장설립(시흥시 국가산업단지)
    화장품 제조업 등록 제4906호, 화장품 책임판매업 등록
    ISO 14001:2015 인증서 획득, ISO 9001:2015 인증서 획득
    ISO 22716:2007 인증서 획득
  - 09. 2020 기술역량 우수인증기업 인증
  - 11. 에스엘코스메틱(주) 전라북도 익산지점 설립
  - 12. 의약외품 제조업 등록 제1689호
- 2021. 03. 에스엘 기업부설연구소 설립

SM이노텍

회사명	SM이노텍
대표자	문근식
주 소	경기도 화성시 정남면 서봉로 851번길 92-31
대표 연락처	홈페이지: www.sminnotec.com 전화: 031) 322-1681, 팩스: 031) 634-1681 이메일: smjob@hanmail.net

▶ 회사 소개

(주)SM이노텍은 지난 수년간의 노력과 시행착오를 통하여 제품 및 서비스 전문기업으로 사업기반을 구축하였으며 끊임없는 노력과 변화, 그리고 빠른 성장으로 포장재 업계의 대표 기업으로 도약했다. (주)SM이노텍은 수평적인 조직문화를 구연하고 또한 미래를 향한 혁신과 도전으로 젊고 강한 조직을 구축했다. 고객과 함께 성장하고 주인의식을 바탕으로 한 객관적이고 공정한 평가가 기업 내에서 이루어져 선진기업문화 구축을 위해 노력하고 있다. (주)SM이노텍은 시대 변화를 주도하는 세계적인 기업으로 성장해 나가 고객 여러분의 성원에 보답하도록 모든 임직원이 노력할 방침이다.

▶ 핵심 가치관

진실성: 우리는 고객과 동료들을 위해 정직하고 개방적이며 또

한 진실되게 행동하기 위해 최선을 다하고 있다. 우리는 윤리, 소통, 책임감을 존중한다.

열정적: 우리는 목표 달성을 위해 모든 한계를 적극적으로 뛰어 넘고 있다. 우리는 열심히 일하는 것에 대한 열정을 나누며 승리와 상실 모두 우리의 결의를 새롭게 한다.

혁신적: 우리는 상상력의 한계를 뛰어 넘고, 다음 단계를 생각한다. 우리는 발전에 헌신하며 현실에 안주하지 않는다.

팀워크: 우리는 하나의 성공을 이루기 위해 헌신하는 숙련된 하나의 팀이다. 우리는 우리의 전문성과 재능을 결합하여 더 크고 세계적으로 영향을 미칠 수 있는 기업으로 성장해 나가겠다.

▶ 비전

• 고객 만족을 최우선으로 하는 기업

• 품질만족을 최우선으로 하는 기업

• 지속적인 경영혁신과 적극적인 R&D를 통하여 21세기를 선도하는 패키징 산업의 뉴 리더로 성장

▶ 경영 방침

• 고객 만족 실현 • 품질 만족 실현

▶ R&D CENTER

(주)SM이노텍은 첨단 생산시설에서 최고의 품질과 불량 최소화를 위해 모든 직원들이 꾸준히 노력하고 있으며, 고객의 다양한 요구에 빠르고 정확하게 대응하기 위해 식품 안전 경영 시스템 구축 및 포장기술 연구소를 운영하고 있다.

▶ 주요 생산품목

Flexible Package

다양한 식품들 속에서 판매자들은 치열한 경쟁과 마주하게 된다. 이러한 무한 경쟁의 시장에서 신명 이노텍의 포장재는 고객사의 제품을 더욱 독특하고 매력적으로 만들어 제공하고 있다. 고객사의 포장재를 더 편리하게 사용할 수 있도록 모양 파우치, 스파우트, 지퍼 혹은 가스배출을 위한 밸브 부착 등을 통해 다양한 기능과 모양으로 공급되어, 고객사의 제품이 치열한 경쟁 속에서 경쟁 우위를 가질 수 있도록 제품을 공급한다. (주)SM이노텍은 미국 FDA에서 승인된 식품 등급 원자재들을 사용하여 고객사의 포장재에 대한 안정성을 보장하며 정교한 인쇄가 가능한 RotoGravure 인쇄 방식으로(10도 인쇄) 고객이 구현코자 하는 Design을 정교하게 구현해 준다.

• Retort Pouch

• Microwavable Pouch

• Spout Pouch • Zipper Pouch

• Rollstock • Lids

• Shrinkable Label

• Flat Bottom Pouch

• Coffee Pouc • Shaped Pouch

• Easy & Straight Cut Package with Laser

• Big Sized Pouch

In mold label & cup

인몰드 포장재는 정교하게 인쇄된 라벨과 용기의 직접적이고 매끄러운 부착이라는 점에서 Premium 제품 Brand로서의 차별성을 원하는 귀사의 제품에 대해 소비자의 이목을 끌며, 기능적으로는 제품 표면 스크래치에도 강한 특성을 가지고 있다. 다

Production Facilities

포장을 위한 지속 가능한 솔루션

첨단 생산시설에서 최고의 품질과 불량 최소화를 위해 모든 직원들이 꾸준히 노력하고 있으며 고객의 다양한 요구에 빠르고 정확하게 대응하기 위해 식품 안전 경영 시스템 구축 및 포장기술 연구소를 운영하고 있습니다.

운스트림 공정을 통해 라벨을 금형에 동시에 삽입함으로써 용기에 라벨을 별도로 추가 부착하는 생산 공정 없이 부착이 가능하다, 인몰드 라벨은 단일, 이중, 삼중 층으로 구성되며 기존의 Label 제품과 비교하여 수려한 Design으로 제품의 모든 정보가 고객에게 가장 세련된 방식으로 전달되도록 보장한다.

- Coffee
- Juice
- Cosmetic and Household
- Cheese
- Butter & Margarine
- Bean & Red Chili Paste
- Confectionery
- Yogurt & Ice Cream
- Other Various Applications

▶ 회사 연혁

• 2015 04월 FSSC22000 식품안전경영시스템인증 취득

05월 포장기술연구소 설립 / 광저우 China Plas 2015 박람회 참가

06월 혁신형 중소기업 메인비즈(Main-Biz) 인증

10월 레이져 슬리터 기기 설비 증설

12월 무역의 날 300만불 수출 대통령 표창

중소기업청장 표창(해외시장개척부문)

• 2016 01월 드라이 라미네이팅 기기 설비 추가 증설

07월 그라비아 인쇄기(10도) 설비 추가 증설

• 2017 01월 헤더백 가공기기 설비(4대) 증설

03월 경기도 화성시 정남면 소재 제2공장 준공

04월 스타벅스 미국본사 IML(인몰드 라벨) 그라비아 인증

09월 Eurasia Pack(Istanbul) 전시회 참가

11월 인쇄물 및 이물 검사기(검품기) 증설

• 2018 03월 Anuga Food Tech(Colone) 전시회 참가

06월 혁신형 중소기업 메인비즈(Main-Biz) 재인증

Packexpo Mexico(Mexico City) 전시회 참가

10월 무용제 드라이 라미네이팅 기기 설비 증설

드라이 라미네이팅 기기 설비 추가 증설

12월 최신형 광폭형 슬리터 설비 추가 증설

• 2019 03월 Propack Vietnam 전시회 참가(Hochimin)

04월 인몰드 대전방지 코팅필름 및 그 제조방법 특허 출원

Gulf Print & Pack 전시회 참가(Dubai)

06월 Packexpo Maxico 전시회 참가(Guadalahara)

09월 Packexpo Las vegas 전시회 참가(Las vegas)

11월 OTR/WVTR 측정 시험기기 도입

• 2020 해외 현지 및 온라인 통한 해외 영업 추진 / 해외 전시회 참관 추진

FSSC22000 Version 상향 관리로 품질 향상 추진

엔비에스티(주)

회사명	엔비에스티(주)
대표자	조인석
창립일	2016년 4월
주 소	서울 사무소 : 서울특별시 강남구 도곡로 117 옥신타워 8층 생산본부/1연구소 : 경기도 평택시 세교산단로 22번길 83 2연구소 : 울산광역시 중구 종가로 45 한국화학연구원 그린정밀화학연구센터 4층 418호
대표 연락처	홈페이지: www.nbst.co.kr 서울사무소 전화: 02)2138-8688
사업부문	정품인증라벨, 특수/일반라벨, 화학/바이오 소재

▶ 회사 소개

브랜드 보호에 앞장서는 정품인증 솔루션 전문 엔비에스티(NBST)입니다. 당사는 정품인증이 가능한 보안라벨을 생산하는 업체로 위조제품이 많이 발생하는 화장품, 건강기능식품, 의류, IT기기 등 다양한 산업군에 공급하고 있다.

엔비에스티는 국내 보안라벨 시장을 주도하면서 느꼈던 기존 라벨의 개선이 필요한 부분을 보완하여 한층 더 업그레이드된

광저우 박선과기
박선과기 사무실 & 공장
광저우 박선과기
박선과기 사무실 & 공장
청도 신바이스
엔비에스티(주)의 신바이스 유통 사무소

'G-TAG' 라벨을 출시하여 국내 브랜드 보호에 최선을 다하고 있다.

'G-TAG'는 FLASH에 반응하는 나노소재 및 독보적인 보안기능을 가진 다양한 소재를 융복합한 라벨 입니다. 별도의 리더기 필요없이 휴대폰으로 간편히 인증할 수 있어 소비자 접근성이 좋다.

또한, 온라인 인증 시스템 'G-Check+'로 제품홍보, CRM(고객관리), 물류추적 등 다양한 마케팅 및 관리툴로 활용할 수 있습니다. 'G-Check+'는 네이버, 다음카카오, 위챗 등의 일반 플랫폼 뿐만 아니라 전용어플로도 운영 가능하여 수많은 브랜드의 니즈를 반영합니다. 세분화된 고객 DATA, 효율적인 CRM, 물류추적이 가능한 'G-Check+'은 지속적인 매출신장을 위한 필수 솔루션이다. 이와함께 중국에서 가품이 가장 많이 생산 유통되고 있는 광저우 지역에 국내 최초로 생산허가와 환경평가를 취득한 법인을 설립하여 보안라벨 생산, 가품 적발 시스템을 구축했다.

정품라벨 부착이 예방차원이라면 신속한 적발을 통해 가품이 유통되는 것을 차단하는 것이 가장 중요하다. 때문에 엔비에스티는 중국 로펌과 계약을 체결하고 자체 가품 적발팀을 조직해 가품 적발을 한다. 이를 위해 본사에서 주 1회 광저우 지역 주요 화장품 유통가와 도매상을 조사하는 한편, 온라인 유통에서도 웨이상들이 판매하는 제품 중 수상한 가격대의 제품을 구매해 전수

조사하고 있으며, 가품 적발 즉시 가품 제조사와 유통에 대한 압수를 진행하고 온라인일 경우 사이트 차단 등의 신속한 조치를 취하고 있다. 또한 현지 로펌을 통해 6개월 안에 배상을 받을 수 있도록 하여 고객사의 피해를 최소화한다.

엔비에스티는 라벨 생산부터 부착, 납품까지 원스톱 시스템으로 경쟁사 대비 품질, 가격 경쟁력, 신속한 납기를 제공한다.

한국화학연구원 KRICT멤버십 기업 선정, 울산과학기술원(UNIST) 업무협약 체결, 품질환경경영시스템 ISO9001/14001인증, 서울시 우수기업 Hi-Seoul 브랜드기업, 경영혁신기업 중소기업(Main-Biz) 인증, 우수벤처기업 선정, 경기도 일자리우수기업, 수출바우처 수행기업 등 각종 인증과 수상을 통해 혁신적인 성장을 하고 있다.

앞으로도 뛰어난 기술과 차별화된 서비스로 글로벌 보안 소재 시장을 선도하고 기업의 브랜드 보호와 고객 가치 창출을 위해 최선을 다할 것 이다.

▶ 회사연혁

- 2016. 04 엔비에스티 주식회사 설립
- 2017. 10 한국무역협회 회원 등록
- 2018. 01 중국 광저우 법인 및 공장 설립
- 2018. 07 TOSS(가품 현지적발) 시스템 협약체결
- 2018. 07 기업부설연구소(제1연구소/평택)등록
- 2018. 12 공장 확장이전
- 2019. 01 한국화학연구원 멤버십 기업선정
- 2019. 02 기업부설연구소(제2연구소/울산) 설립
- 2019. 02 울산과학기술원(UNIST) 협약체결 및 기술이전
- 2019. 03 ISO 9001, 14001 인증
- 2019. 04 하이서울브랜드 등록
- 2019. 04 중진공 성장공유형 투자 지원
- 2019. 06 경영혁신기업 중소기업(Main-Biz)인증
- 2019. 07 수출유망중소기업 / 우수벤처기업 / 경기도 일자리우수기업 선정
- 2019. 09 수출바우처 수행기관 선정
- 2019. 12 1백만불 수출의 탑 수상
- 2020. 06 스마트펙토리 사업 선정
- 2020. 07 기술혁신개발사업 시장대응형 선정
- 2020. 09 의료기기 제조허가 취득
- 2020. 12 체외진단 의료기기 개발 '인퓨전택' MOU
- 2021. 04 '더센국제특허법률 사무소' MOU
- 2021. 06 팹퍼밴드 벤처창업 혁신 조달상품 선정
- 2021. 07 ISO 13485 인증 (의료기기-품질경영시스템인증서)
- 2021. 12 해외조달시장 진출 유망기업(G-PASS) 선정
- 2022. 03 직무발명보상 우수기업 인증
- 2022. 04 글로벌 IP 스타기업 육성사업 선정
- 2022. 04 ICT 첨단 유망기술 육성사업 선정(R&D)

엘디아

회사명	엘디아
대표자	정용문
주 소	인천 남동구 함박뫼로 377번길 44-33
대표 연락처	홈페이지: www.elldia.co.kr 전화: 032)822-8444~6

▶ 회사 소개

엘디아는 화장품 연구개발(OEM · ODM) 전문기업으로서, '사랑으로 아름답게' 라는 사훈아래 우수한 연구개발 능력을 바탕으로 한 신기술의 개발과 적극적인 해외시장 개척 등을 통해 꾸준한 성장과 비약적인 발전을 약속하는 회사다.

2000년 7월 1일 설립된 엘디아는 '창조적이며 합리적인 사고와 겸손한 자세로 보람의 일터를 스스로 만든다' 는 경영 이념을 바탕으로 하여 "고객 만족 경영"을 실현한다는 목표로 화장품 연구개발에 전념해 오고 있다.

기존의 OEM(Original Equipment Manufacturing) 방식에서 한 단계 진보된 형태의 ODM(Original Development &

Design Manufacturing) 방식을 추구하여 최고의 제품을 개발, 생산하고 있는 엘디아는 고객들로부터 신뢰와 사랑을 받는 기업으로 자리매김 할 수 있도록 더욱 최선을 다하고 있다

엘디아는 사랑으로 아름다움을 실현하는 기업으로 새롭게 도약한다는 의지와 함께 가족같이 따뜻한 기업, 신뢰받는 정직한 기업, 기쁨과 유익함을 드리는 기업으로 고객사와 임직원의 성공, 사회와 이웃에 대한 나눔실천 등 기업의 사회적 책임을 다해오고 있다.

▶ 연구소 소개

중앙연구소 기초, 헤어, 신제형 제품 연구, 품질 관리로 구성되어있고 담당연구원이 고객중심의 제품을 개발하기 위한 다양한 신소재 개발과 신제품 연구 개발에 최선을 다하고 있다.

각종 최첨단 과학기기가 설치돼 있어 모든 제품에 과학적 데이터를 토대로 효능과 효과를 측정하고 있으며 생명공학과 첨단 공학소재를 도입하는 제품개발 및 연구를 위해 산학협동 및 외국첨단 도입기술 등의 아웃소싱을 통하여 신기술에 개발 연구도 병행하고 있고 품질보증 면에 있어서는 안전성 평가, 효능평가, 기기분석, 미생물 평가부분 등에 전문성을 가지고 있다.

1)기초연구팀

신기술, 신제형 연구

다양한 기능의 제품개발

피부 안정성 연구 및 평가

신원료 및 유효성에 관한 효능연구

기능성 화장품에 대한 연구 개발

2)두발 연구팀

샴푸, 린스 및 헤어 관련 제품 개발

퍼머넌트 웨이브 제품 개발

손상모를 위한 크리닉 제품 개발

3)품질 관리팀

모든 제품 및 부자재 Double Checking에 의한 철저한 품질관리, 기능성 제품 출시 전 후의 철저한 품질관리

▶주요생산품목

1) 기초제품분야

기초화장품류(스킨, 로션, 크림, 젤, 에센스, 팩, 마스크, 클렌징, 남성화장품 등)

2) 기능성제품 분야

기능성화장품(복합다기능 화장품, 주름개선, 미백, 자외선차단 화장품)

3) 헤어제품 분야

헤어제품류(샴푸, 린스, 토닉, 헤어에센스, 헤어크림, 헤어로션, 헤어젤, 헤어클리닉, 파마넌트웨이브 등)

4) 바디제품 분야

바디제품류(바디클렌저, 바디로션, 바디오일, 풋케어 등)

▶생산시설 및 생산능력

1) 제조시설

CGMP, ISO22716 기준에 적합한 최신식 제조설비 (유화가마 4대, 수,유상용해조 6대, 샴푸믹서, 디스퍼믹서, 정제수 제조장치 등)

2) 포장시설

튜브충전기, 스킨/로션/크림 자동충전 설비, 사면포장기 등

▶ 인증 · 특허보유현황

1)인증

· 2008년

ISO 9001 : 2008 획득

· 2012년

기업부설 연구소 인증서 획득 (제 2012 114037 호-한국산업기술진흥협회)

· 2016년

ISO 22716 : 2007 획득(GMP)

ISO 14001 : 2015 획득

ISO 9001 : 2015 획득

2)특허

· 봉선화, 영실, 마카, 비파나무 잎 및 얌빈뿌리 복합발효추출물을 포함하는 피부재생, 진정 및 자극완화용 화장료 조성물

· 한방 과실 발효물이 함유된 미백 및 항산화 화장료 조성물

· 어린탱자, 어린녹차 및 비터오렌지꽃의 혼합 발효물을 포함하는 조성물 및 그의 피부상태 개선용도

▶ 회사 연혁

- 2000. 07 테라화장품 창립
- 2001. 03 미국, 호주, 영국, 중국등 수출진행
- 2007. 04 엘디아로 명칭변경
- 2008. 08 ISO 9001인증
- 2012. 12 기업부설 연구소 인증(KOITA)
- 2015. 10 회사이전 (GMP시설에 준 하는 공장 신축)
- 2016. 03 ISO 22716 GMP 인증
- 2016. 04 ISO 9001:2015년판 인증
- 2016. 04 ISO 14001 인증

(주)예그리나

회사명	(주)예그리나
창립일	2014년 7월 설립
대표자	한성수
주 소	인천광역시 남동구 앵고개로 621번길 39 (남동공단 107BL-18LT)
대표 연락처	홈페이지 : yegreenacos.com
사업부문	화장품 OEM/ODM 제조

▶ 회사 소개

㈜예그리나는 화장품 OEM & ODM 전문 회사로 제품 기획에서 생산에 이르기까지 고객사의 신뢰를 바탕으로 최고 품질의 화장품을 생산하고 있다. 인화, 연구, 실천이라는 기업이념을 바탕으로 작지만 강한 기업으로 성장해가기 위해 노력할 것이다.

국내를 넘어 국제 우수 화장품 제조 및 품질관리 기준인 ISO22716, 품질경영시스템 ISO9001과 환경경영시스템 ISO14001 인증을 받았다. 또한 예그리나는 식약처 CGMP 및 프랑스 EVE VEGAN 인증을 획득할만큼 안전한 제품과 품질

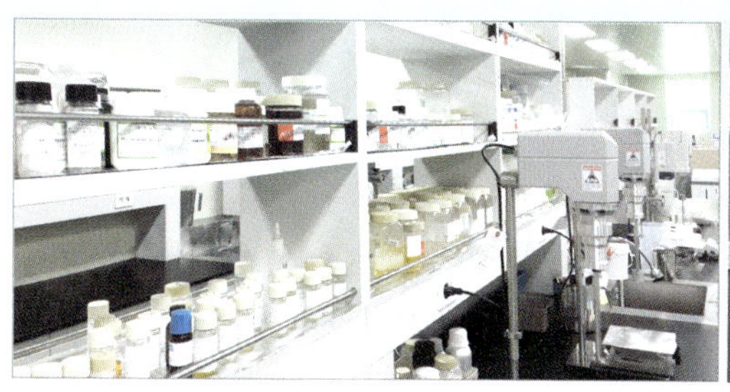

관리를 위해 체계적인 작업 표준 기준을 구축하고 생산, 관리, 저장과 유통에 대한 전반적인 프로세스를 관리하고 있다.

한국산업기술진흥협회로부터 기업부설 연구소로 인정 받은 ㈜예그리나 연구소는 차별화된 제품개발과 원료개발을 기반으로 다양한 연구를 실천하여 항상 우수한 품질의 제품을 개발해 나아가고 있다. 기초, 기능성화장품, 팩류, 헤어케어, 바디케어 외에 최근에는 의약외품, 비건제품, 동물용 의약외품까지 고객이 원하는 제품을 연구, 개발하고 제품의 컨셉에 맞는 제형을 제안하고 사용감 개선, 제형 안정화를 위해 끊임없이 연구하고 있다. 미생물 검사, 전문 장비를 활용한 기기분석 등 품질관리로 고품질의 제품을 제공한다.

㈜예그리나는 늘 웃을 수 있는 기업, 고객을 우선하는 기업, 신뢰할 수 있는 기업을 목표로 정진하고 있다. 차별화된 제품 개발로 고객의 다양한 미적 욕구를 충족시키며 고객이 의뢰한 회사가 아닌 '고객의 회사'라는 생각이 들도록 최선을 다할 것이다.

▶ 인증 현황

- 식품의약품안전처 "CGMP" 인증
- ISO22716(국제 우수 화장품 제조 및 품질 관리) 인증
- ISO9001(품질경영시스템) 인증
- ISO14001(환경경영시스템) 인증
- 프랑스 EVE VEGAN 인증
- Inno-Biz(기술혁신형 중소기업)
- 경영혁신형 중소기업 인증
- 유망중소기업 인증
- 기술평가 우수기업 인증
- 일자리창출 우수기업 인증
- 가족친화기업 인증
- 병역특례지정업체 인증

▶ 생산설비 및 R&D현황

1. 제조 · 생산설비

- 제조설비: 메인 믹서 7대, 보조 믹서 6대 / 일일생산량: 45톤
- 생산설비: 튜브 충진기, 마스크팩 충진기, 라벨기, 수축포장기, 피스톤정량충전기, 소량충전기, 생산라인(15라인 보유)

2. 생산능력

• 일반 제품 생산량: 일 13만개(최대 17만개), 월 290만개(최대 370만개)

• 튜브 제품 생산량: 일 6만개(최대 8만개), 월 130만개(최대 170만개)

• 마스크팩 제품 생산량: 일 8만개(최대 10만개), 월 176만개(최대 220만개)

3. R&D현황

• 기초, 기능성화장품, 팩류, 헤어케어, 바디케어, 의약외품, 동물용 의약외품, 안전확인대상생활화학제품 등 제품 연구개발, 신제형 개발, 품질개선

▶ 생산제품

• 스킨케어: 스킨, 로션, 에멀젼, 크림, 에센스, 팩, 마스크, 클렌징, 남성화장품 등

• 바디케어: 바디클렌저, 바블바스, 바디로션, 바디스프레이, 바디오일, 바디클리닉, 핸드케어, 풋케어, 매니큐어 등

• 헤어케어: 샴푸, 린스, 복합제품, 트리트먼트, 헤어토닉, 헤어에센스, 헤어크림, 헤어로션, 무스, 스프레이, 젤, 글레이즈, 헤어클리닉 등

• 기능성화장품/베이스메이크업: 자외선 차단제, 탈모 방지용 샴푸, 토닉, 트리트먼트 등

• 팩: 마스크 팩, 워시오프 팩, 필오프 팩 등

• 의약외품: 손소독제 등

• 안전확인대상생활화학제품: 탈취제, 살균제 등

• 동물용 의약외품: 구강위생 제품, 세정제 등

▶ 회사연혁

• 2014.07 화장품 제조업 설립, 화장품 OEM · ODM 컨설팅 사업 본격화

• 2015.04 연구개발전담부서 인증

• 2015.05 국제품질관리 인증 취득(ISO9001, ISO14001)

• 2015.09 화장품 제조 판매업 등록

• 2016.03 일학습병행제 사업 및 훈련 실시

• 2016.05 기업부설연구소 인증

• 2016.08 위험성 평가 우수 사업장 인증, 벤처기업 인증

- 2016.12 가족친화기업 인증
- 2017.04 국제 우수 화장품 제조 및 품질 관리 인증 취득(ISO22716)
- 2017.07 기술혁신형 중소기업(Inno-BIz)
- 2017.10 특허 출원(제 10-1717496호 : 클렌징화장료 조성물)
- 2017.11 유망중소기업 인증
- 2017.12 일자리 창출 우수 기업 선정
- 2018.03 CGMP 적합 기준 공장 착공
- 2018.05 경영혁신형 중소기업
- 2018.11 CGMP 적합 공장 준공
- 2019.09 탈모 완화 기능성 샴푸 허가 완료
- 2019.10 식품의약품안전처 "CGMP" 인증
- 2019.12 수출실적 12억 원 달성(미국/헤어제품)
- 2020.02 대구한의대학교 가족 기업
- 2020.04 탈모 완화 기능성 헤어 토닉 허가 완료, 의약외품 제조업 등록
- 2020.05 경남과학기술대학교 산학 협약
  탈모 완화 기능성 트리트먼트 허가 완료(탈모 3종 완료)
- 2020.06 순천향대학교 일학습병행제 사업, 동물용의약외품 제조업 허가(위생용품)
- 2021.01 프랑스 EVE VEGAN 인증 획득
- 2021.02 특허 출원
  (제 10-2218402호 : 모발 화장료용 친환경 멀티 라멜라 유화제 조성물)
- 2021.05 특허 출원(제 10-2302533호 : 두피 상태 개선 및 진정용 화장료 조성물)
- 2021.06 자외선 차단 기능성 화장품 심사 완료
- 2021.11 특허 출원(제 10-2334193호 : 솝베리 추출물의 발효물을 유효성분으로 함유하는 피부 세정용 조성물 및 이의 제조방법)
- 2021.12 '백만불 수출의 탑' 수상, 스마트팩토리 시스템 도입
- 2022.01 특허 출원(제 10-2351485호 : 모발 성장 촉진 및 탈모 예방용 화장료 조성물)
- 2022.07 특허 출원(제 10-2418114호 : 천연복합추출물을 유효성분으로 함유하는 두피 상태 개선 및 모발 볼륨용 화장료 조성물)
- 2022.10 CGMP 적합 공장 재인증(예정)

옥시젠디벨롭먼트(주)

회사명	옥시젠디벨롭먼트(주)
대표자	김진옥
주 소	본사 /연구소 서울특별시 강남구 테헤란로 83번길 18 매직킹덤빌딩 6층 공장 / 연구소 경기도 안성시 원곡면 기업단지로 309
대표 연락처	홈페이지: http://oxygendevelopment.co.kr 본사 대표번호 : 02- 554-0335 / FAX : 02-554-0336 공장 대표번호 : 031-651-7007 / FAX : 031-654-7711

▶ 회사 소개

옥시젠디벨롭먼트(주)은 2005년 설립된 화장품 전문 OEM/ODM/OBM 기업으로서 기초, 색조 화장품은 물론 바디케어 및 헤어케어 용품에 이르기까지 고품질 화장품의 개발과 생산 전반을 아우르는 종합 화장품 제조사로서 '참된 아름다움을 발현하고 지키는 것'을 목표로, 이에 실현을 위한 경영이념 'Al Right'을 사명으로 전 직원이 모두 함께하는 행복한 삶의 실현에 기여하고자 최선의 노력을 경주하고 있다.

설립 이래 '1사 1처방'을 원칙으로 고객과의 신뢰를 지켜 나가고 있으며 개발 의뢰부터 연구, 기획, 생산 및 사후 관리까지 완벽한 토탈 서비스를 제공할 뿐 아니라 최고의 품질을 지속적으로 연구, 개발하기 위한 기업부설 연구소를 운영중에 있다.

또한 제조 및 포장설비 전반에 대한 철저한 품질 및 위생관리를 시행중인 동시에, 개발 및 제조 가능한 제품의 스팩트럼을 더욱 다양화하고 있다.

2017년에는 미국 Florida에 본사가 위치

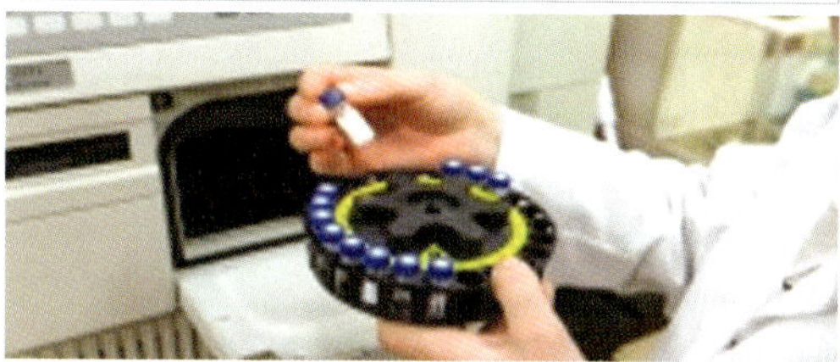

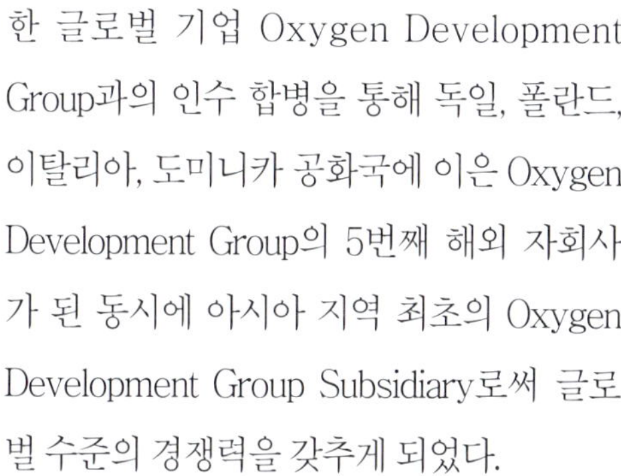

한 글로벌 기업 Oxygen Development Group과의 인수 합병을 통해 독일, 폴란드, 이탈리아, 도미니카 공화국에 이은 Oxygen Development Group의 5번째 해외 자회사가 된 동시에 아시아 지역 최초의 Oxygen Development Group Subsidiary로써 글로벌 수준의 경쟁력을 갖추게 되었다.

이러한 우수한 자사 네트워에 기반한 R&D 능력 및 신규원료 소싱 능력은 세계 최고의 화장품 기업으로 평가받고 있는 L'Oreal, LVMH, Estee Lauder Company 등과의 협업으로 이어지고 있으며 전 세계 화장품 시장의 트렌드를 선도하고 있는 Huda Beauty, Tarte, Benefit, Zoeva Cosmetics 등 수많은 Sephora 입점 브랜드들과 긴밀한 파트너쉽을 구축해 다른 제조사와는 차별화되는 글로벌한 고객 만족을 선사하고 있다.

옥시젠디벨롭먼트(주)은 현재에 만족하지 않고 끊임없는 연구개발을 통한 지속적 경쟁력 강화를 목표로 끊임없이 정진해 나갈 것이다.

▶ 생산품목

스킨케어 / 메이크업 / 바디케어 / 헤어케어 / 기능성 화장품

▶ 인증현황

−CGMP 식약처 '우수 화장품 제조 및 품질관리 기준'

−ISO 9001 국제 표준규격의 우수 화장품 제조 및 품질관리 인증

−ISO 14001 국제 표준규격의 환경경영 시스템 인증

−ISO 22716 제조 및 서비스 전 생산 과정 국제기준의 품질경영 시스템 인증

−글로벌 비건 인증기관인 프랑스 이브(EVE; Expertise Vegan Europe)의 비건(VEGAN) 인증

−'의약외품' 제조 허가

(주)우성플라테크

회사명	(주)우성플라테크
대표자	허남선
주 소	경기도 김포시 통진읍 고정로 305-2
대표 연락처	홈페이지: www.woosungplatech.co.kr 이메일: ws987@woosungplatech.com 전화: 031) 987-6434, 팩스: 031) 987-6439

▶ 회사 소개

1999년 설립된 (주)우성플라테크는 Blow Molding 한 분야에만 전념해 글로벌 강소기업으로 성장했다. 특히, 허남선 대표는 엔지니어 출신으로 제품의 연구개발과 생산, 품질관리에 현장과 함께 호흡하며 국내 최고의 제품을 생산하고 있다.

(주)우성플라테크의 경쟁력은 인적자원, 기술, 사회 그리고 미래에 있다는 확신 아래 창립 이후 경영원칙을 지켜오며 끊임없이 재투자를 통한 기술 개발로 세계 최고 수준의 기술력을 확보했으며, 타 사에서 쉽게 모방할 수 없는 고퀄리티의 차별화된 제품으로 개발된 제품의 70%가 특허와 실용실안을 받을 만큼 기

술과 품질면에서 인정받고 있다. 설립 후 국내 최초로 플라스틱 소재 화장품 용기 개발, 플라스틱 용기 연간 생산량 5억 개를 달성(전세계 3위, 아시아 1위 추산)했다. 허남선 대표이사는 고급 유리용기에 화장품을 보관하는 당시 고정관념을 벗어나 국내 최초로 플라스틱 소재의 화장품 용기를 개발했다. 그 결과 유리병과 같은 '투명유리 대용 페트 화장품 용기의 제조방법' 등 5건의 특허기술을 취득했다. 허 대표이사의 특허기술이 계기가 되어, 현재 화장품 용기의 70% 정도가 플라스틱 용기를 사용하고 있다.

허남선 대표이사 '이달의 기능한국인 선정'

(주)우성플라테크 허남선 대표이사가 2020년 고용노동부와 한국산업인력공단이 선정한 '이달의 기능한국인'에 선정됐다. 이달의 기능한국인은 기술인의 자긍심을 높이고 숙련기술인이 인정받는 사회를 만들기 위해 2006년 8월부터 매월 한 명씩 선정(2021년 3월 말 기준 169명 선정)하고 있다. 직업계 학교 등을 졸업하고 산업현장에서 10년 이상 현장 실무경력이 있는 사람 가운데 사회적으로 성공한 숙련기술인을 대상으로 하고 있다.

2021년 1월 '이달의 기능한국인'으로 선정된 (주)우성플라테크 허남선 대표이사는 화장품을 고급 유리용기에 담아 보관하는 고정관념을 깨뜨리고 국내 최초로 플라스틱 소재의 화장품 용기를 개발한 전문기술인이다. '투명유리 대용 페트 화장품 용기의 제조방법' 등 신소재와 성형 기술에 대한 특허기술 5건과 실용신안 기술 5건을 보

유한 허 대표이사는 플라스틱 화장품 용기 연간 생산량 5억 개를 달성하는 기염을 토하기도 했다.

허남선 대표이사는 고급 유리용기에 화장품을 보관하는 당시 고정관념을 벗어나 국내 최초로 플라스틱 소재의 화장품 용기를 개발했다. 그 결과 유리병과 같은 '투명 유리 대용 페트 화장품 용기의 제조방법' 등 5건의 특허기술을 취득했다. 허 대표이사의 특허기술이 계기가 되어, 현재 화장품 용기의 70% 정도가 플라스틱 용기를 사용하고 있다.

친환경 화장품 용기 시장 선도

우성플라테크는 SK케미칼과 국내외 화장품 업계의 플라스틱 사용규제에 따른 시장 니즈에 대응하기 위하여 케미칼 리사이클 소재를 활용한 친환경 화장품 용기 상업화에 나선다

SK케미칼은 '에코트리아(ECOTRIA) CR' 소재를 공급하고 이를 활용해 우성플라테크는 고투명 화장품 용기를 생산할 예정이다.

'케미칼 리사이클'은 폐플라스틱을 분해시켜 순수한 원료 상태로 되돌려 고분자인 플라스틱을 제조하는 기술이다. '케미칼 리사이클' 소재는 '물리적 재활용' 소재보다 미세 이물질이 적어 기계적 물성, 투명도, 컬러 등 화장품 업체가 요구하는 높은 품질의 용기 제작이 가능하다. 특히, '에코트리아 클라로 (ECOTRIA® Claro)' 제품은 국제 플라스틱 수지 식별코드 1번인 페트(PET)로 분류되어 사용후 페트로 재활용할 수 있어 해외 시장의 많은 관심을 받고 있다.

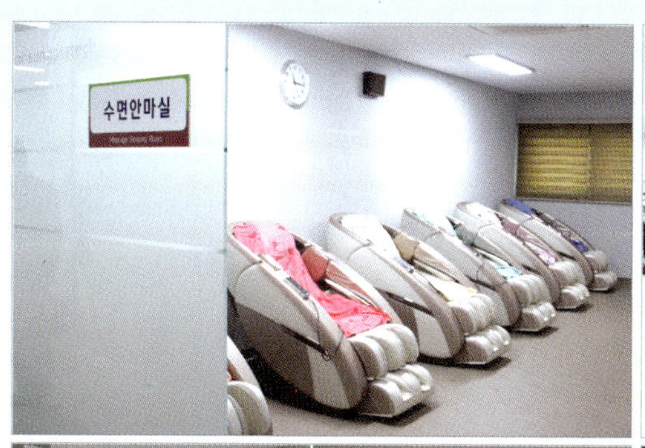

우성플라테크는 '투명유리 대용 페트 화장품 용기 제조방법' 특허와 플라스틱 가공 기술을 보유하고 있다. 이 기술로 '에코트리아 클라로(ECOTRIA② Claro)를 사용하여 내화학성이 우수하고 8mm 두께에도 유리처럼 높은 투명성을 가지는 화장품 용기를 생산할 예정이다.

허남선 대표는 "세계 화장품 용기 시장은 친환경을 넘어서 '필(必)환경' 시대이다"며, "글로벌 화장품 회사들의 리사이클 소재 니즈에 맞춰 다양한 컨셉의 친환경 화장품 용기 개발로 시장 경쟁력을 확대해 나갈 계획이다"고 밝혔다.

'3:3:3:1' 경영이념 실천

허남선 대표이사의 '3:3:3:1' 경영이념은 투자 이익 중 '회사의 미래투자 3 : R&D 3 : 직원복지 3 : 사회환원 1'을 의미하는 것으로 법인 설립 당시 정관에 명시 후 현재도 꾸준히 실천하고 있다.

또한, 우리 후세대 및 회사 미래를 위해 친환경 리사이클링 용기 개발에 박차를 가하고 있다. 이를 위해 허 대표이사는 2020년부터 PCR 소재 30%, 50%, 70% 함유 제품 개발을 마치고 유럽에 수출을 시작했으며, 올해는 미국에도 제품을 수출할 예정이다. 허 대표이사는 "(주)우성플라테크에 입사하면 삼성전자처럼 꿈을 펼치고, 성취감을 맛볼 수 있는 등 멋진 인생을 살 수 있다"라고 말하며, 청년들에게 중소기업만의 매력을 강조했다.

우신화장품

회사명	(주)우신화장품
대표자	안태만
주 소	경기도 부천시 오정구 수도로 125번길 33(내동)
대표 연락처	홈페이지: www.woosincos.co.kr 전화: 032) 675-2761, 팩스: 032) 676-2488

▶ 회사 소개

(주)우신화장품은 1983년 창업하여 정도의 경영, 믿음을 주는 제품, 고품질, 고기능성 제품의 수많은 히트 상품으로 40년 가까이 화장품 업계에서 자리를 잡아왔다. 알앤비(R&B), 벼리(ByeoLee), 하이바이하이(HiBYEHi), 엔카라(EnCara), 스킨앤닥터(Skin&Dr) 등 브랜드를 출시했으며 헤어, 기초 제품의 지속적인 연구를 통하여 다양한 허가품목과 기능성 제품들을 개발하여 OEM · ODM 전문기업으로 거듭나고 있다.

(주)우신화장품 2014년 4월 11일 식품의약품안전처로부터 우수화장품 제조 및 품질관리(CGMP) 적합업소로 인증 받았다. 이는 ISO22716 인증을 위해 화장품 제조기준에 맞춰 적법한 설비와 시스템 도입으로 국내외 규격에 맞는 품질관리 기준을 유

지한 결과이다.

국제표준화기구 화장품 GMP기준을 적용한 평가기준인 CGMP(Cosmetics Good Manufacturing Practice) 인증 획득으로 화장품 품질 기준의 수준 상승과 공신력 및 신뢰도가 향상되는 계기가 되었으며, 유럽을 기준으로 확산되어가는 국제 표준 ISO22716(2013년 2월 인증)과 더불어 해외 시장에서 제품의 품질 등으로 인정받는 기업으로 발 돋음 하여 세계화를 선도하는 화장품 회사로서의 입지를 다지게 되었다.

이제 명실상부한 화장품 종합 메이커로 자리를 잡게된 (주)우신화장품은 2009년 공장확장 이전, 2019년 연구실 이전 등 시설 투자로 OEM, ODM 등 소비자 니즈에 맞는 최상의 서비스를 통한 고객관리와 최고의 품질을 지향하는 경영전략으로 국내외 시장에서 경쟁력을 확고히 굳힐 수 있는 발판을 마련하였다. 현재 TS트릴리온, 애경산업 등의 OEM/ODM 국내 제품을 생산하고 있으며, 매년 해외 수출도 증가되어 2021년 12월 진행되는 '무역의날' 행사에 '오백만불 수출의 탑' 수상도 확정되었다. 앞으로 생산, 연구, 개발 분야의 계속적인 시설 확충으로 타사와 차별화 될 수 있는 제품개발에 중점을 둘 것이다.

(주)우신화장품은 지속적인 투자를 통하여 타사와 차별화 될 수 있는 제품 개발을 위해 끊임없이 노력하고 있으며, CGMP와 ISO22716 인증을 통하여 국제사회 변화에 색을 맞추고 세계무대를 선도하고자 기존 수출지역보다 공격적으로 수출무역을 늘리

는 것을 목표로 공격적 행보를 보일 방침이다. 변화하는 경제 현실 속에서 우수한 기술력을 확보하는 것만이 경쟁력을 가질 수 있으므로 제조, 생산 시설 뿐만 아니라 연구 개발에 지속적인 투자를 통해 보다 전문적이고 세밀한 연구개발에 박차를 가하고 있다.

화장품 GMP기준에 맞춘 적법한 설비와 시스템 도입으로 CGMP, ISO22716인증을 통해 품질 높은 제품의 개발 및 생산이 가능해진 우신화장품은 화장품 OEM/ODM 국내외 시장에서 명실상부한 글로벌 기업으로 성장하고 있다.

▶ 주요 생산 품목

기초 제품 분야

- 기초화장품류(스킨, 토너, 에센스, 세럼, 크림, BB크림 등)
- 기능성화장품류(자외선차단용제품, 미백, 주름, 아여드름성 피부완화, 피부장벽 기능개선 등)
- 클렌징류(폼클렌징, 클렌징오일, 클렌징워터 등)
- 마스크팩류

헤어 제품 분야

- 헤어케어화장품류(샴푸, 트리트먼트, 팩, 에센스, 세럼 등)
- 기능성화장품류(염모제, 탈모완화 샴푸 및 토닉 등)
- 헤어스타일링화장품류(젤, 무스, 스프레이, 왁스 등)

• 기타류(퍼머넌트웨이브, 스트레이트류)

<u>바디 제품 분야</u>

• 바디케어화장품류(바디워시, 로션, 크림, 버터, 에센스 등)

• 기타류(풋화장품, 핸드화장품, 바디퍼퓸 등)

<u>의약외품</u>

• 손소독제

<u>동물용 의약외품</u>

• 애견샴푸, 애견미스트 등

▶ 인증 현황

• ISO 14001: 2004/KS Q ISO 14001 : 2004 인증

• ISO 9001: 2004/KS Q ISO 9001 : 2009 인증

• 수출 유망 중소기업 지정 증: 2009

• ISO 22716(국제 우수 화장품 제조 및 품질관리 기준) 인증

• 우수화장품 제조 및 품질관리기준 적합업소(CGMP) 인증

▶ 생산 시설 및 생산능력

<u>1. 생산시설</u>

교반기 5대, 유화기 10대, 유상 용해조 7대, 디스퍼 믹서기, 3단롤러, 전자저울 11대 등

<u>2. 포장시설</u>

자동 액상 충진기 세트 2대, 원형용기 라벨 접착기 2대, 자동 컨베이어 8대, 자동 밴딩 포장기 3대, PE TUBE 자동충진실링기

CERTIFICATES

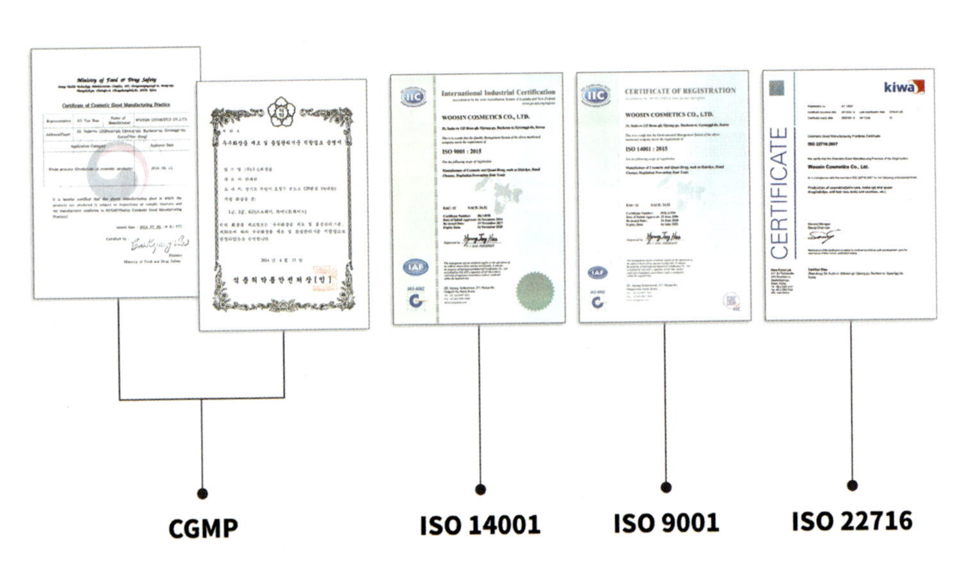

2대, 전자저울 4대, 액상 충진기 3대, 공압 충진기 5대, 히터충진기, Ink Jet Printer 2대, 타원용기 라벨 접착기, 레이저 프린터 6대, 열풍기 2대, 앰플 충진기, 크림탈포충진기 2대, 다용도 충진기 2대, 고주파 실링기, 파우치 접착기, 랩핑기, 세병기, 멀티 충진기, 라벨 접착기, 파우치 실링기, 자동 캡 키핑기 등.

▶ 회사연혁

- 1983년 06월 우신화장품 설립
- 1996년 01월 제조시설 및 생산시설 증축
- 1997년 07월 r&b브랜드 개발
- 2003년 11월 품질경영시스템 ISO 9001 인증
- 2006년 06월 환경경영시스템 ISO 14001 인증
- 2006년 09월 우신화장품 법인 설립
- 2007년 05월 한국산업기술진흥협회 회원 등록
- 2007년 08월 알앤비 블랙푸드 3.7 브랜드 개발
- 2009년 01월 기술혁신형 중소기업 (INNO-BIZ)인증
- 2009년 04월 KOTRA보증 브랜드 업체 선정, 벤처기업 인증
- 2009년 09월 유럽 GMPC 인증
- 2009년 10월 공장확장 이전
- 2013년 02월 ISO22716 인증
- 2014년 04월 우수화장품 제조 및 품질관리기준 적합업소(CGMP) 인증
- 2015년 05월 엔카라 기초 브랜드 개발
- 2017년 06월 충전/포장 라인 시설 증설
- 2019년 06월 연구소 및 물류창고 확장 이전
- 2020년 02월 ISO22716 인증 갱신
- 2020년 04월 우수화장품 제조 및 품질관리기준 적합업소(CGMP) 인증 갱신
- 2020년 10월 벼리(ByeoLee), 하이바이하이(HiBYEHi) 브랜드 개발
- 2022년 4월 오코루(OKORU) 브랜드 개발
- 2022년 6월 네푸메(NePuMe), 미누(MINOU), 브랜드 개발

(주)우원

회사명	(주)우원
대표자	조명래
주 소	경기도 안산시 단원구 엠티브이4로 16번길9(목내동520-9)
대표 연락처	홈페이지: www.woowon.co.kr 전화: 031-434-3400, 팩스: 031-434-3405, 이메일: wow@woowon.co.kr

▶ 회사 소개

우원은 1954년 서울에서 창업한 이래 진공유화기(Vaccum Agi-Homo Mixer) 분야에서 고객이 만족할 수 있는 고품질의 화장품, 식품, 제약 및 화학 등 다양한 산업용 믹서제품을 생산하고 있는 기업이다.

특히 화장품 분야에서는 높은 점유율을 보이고 있으며 미국, 중국, 일본, 호주, 태국 등 해외 30여개국에 수출을 하면서 호평을 받고 있다. 이러한 해외의 호평으로 2014년 500만불 수출의 탑을 2019년에는 100만불 수출의 탑을 수상하였다.

우원이 생산하는 설비는 진공, 균질, 유화, 혼합, 탈포를 할 수 있는 설비로서 강력한 고속 회전에 의한 전단능력으로 제품을 균질화하는 Homogenizer와 저속으로 교반하는 Scraper와 Paddle이 교차회전을 하면서 제품의 혼합을 도와 다양하고 능률적인 유화를 할 수 있다.

그리고 이제는 액상유화만이 아닌 분체 제조 설비 Powder Mixer와 Automizer 또한 기존에 별도 요청의 기존 고객들한테 제

작을 하였던 것에 국한 된 것이 아니라 본격적인 생산라인을 구축하였다.

고속으로 다양한 파우더 원료를 섞고 오일을 첨가할 수 있는 Powder Mixer와 분체 원료를 동일한 입자크기로 분쇄할 수 있는 Autimizer를 제작, 분체 제품을 제조하는데 효율적인 설비를 제공하고 있다.

우원은 cGMP에 적합한 Total Process 엔지니어링 설계와 Automatic Process의 전체 공정을 제어할 수 있는 시스템 및 믹서 등의 설비를 만드는 설계 및 엔지니어링 전문회사다. 액상 믹싱 에서부터 파우 더 습윤 및 유화 플랜트에 이르기까지 믹싱-균질-분산 공정이 적용되 는 다양한 제품에 사용되는 장비를 설계 및 제작한다.

▶ 생산품목

- Ultra Homo Mixer
- High Shear Mixer
- Combi Mixer
- Homo Mixer
- In-Line Mixer
- Homo Jetter
- Ultra Planetary Mixer
- Gelatin Mixer
- Colloid Mixer
- Food Mill
- Chemical Plant
- High Shear Mixer
- Combi Mixer
- Homo Mixer

▶ 테스트센터

- Ultra Homo Mixer 5L · 50L · 100L 각 1대
- High Shear Mixer100L (Circulation Type) 1대
- High Pressure Homogenizer 10L / 1500bar 1대
- High Pressure Homogenizer 200L / 200bar 1대
- Test용 유틸리티 및 장비 보유

▶ 회사연혁

- 1984. 우원기계 설립 (서울)
- 1992. 신축공장 이전 (인천 가좌동)
- 1994. 창업 10주년 납품실적 300대 달성
  중국수출 개시, 미국수출 개시, 일본수출 개시
- 2001. 03 ISO 9001인증 획득
- 2004. 01 법인 전환
- 2013. 01 CE인증서 획득
- 2013. 01 FTA 원산지 인증 수출자 인증서 획득 (미국, EU, 인도 등)
- 2014. 11 500만불 수출의 탑 달성
  12 신공장 확장 이전 (안산시 목내동)
- 2015. 01 한중FTA 원산지 인증 수출자 인증서 획득
- 2016. 01 해외상표 등록 (미국, EU, 일본, 태국)
- 2016. 04 사업자명 "㈜우원" 변경
- 2018. 02 기업혁신중소기업 (INNO-BIZ) 선정 (중소벤처기업부)
  07 ISO 9001 : 2015 인증, ISO 14001 : 2015 인증
- 2019. 11 1000만불 수출의 탑 달성, 대통령 표창 수상
- 2020. 02 FTA 원산지 인증서 갱신(미국, 중국, EU 등)
  11 공장 증설 (안산시 목내동)

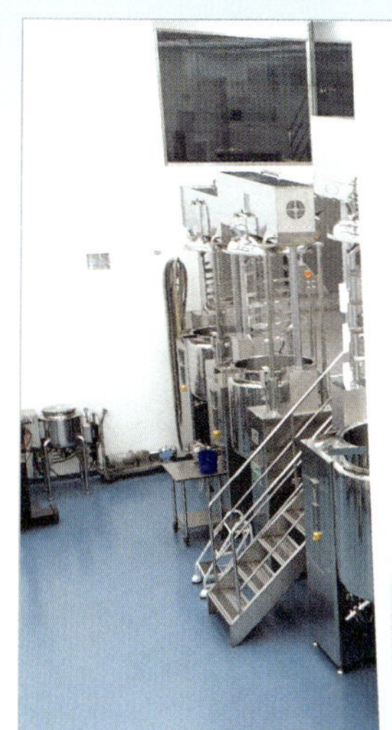
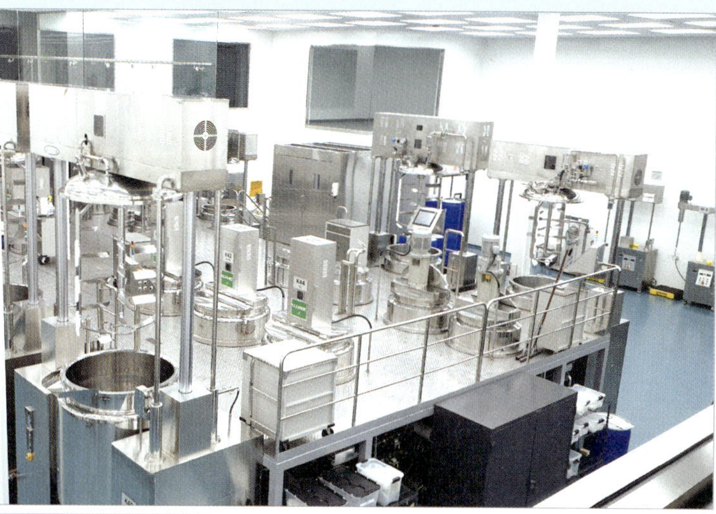

woowonMIX
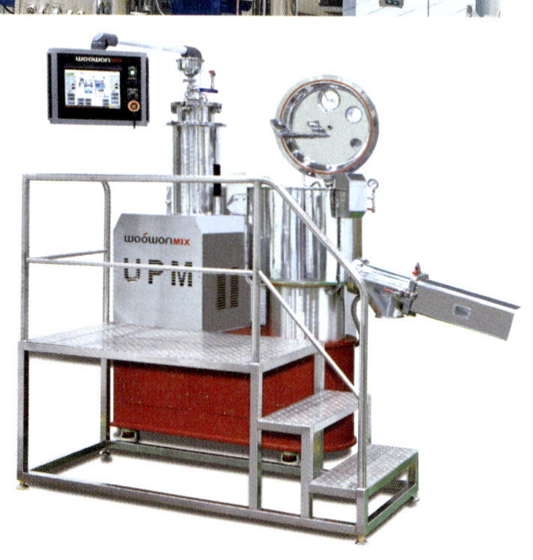
woowonMIX
UPM

(주)우정테크

회사명	(주)우정테크
대표자	최동필
주　소	경기도 부천시 신흥로 511번길 61
대표 연락처	홈페이지: www.woojungtech.co.kr 전화: 032) 684-5497, 팩스: 684-5499 이메일: wjtcsales@naver.com / dpchoi@woojungtech.co.kr
창립일자	1996년 12월 16일

▶ 회사 소개

1996년에 설립한 ㈜우정테크는 세계의 유수기업에 색조화장품 장비를 공급하고 있는 색조화장품 제조 설비 전문기업이다. 2002년 백만불 수출탑을 달성을 시작으로 꾸준한 성장을 이루어내 2017년에는 1,000만불 수출탑 달성에도 성공했다. 뛰어난 기술력으로 20년이상 색조화장품 장비업계에서 이름을 쌓아온 결과, 현재는 30여개의 주요 특허를 보유한 업계의 키 플레이어 중 하나로 활약하고 있다. 특히 립스틱 장비와 아이섀도우 · 블러셔 등 의 파우더 프레스 장비 부문에서는 세계적 기술을 보유한 것으로 평가 받고 있으며, 국내 색조화장품 충진 장비분야에선 국내 1위 선두기업이다.

▶ 해외에서 더 유명한 색조화장품 장비 전문 기업

㈜우정테크는 국내 판매는 물론 수출도

활발하게 진행 중이다. 코로나 발생 이전까지는 수출이 전체 매출의 약 7~80%까지 차지할 만큼 해외비중이 높은 편이기도 했다. 특정 국가나 지역에 대한 의존도가 높다기보다는 다양한 국가 및 기업으로부터 선택을 받아 왔다는 것도 특징이라 할 수 있다. 26년간 장비를 공급해온 업체는 약 300개사에 달한다. 국내에서는 코스맥스 · 한국콜마 · 한국화장품 · CNC인터내셔널 · 코디 등과 협업하고 있고, 아모레 퍼시픽에도 다수의 장비를 공급한 바 있다. 글로벌 기업으로는 디올 · 로레알 등에 장비를 공급했으며, 샤넬 뷰티와도 공급논의가 진행 중이다. 색연필 등 펜슬류로 오랜 역사를 가신 독일 브랜드 슈완(Schwan Stabilo)에 펜슬 장비를 납품하고 있으며, 멕시코 · 콜롬비아 등 남미지역에서도 오더가 이어지고 있다. 그동안 색조 화장품 장비를 주력해 제작해 왔으나, 코로나19의 유행으로 기초화장품 수요가 급증하면서 클렌징 밤 등 콜드필 장비의 주문도 증가하고 있어 커버리지는 더욱 확대되고 있는 상황이다.

▶ 고객사 요청에 따라 무엇이든 맞춤제작

(주)우정테크는 "각 고객사로 보낸 장비 중 완전히 똑같은 것은 하나도 없다."고 자신한다. 고객사 요청에 따른 커스터마이징이 이루어지기 때문이다. 소비자가 개성과 다양성을 중요하게 생각하게 되면서, 뷰티 브랜드 역시 유니크함을 추구하기 시작했다. 최근에는 본인들만 할 수 있는 새로운 기술과 장비에 대한 요구가 늘어나고 있다는 설명이다. 최근 뷰티 트렌드 신제품 출시 경향 중 가장 치열한 부분은 바로 제형 부분이다. 그만큼 각 브랜드의 연구소에서는 경쟁적으로 새로운 제형의 제품을 출시하려는 노력을 기울이고 있다. 일반적으로는 생산 가능성 보다는 일단 발림성이 우수하고 효능이 좋은 특수 소재 개발에 초점을 맞추고 개발을 진행하는 경향이 강한데, 개발된 내용을 상품화 하는 것은 장비의 구현능력에 달려 있다고 볼 수 있다. 유사한 제형이라도 디테일에 따라 구현이 어려운 경우가 분명히 존재하지만, 기술 개발을 통해서라도 고객사의 요청을 맞추겠다는 것이 우정테크의 목표이다. 장비의 한계에 제품을 맞추도록 하기 보다는 고객사가 요구하

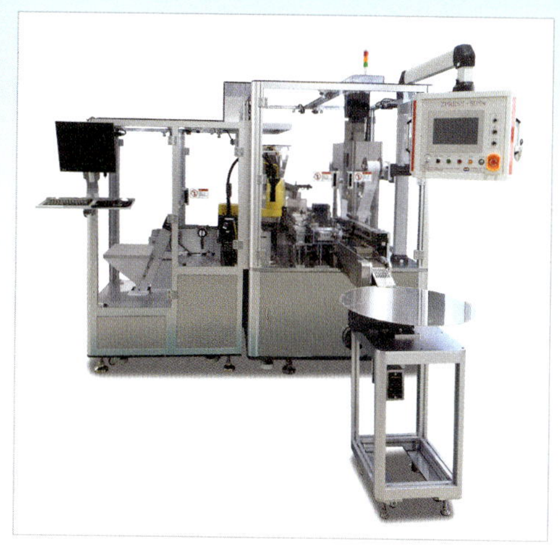

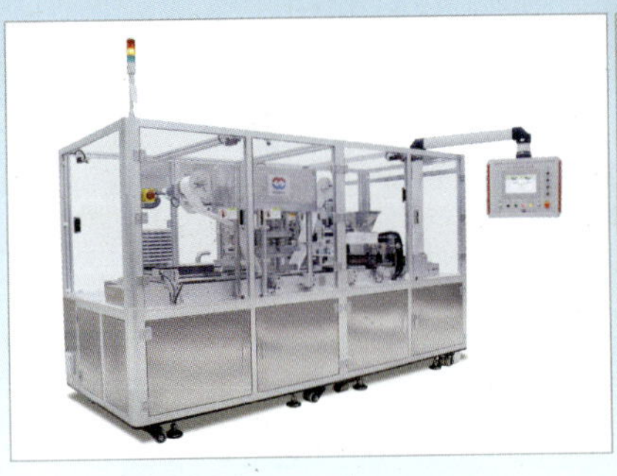

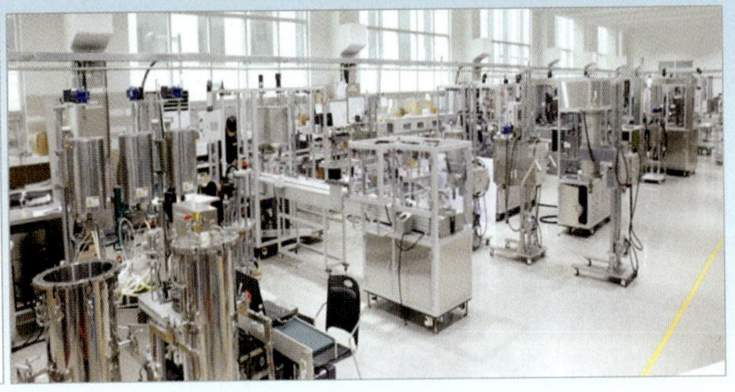

는 제형에 장비를 맞출 수 있도록 노력하고 있다. 시간과 비용이 많이 투자되는 부분이기도 하지만, 고객사에 신뢰를 구축하면 리오더로 이어지게 될 것이라는 판단이다.

▶ 미래 먹거리는 로봇기술과 자동화

(주)우정테크가 기술 개발에 중점을 두고 있는 또 한가지는 로봇화다. 화장품 제조 과정에서는 용기 공급 등에 로봇을 활용하고 있는데, 우정테크는 최근 2개의 평행한 회전 관절이 있는 로봇인 스카라(SCARA, Selective Compliance Assembly Robot Arm)로봇 개발에 공을 들이고 있다. 로봇 움직임의 한계로 기본의 기계는 1분에 15개 수준의 처리속도를 보였으나, 최신 모델은 이를 35개 수준까지 끌어올렸다. 지속적인 개선 및 개발이 필요하겠지만 제조업의 미래는 로봇에 있다는 것이 우정테크 측 견해다. 현재 로봇은 대부분 포장 라인에 적용되고 있는데, 인력난 해소 측면에서 유용하게 활용될 수 있다는 것이다. 수도권 쪽은 덜하지만 지방 공장의 경우 직원 고용이 쉽지 않은 상황이기 때문에 인력을 대체할 수 있는 기계가 큰 도움을 줄 수 있다. 또한 인건비가 지속적으로 상승하는 동시에 제품의 공정 또한 복잡해지고 있어 인력 투입을 통해 제품 수량을 늘려가는 것이 현실적으로 어렵게 되었다는 점도 있다. 예를 들어 10색 섀도우 팔레트를 만들기 위해서는 약 20명의 인력이 필요한데 이렇게 해서는 가격경쟁에서 살아남기 힘들 것이다. (주) 우정테크는 현재 국내 고객사와 협력해 트랙킹 버전 기술이 적용된 장비를 개발중에 있다. 움직이는 대상을 따라가야 하다보니 복잡한 기술이지만 현재 제작중인 4구 장비를 시작으로 더욱 복잡한 과정도 처리할 수 있도록 발전시켜 나갈 계획이다.

▶ 기술적인 아이디어 뱅크 목표

(주)우정테크의 궁긍적 목표가 세계1위 기업은 아니다. 최동필 대표는 "세계 시장에서 기술측면으로는 코리안 테크놀로지를 상당히 인정 받은 것 같다."면서도 여전히 끊임없이 설계도를 그리고 아이디어를 낸다. 색조화장품 장비 제조 업계의 기술적인 '아이디어 뱅크'가 되겠다는 목표에 더욱 다가서기 위해서다. 우정테크는 목표 실현을 위해 지속적으로 특허를 확보하고 기술

을 개발해 나가는 등 더욱 크리에이티브한 기업으로 나아가겠다고 강조한다. "장비제조 기업이지만 제품(화장품)을 제조한다는 생각으로 만들자"는 것이 우정테크의 모토 중에 하나다. 그만큼 깔끔하게 관리된 환경에서 설비가 제조되고 있기도 하다. 우정테크 측은 신선하고 완벽한 제품을 만들 수 있도록 하기 위해 끊임없이 연구를 이어나가겠다고 밝혔다.

▶ 회사연혁

- 1996 우정테크 설립
- 1998 한국포장기계협회 회원등록
- 2000 ISO 9001 인증획득, 수출150만불 달성
- 2002 ㈜우정테크 상호변경,
  제38회 무역의 날 100만불 수출탑 수상, 벤쳐기업등록
- 2003 부천시 표창 수상(수출부문)
- 2004 중소기업청장 표창 수상(수출판매부문),
  한국포장기계대상 수상(수출판매부문), 연구개발전담부서 등록
- 2007 경기지방중소기업청 Inno-Biz 인증, 기업부설 연구소 인증
- 2008 경기지방중소기업청 수출유망중소기업 선정,
  기술보증기금 벤처기업등록
- 2009 제46회 무역의 날 300만불 수출탑 수상,
  경기도 유망중소기업 선정
- 2012 제49회 무역의 날 500만불 수출탑 수상
- 2017 제54회 무역의 날 1000만불 수출탑 수상
  경기도 일자리 우수기업 선정, 경기도 성실납세자 선정
  부천시 오정동 신공장 설립 및 이전
- 2018 부천시 강소기업 선정,
  ㈜우정테크 상해지사 설립, 기술평가우수기업 인증
- 2020 스마트공장 구축사업 도입, 미래성과공유기업 인증
  부천시 표창 수상(혁신기업 부문)
- 2021 국세청 모범납세자 수상, 부천시 강소기업 선정
  중소벤쳐기업부 수출유망중소기업 선정

유씨엘

회사명	유씨엘(주)
대표자	이지원
주 소	서울사무소: 서울특별시 영등포구 국회대로 62길 21 동성빌딩 2층 인천공장: 인천광역시 남동구 능허대로 649번길 119 제주공장: 제주특별자치도 제주시 애월읍 어음 10길 67
대표 연락처	홈페이지 : www.e-ucl.co.kr, 블로그: https://blog.naver.com/uclcosmetic 서울)전화: 02-2135-7000, 팩스: 02-2135-7009 인천)전화: 032-817-5000, 팩스: 032-817-5010 제주)전화: 064-805-8505, 팩스 064-805-8506

▶회사 소개

유씨엘㈜은 화장품 원료의 국산화와 기술 자립을 목표로 설립되어 올해 창립 42주년을 맞이한 화장품 OEM ODM 전문기업이다. 유씨엘의 사명은 'UnChanged Love'의 약자로 소비자, 고객사, 임직원 그리고 세상을 향한 변치 않는 사랑을 의미한다. 2007년 업계 최초로 M-ODM 개념을 도입해 다년간의 노하우와 R&D 혁신을 토대로 화장품 콘셉트부터 원료, 제형, 임상, 품질관리 및 생산까지 고객 맞춤형 '원스톱 토탈 솔루션(One

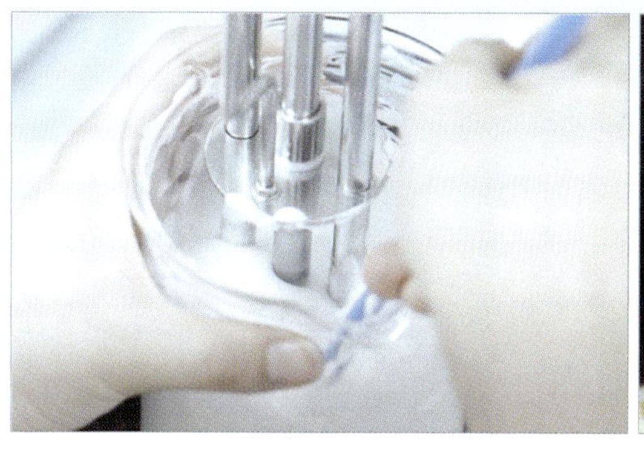

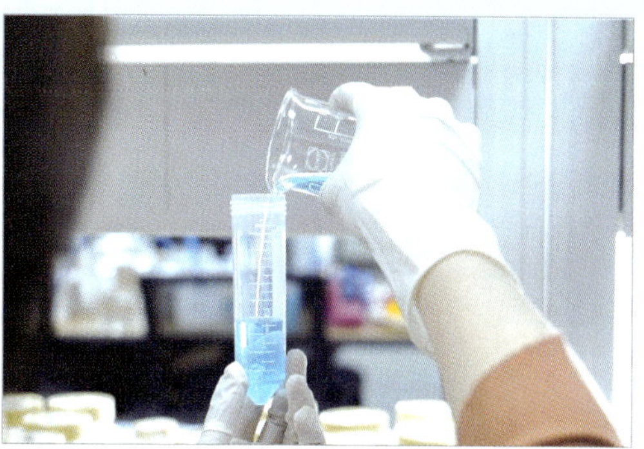

Stop Total Solution)'을 제공하고 있다. '내일의 화장품을 만든다(We make cosmetics' tomorrow)'는 기업 비전으로 지속적인 혁신과 변화를 거듭하며 바이오 및 기능성 화장품뿐 아니라, 원물 확보부터 완제품 생산까지 전 공정이 청정 제주에서 이뤄지는 천연유기농 화장품 시장도 함께 선도하고 있다.

▶주요 생산품목

자연주의 기초/헤어/바디케어, 코스메슈티컬, 전문가용 헤어제품(염모제, 퍼머넌트), 기능성 화장품, 프리미엄 메이크업(베이스/색조, 아이섀도우, 리퀴드 립컬러, 립스틱), 영유아 · 어린이 화장품, 천연/유기농인증 제품, 비건인증 제품, 제주화장품인증(JCC) 제품 등

▶생산 시설

인천 남동공단과 제주 애월읍에 위치한 유씨엘 공장은 연간 총 8600여만 개의 생산 능력을 갖췄으며, 모두 식약처로부터 CGMP(우수 화장품 제조 및 품질 규정) 적격사업장으로 승인받았다. 인천 공장과 연구소가 바이오 및 기능성 화장품, 코스메슈티컬, 헤어, 바디케어, 프리미엄 메이크업에 특화해 제품을 공급한다면, 제주는 스킨케어 연구소와 천연 소재개발 연구소를 운영해 청정 섬의 특색을 입힌 자연주의 기초, 바디케어, 영유아 · 어린이 등 천연 · 유기농 화장품 생산에 중점을 두고 있다. 유씨엘은 수출의 활로를 개척하고자 국제표준화기구에서 제정한 ISO 22716(국제 우수 화장품 제조 및 품질관리기준), 품질경영시스템 ISO 9001, 환경경영시스템 ISO 14001, 이브(EVE) 비건까지 인증받아 세계적으로 공인된 화장품 품질 안전성을 자랑한다. 특히 제주 공장은 큰 인기를 얻고 있는 천연 · 유기농 소재의 '제주화장품 인증(JCC, Jeju Cosmetic Cert)' 제품 개발

UCL 유씨엘 | 주

및 생산이 가능한 곳으로 깨끗한 제조 환경을 고수하며, 자체 폐수처리시설, 대기오염 방지시설, 소음 및 진동 방지시설, 자연광을 활용한 절전 시스템 등을 갖춘 친환경 통합 SCM(Supply Chain Management) 기지다.
유씨엘은 세분화되고 다양해진 고객의 요구와 안심 품질에 대한 강한 니즈에 따라 GC, ICP, HPLC 등 고가 분석 장비에도 투자를 확대해 진행하고 있다.
또한 인간과 설비가 조화된 철학이 담긴 생산 방식을 정립해 '3정 5S', '중소기업형 LCA(Low cost automation)', '다기능공(제조기술자, 설비 오퍼레이터, QA기기분석자) 육성', 'V/M(Visual management)' 등을 통한 혁신으로 기업 성장을 이끌고자 노력하고 있다.

▶ '2021 대한민국 뷰티 브랜드 대상' 클린 뷰티 부문 수상

유씨엘은 2021 대한민국 뷰티 브랜드 대상 '클린뷰티' 부문에 선정됐다. 코로나 확산 이후 가치소비가 대세로 떠오르면서 화장품 산업 역시 클린 뷰티가 대세가 되고 있다. 유씨엘은 다양하고 새로운 '클린 뷰티' 소재와 제형 기술을 확보하고 이를 활용한 화장품 개발에 적극적으로 나서고 있으며 다양한 클린 뷰티 신소재, 신제형 개발에 많은 투자를 이어가고 있다. 유씨엘은 '당근 지상부 추출물을 포함하는 탈모 방지 및 발모 촉진용 조성물' 특허(등록번호 제10-2255264호) 등록을 완료했다. 이 특허 기술은 유씨엘이 대봉엘에스, 제주대와 공동으로 개발한 것으로 탈모 인구의 급증 추세와 함께 클린 뷰티와 업사이클링 트렌드에도 부합되는 기술로 평가된다.

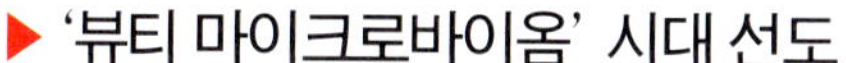

▶ '뷰티 마이크로바이옴' 시대 선도

유씨엘은 독자적 특허 소재를 적용해 피부 유익균의 생육을 증진할 수 있는 화장품 기술을 개발하며 마이크로바이옴 시장을 공략하고 있다. 이 기술은 홍삼에서 유래된 마이크로바이옴 성분을 피부에 도포했을 때 피부 상재균의 먹이와 대사 조절의 영향인자로 균주 증식에 영향을 줘, 피부 상재균 내 유익균의 생육을 촉진함과 동시에 유해균의 생육은 억제하는 것이다. 특히 이 소재는 버려지는 원물을 바이오 기술로 가공해 생산하는 것으로 최근 관심이 높아지고 있는 업사이클 트렌드를 반영했다. 유씨엘은 이미 다년간의 연구개발 노력을 통해 미생물 기술을 적용한 다양한 독자 제형과 강력한 특허 성분을 확보하고 있다.

▶R&D 핵심 기술

△코스메슈티컬(Cosmeceutical)

• 피부 질환 예방 및 완화에 도움을 주는 기능성 제품 연구

• 효능 성분의 흡수 촉진을 위한 미세 에멀전 기술

• 피부 세포 활성화 및 피부 장벽 강화 기술을 통해 고객 맞춤 솔루션 제공

△프로페셔널 헤어케어(Professional Hair Care)

• 한국인 모발에 적합한 헤어케어 제품 개발 역량 보유

– 병풀추출물을 포함하는 산화성 염모제 조성물(두피 보호 및 모발 발색력 강화, 등록번호 10-1957774)

– 두피염증 예방 및 완화, 탈모방지 효과가 있는 화장품 조성물(등록번호 10-2020667)'

– 글루타치온을 포함한 펌제 조성물 및 이를 구비하는 펌제 세트 특허(모발 손상 방지 및 우수한 퍼머 효과, 등록번호 10-1721939)

– 당근 지상부 추출물을 포함하는 탈모 방지 및 발모 촉진용 조성물' 특허(등록번호 제10-2255264) 外 수많은 헤어 관련 특허 보유

• 스마트세정 기술, 손상모발케어&두피케어 기술, 모발 특징별 제품 개발

• 살롱 및 브랜드샵 판매 영구염모제 180여 색상 개발 기술

• 헤어 매니큐어, 컬러 트리트먼트 등 반영구 염모제 60여 색상 기술

△내추럴 코스메틱(Natural Cosmetics)

• 천연 · 유기농 화장품 및 저자극 · 고기능 자연주의 · 비건 제품 개발

• 제주산 원료 효능 연구 및 자연주의 천연 · 유기농 화장품 개발

– 에키네시아 추출물 조성물 특허(피부장벽 강화 효과, 등록번호 10-1780486) 外

• 제주 생물자원 활용 소재 개발 및 제주화장품인증(JCC) 제품 개발

• 천연 성분 고농도 조건에서의 화장품 제형 안정화 기술 보유

△베이비 코스메틱(Baby Cosmetics)

• 자연 유래 성분의 안전성 높은 저자극 화장품 연구

• 극건성 등 민감한 피부 보호 기술 개발

– 에키네시아추출물을 함유하는 화장료 조성물(등록번호 10-1780486), 지방산 또는 지방산 유도체를 포함하는 보습 또는 항아토피용 조성물 外

△기능성 화장품(Functional Cosmetics)

• 미백, 주름개선, 자외선 차단, 탈모완화, 제모제, 여드름 완화, 튼살 완화 등 기능성 화장품 연구 개발 및 생산 기술

▶주요 인증 및 수상 현황

• CGMP 인증

• 국제 우수 화장품 제조 및 품질관리기준 ISO 22716

• 품질경영시스템 ISO 9001 인증

• 환경경영시스템 ISO 14001 인증

• 수출 유망 중소기업 선정

• 비전기업 선정

• CLEAN 사업장 인정

• 대한민국 친환경 대상 수상

• 이노비즈 인증

• 글로벌 강소기업 지정

• 글로벌IP 스타기업 선정

• 이브비건 인증

• 식품의약품안전처 천연 · 유기농화장품 인증

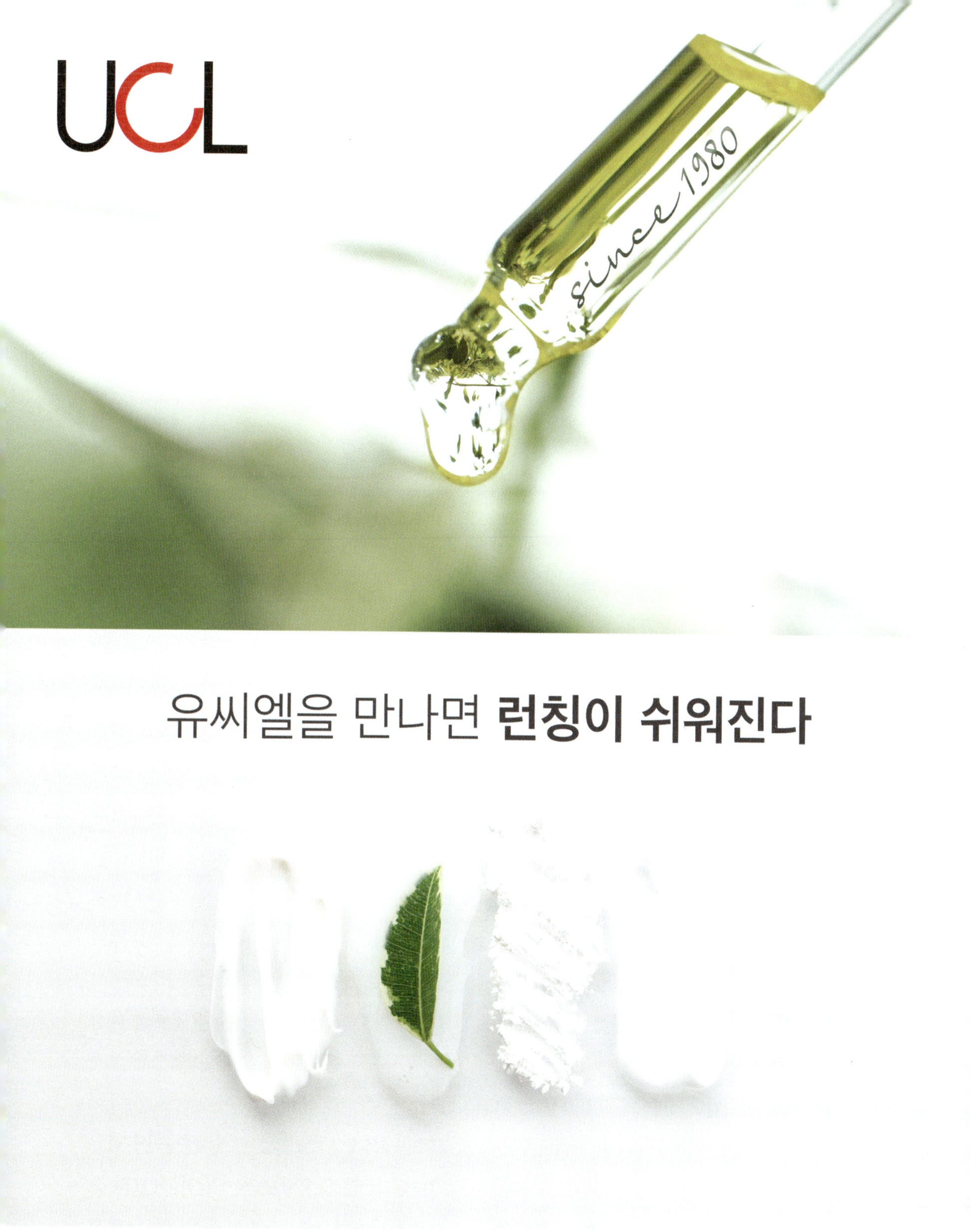

UCL
since 1980
유씨엘을 만나면 **런칭이 쉬워진다**

(주)인코코스메틱

회사명	(주)인코코스메틱
대표자	이관경
주　소	이천 본사&제1공장 – 경기도 이천시 마장면 작촌로35번길 163-30 군포 사무실&제2공장 – 경기도 군포시 당정로 90 신라테크노빌 나동 3층 303호
대표 연락처	홈페이지: http://incocosmetics.com 전화: 이천 본사: 031-638-8815 팩스 031-638-8817 군포 사무실: 031-638-8815 팩스 031-427-8670 이메일 cscos@cscos.co.kr

▶ 회사 소개

(주)인코코스메틱은 색조화장품 연구개발생산 전문 OEM, ODM 기업으로써 2019년 1월 (주)청수코스메틱에서 (주)인코코스메틱으로 법인명을 변경했다. 1988년 7월 설립 이래 국내 펜슬(화장용 연필) 업계의 정상을 지키며 립스틱, 립글로즈, 아이섀도우, 컨실러 등 다른 포인트 메이크업 제품군 또한 전문 개발 생산하는 기업으로 성장해 왔습니다. 전 세계 곳곳 GLOBAL 수출에 힘쓰고 있으며, 모든 제품은 미국 FDA, 유럽, 일본의 규정 및 품질 요구를 준수하며 고객의 어떠한 요구에도 신속한 대응을 원칙으로 하고 있다. 속도, 품질, 가격 이 모든 것을 고객의 입장에서 생각하며 제품 개발 및 생산, 공급에 이르기까지 고객의 니즈를 충족시킬 수 있도록 자사만의 기술과 서비스를 제공한다. (주)인코코스메틱은 매년 홍콩, 라스베이거스 코스모프로프 / 코엑스 화장품박람회 등 국내 및 해외 대규모 화장품 전시회를 매년 4~5회 이상 참가해 신기술을 홍보하고 신규 바이어 발굴에 적극적으로 나서고 있다. 앞으로도 (주)인코코스메틱은 끊임없는 신제품 개발과 최고의 품질보증시스템으로 고객 만족을 위해 최선을 다할 계획이다.

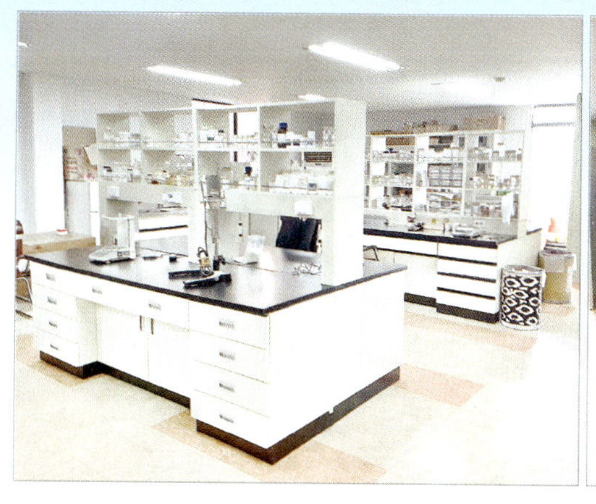

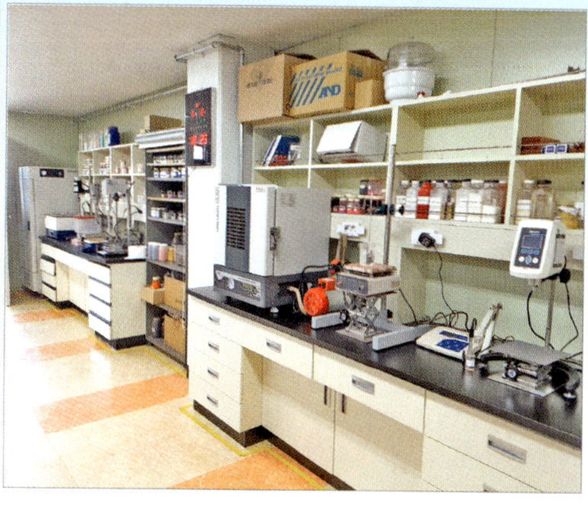

▶ 사업부문

색조화장품(립스틱, 리퀴드립, 아이브로우, 아이라이너, 아이섀도우, 마스카라, 컨실러 파운데이션 등) OEM / ODM 제조

▶ 생산설비 및 R&D 현황

• 현 생산 8라인 보유

• 연 최대 생산량 1,000만 개

• 피더기, 착인기, 파우더 타정기, 아토마이저 핸슬 믹서, 호머 믹서, 자동 라벨기, 립스틱 충진기, 튜브 충진 실링기, 3단 롤러, 가마, 단발 충진기 등 다양한 설비 보유

▶ R&D 현황

가벼움과 밀착력을 중요시하며 소비를 간소화하는 미니멀리즘 등 시장동향에 맞추어 립토너, 새틴립스틱, 내추럴 립&치크 멀티 크림, 유리알 워터 틴트, 리퀴드 눈물 라이너, 마스카라, 파우치 색조 화장품 등의 제품을 개발하며, 자외선 차단 기능성 색조 화장품을 지속적으로 개발하며 인증 사업 진행 중.

▶ 주요 인증 현황

• ISO22716 (GMP, 국제 화장품우수제조관리기준)

• ISO9001 (품질경영시스템 국제규격 인증)

• ISO14001 (환경경영시스템 국제규격 인증)\

• 기업부설연구소 인증서

• 수출유망중소기업 지정증

• 특허 (청정생산을 위한 화장용연필의 심제 자동 충진 장치)

• 롱라스팅 waterproof 펜슬 제조기술

• 타투틴트제조기술

• EVE VEGAN

▶ 생산제품

우드펜슬, 아이라이너, 아이브로우, 아이섀도우, 마스카라, 립스틱, 리퀴드 립, 파운데이션, 컨실러, 블러셔, 리무버 등

▶ 주력제품

오토 아이브로우, 립 틴트, 마스카라, 리퀴드 아이라이너 등

(주)일진코스메틱

회사명	(주)일진코스메틱, ILJIN COSMETICS Co., Ltd.
대표자	유승우 사장
주　소	경기도 시흥시 공단1대로 86
대표 연락처	홈페이지: www.iljincosmetics.co.kr 전화번호: 031)497-2921, 팩스: 031)431-6931

▶ 회사 소개

60년 반세기를 이어온 화장품 R&D 노하우를 근간으로 역사와 장인정신에 대한 고집을 지켜온 (주)일진코스메틱은, 제품의 가치추구를 제일원칙으로 글로벌 시장흐름과 고객 요구를 최적화한 제품개발을 위해 향/제형/원료 등의 다양성을 확장하고자 끊임없이 연구하는 기업이다.

이에, 합리적인 가격구조까지 고객이 만족할 수 있는 품질, 전문성, 자연성, 안전성, 특이성, 합리성, 편리성에 입각한 제품개발을 기반으로 (주)일진코스메틱은 100년 기업을 넘어 1000년

기업을 위해 노력하고 있다. 전담 인력을 통한 체계적인 진행, 합리적인 가격, 엄격한 납품까지 One-line system으로 진행되는 프로세스로 고객사에게 신뢰를 주며, 이러한 유기적인 관계는 오랫동안 성장의 동반자 관계로 유지되고 있다. 이러한 제품에 대한 열정은, 과거부터 국내외 전문업체와 협력관계를 유지하면서 기술적 도약과 국내 미용산업 선진화에 크게 기여하는 성과를 이루기도 했다.

1982년 일본 최대 두발업체 아리미노社와 기술제휴를 맺어, 1991년부터는 기술공유 체제로 전환하는 쾌거를 이루었고, 현재까지 최장수 협력관계를 유지하고 있다. 또한 2000년에 여수시와 협력하여 진행된 동백오일프로젝트를 시작으로 동백 관련 천연성분을 함유한 제품을 개발하고 있다. 2007년에는 파트너쉽 연구기관과 협약체결, 공동연구로 일진 펩타이드, 천연계면활성제 등의 신원료를 국제화장품 원료규격집 ICID에 등재하는 등 최고의 원료, 제품, 특이 제형, 고효능, 테크닉 개발을 위해 끊임없이 노력하고 있다. 이러한 기술 투자를 시작으로, 2004년 상해지사, 북경지사 등 현지법인을 설립하면서 본격적인 해외 네트워크를 가동하기 시작하였다. 2006년 대통령배 '수출의 탑'을 수상하였으며, 'ISO 9001, ISO14001' 인증, '수출 유망기업' 선정, 'INNOBIZ 기술혁신형 기업' 선정, 2008년에는 국내 헤어화장품 업계에서 유일하게 KOTRA 보증기업으로 선정되는 영광을 얻었다. 이러한 모든 과정은, 2015년 이후 식약처로부터 화장품GMP 인증, 최초의 식약처 유기농 샴푸 인증, 프랑스, 영국 등의 비건 제품 인증, 비건 공장 인증을 받는 쾌거를 이루었다. 또한 60년간 축적된 일진코스메틱의 기술적 노하우 및 과감한 기술투자를 통한 제품품질향상으로 국내는 물론 해외유통 사에게 믿음을 주는 신뢰경영을 실천하고 있다.

(주)일진코스메틱은 앞으로도 과감한 R&D 투자로 연구개발 기술력 및 경쟁력 확보에 총력을 다할 것이며, 적극적으로 국내외시장을 개척할 것이다. 한류의 흐름을 타고 아시아권은 물론, 미주, 유라시아 지역까지 made in KOREA 전문 헤어케어 시장이 계속 성장하고 있으며, (주)일진코스메틱은 국내 제품의 해외시장 경쟁력 확보를 위하여 제품개발에 물적, 인적자원에 과감하게 R&D투자를 하고 있다. 자연주의에 기초한 과학적이고 체계적인 제품 개발에 힘쓰며, 반세기 동안의 기술적 노하우와 창의적 발상으로 신제품 개발에 총력을 다해 새로운 해외시장을 개척할 것이다.

[생산설비 및 R&D 현황]

▶ 중앙연구소 소개

1962년 이후 헤어 살롱, 피부 에스테틱 살롱의 전문가용 제품을 개발해온 연구 전문가 부서는, 2000년 국내 두발 연구개발 전문회사 최초로 '중앙연구소'로 인증 받음으로써, 창립이래 기업철학으로 지녀온 '과학적인 깊이감. 새로운 것에 대한 탐구열'의 결실을 이루었다.

(주)일진코스메틱 중앙연구소는 자연의 인간에 대한 긍정적인 힘을 창조하고, 자연을 훼손시키지 않으려고 최선을 다하고 있다. 이와 동시에 건강에 도움이 되는 고품질 제품과 서비스로 가장 프로다운 기량을 발휘하고, 가치 있고 순수한 자연의 혜택을 전수하는 Total Beauty Care 연구기관이 되고자 한다.

5개의 연구팀과 분석팀에서 각 분야별로 전문적인 연구 프로젝트를 담당, 모발과 피부에 대한 약용성분 연구, 원료 상호간의 시너지 효과 연구, 화장품분야에서 독보적인 기술력을 보유하고 있다.

인간의 아름다움을 최우선으로 염려하는 시스템에 총력을 기울이고, 기계설비, 고급원료와 성분에 아낌없는 투자를 하여 철저한 품질우선주의를 실천하고 있다. 화장품 분석에 요구되는 대부분의 고가 기기들과 충분한 분석 기자재를 보유함으로 원료 및 제품분석, 효능 분석, 확실한 품질관리가 어

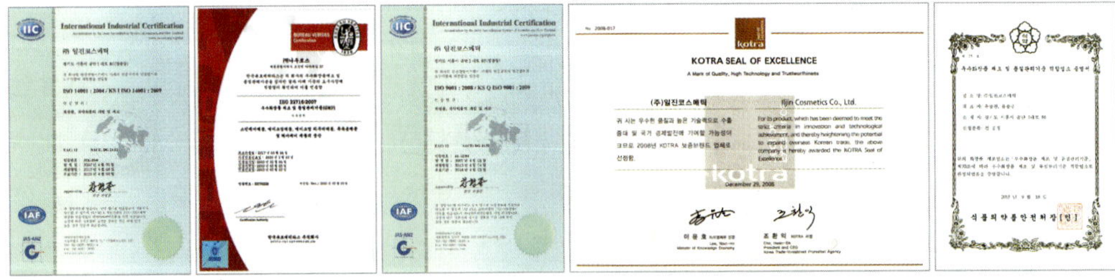
International Industrial Certification

KOTRA SEAL OF EXCELLENCE

우려져 신소재, 신원료 개발에 쉽게 접근하는 확고한 효용 기술을 가지고 있다.

특히, 최근 수년간 향초와 약초를 직접 시험 재배하고, 실제 증류과정을 거쳐 독특한 아로마 향 처방전을 완성하였고, 합성향료 대신 100% 식물성 아로마 오일 함유제품을 개발하여 건강하고 아름다운 삶의 근원지가 될 수 있도록 최선을 다하고 있다.

또한, ㈜일진코스메틱 중앙연구소 연구원들은 우수한 실력을 바탕으로 기술개발 활동에 대한 정부과제, 전문가 회의를 수행하는 등 대한민국 화장품 제품개발에 대한 실력자로 평가되고 있다.

▶ 공장 소개

■ 최적의 제품 공급을 위한 생산 라인 시스템 구축

본관(중앙연구소, 제조, 생산, 포장)과 별관(부자재창고, 완제품창고)으로 구분되어, 기초화장품 에서부터 스킨, 헤어, 바디, 칼라, 의약외품 등 토탈 화장품 생산 시설을 갖추고 있으며, 각 시설라인이 철저하게 분리되어 최적의 제품을 공급하고 있다.

■ 다품종 소량생산부터 대량생산까지 완벽한 생산 가동

CGMP기준 시설에 적합하도록 스킨/헤어, 퍼머넌트, 염모제 등의 각 제조실을 독립적으로 운영〮관리하여 교차오염 방지 및 품질향상을 추구하고 있다. 또한, 3D 입체 충전기를 비롯해 멀티충전기, 튜브, 형상 파우치 등 다양한 용기에 적합한 충진 설비를 이용하여 13개의 콘베어 라인이 다품종 소량생산부터 대량 생산(100L ~ 5,000L)까지 가동 운영되고 있다.

■ 환경을 생각하는 기업의식

(주)일진코스메틱 공장의 제조과정에서 사용되는 화장품 원료는 가능한 생분해 될 수 있는 원료를 우선적으로 사용하고 있으며, 폐수정화 과정에서도 수질오염을 방지하기 위해 COD, BOD는 물론 미생물 분해 처리과정을 통해 완벽하게 깨끗한 물로 정화하고 있다.

환경을 생각하는 책임감 있는 기업의식은 앞으로도 천연성분 원료와 천연물질의 포장재 사용, 엄격한 환경정책 하의 생산관리를 통하여 보다 완전한 형태의 환경친화를 추구하고자 한다.

제이에셀(주)

회사명	제이에셀(주)
대표자	장동기
주　소	경기도 화성시 장안면 장안로 480-108(화성스마트밸리)
대표 연락처	전화: 031)351-8762, 팩스: 031)351-8763

제이에셀㈜는 2016년 창립 이후 파우치와 마스크팩 자동 충진시스템을 구축하고 양산체제에 돌입했다. 차별화된 생산공정의 품질과 위생관리 능력으로 2017년에 ISO 22716과 CGMP 인증을 취득한 데 더불어 2018년 ISO 9001과 ISO 14001 인증을 취득하였다.

제이에셀은 파우치 생산과 관련 인쇄기(2기), 드라이기(3기), 톰슨기(10기)의 설비를 구축하여 월 5000만개의 파우치를 생산할 수 있다. 더불어 One-Stop 자동 충진기(3기)는 월 900만개의 생산력을 가졌다. 생산 현장의 환경과 관련하여, 제이에셀은 R.T.O (VOCs 처리시설)을 통해 생산 현장에서 발생하는 악취를 제거하고, 청정한 생산 환경을 조성하고 있다. R.T.O는 화학 공정에서 발생하는 VOC 유기용제 가스 및 악취 등을 열소각(산화)시켜 용제 냄새를 탈취하고, 세라믹 축열제를 이용하여

95%의 열을 회수하고 있다. 또한 매주 잔류 용제 검사를 실시하여 2ppm(식약처 기준 식품 포장재 및 화장품 포장재 잔류용재 최저 한도) 이하로 생산 시설의 청정도를 철저하게 관리하고 있으며, 주기적인 환경 모니터링을 실시하여 일정하고 위생적인 생산 환경을 관리하고 유지하기 위해 노력하고 있다.

제이에셀 장동기 대표이사는 "제이에셀의 차별화된 경쟁력은 완벽에 가까운 위생과 청결한 생산 현장에서 찾을 수 있습니다. 공조 시설을 완벽하게 가동하려면 많은 비용이 발생해 대부분 영세한 파우치, 마스크팩 임가공 업체들은 창문을 열고 작업을 진행하기 때문에 먼지와 유해물질이 유입될 가능성이 높습니다."라며 "하지만 제이에셀은 R.T.O를 구축하고 청결한 생산 환경에서 완벽한 품질의 제품을 생산해 마스크팩 임가공에서 발생할 수 있는 위생문제에 대한 소비자의 불신을 불식시키고 소비자들이 안심하고 사용할 수 있는 마스크팩 생산에 주력하고 있습니다."라고 강조했다. 이어 장 대표이사는 "제이에셀의 경우 최첨단 장비 설비를 구축하면서도 마스크팩 원단 등을 대량으로 구입하고 생산 효율성을 높이는 등의 방법을 통해 원가 경쟁력을 확보했습니다."라고 덧붙였다.

제이에셀은 2018년 6월 제2공장을 완공하여 총 두개의 공장을 보유하고 있다. 1공장은 마스크팩 파우치 생산 및 자동 충진을 담당하고, 2공장은 마스크 부직포 자동 입수, 멸균, 타공, 슬리팅을 담당하고 있다. 파우치 생산 공정에 있어서, 제이에셀은 생산 현장 입구 마다 인터락을 설치하고 주 단위로 부유입자 및 부유균을 측정하는 등 현장 환경 관리 강화에 힘쓰고 있으며, 정기적인

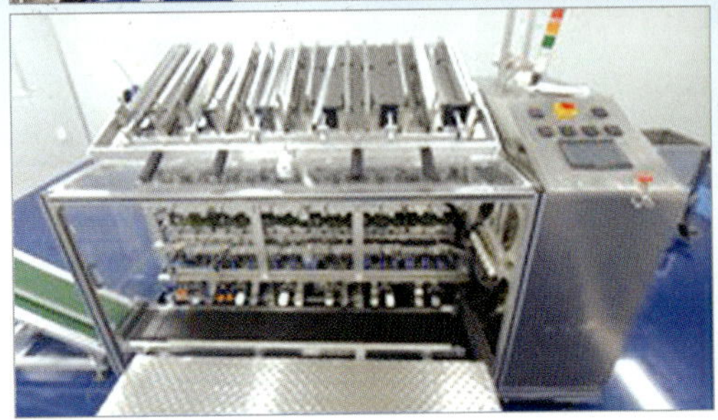

검사 및 순회를 통해 공정 QC와 위주 공정 QC를 강화하여 엄격한 품질 관리 시스템을 유지하고 있다. 또한 제이에셀은 마스크팩 원단 입고에서 포장까지 원스톱 시스템을 완벽히 구축하여 고객사에 제품을 공급하고 있다. 이를 통해 제이에셀은 물류비 부담을 해소하고 제품의 일정한 품질을 유지하고 있다. 이러한 원스톱 시스템은 공정 내 혹은 물류 이동 시에 발생 할 수 있는 오염 및 이물질 검출을 차단하며, 문제가 발생했을 시 빠른 시간 내에 문제의 원인을 찾고 대응하는데 용이하다. 고객사 입장에서는 발주를 통합적으로 진행함으로써 관리 비용 부담을 줄일 수 있다.

▶ 생산설비 및 R&D 현황

공정	도입 설비		대수
파우치	인쇄기	9도 인쇄기	2
파우치	드라이 라미네이팅		3
파우치	톰슨 가공기		10
접지	자동 접지기		12
타공	부직포 타공기		3

공정	도입 설비	대수
충진	반자동 충진기	2
충진	자동 충진기	3

▶ R&D 현황

장비명	용도
상온 배양기	세균 배양 장비
저온 배양기	진균 배양 장비
콜로니 카운터	배양된 균의 개수를 측정하는 장비
배지보관 냉장고	구입한 배지를 보관하는 냉장고 (사용 전 보관)
고양증기 멸균기	고온/고압에서 모든 균을 사멸시키는 장비
부유입자 측정기	청정룸의 부유먼지 등을 측정하는 장비
부유균 측정기 (진균)	청정룸에 존재하는 부유균 및 낙하균을 포집하는 장비 (진균)
부유균 측정기 (세균)	청정룸에 존재하는 부유균 및 낙하균을 포집하는 장비 (세균)
원자 흡광 분석기	원료, 완제품에 포함되어 있는 중금속을 측정하는 장비
가스 크로마토그래피	원료, 완제품 등에 포함되어 있는 잔류 물질을 측정하는 장비 (특정 유기 성분 분석 장비)
액체 크로마토그래피	원료, 완제품에 포함되어 있는 유기 성분 분석 장비
수은 분석기	중금속 중 수은만을 분석 가능한 장비

▶ 기타 설비

장비명	용도
R.T.O (VOCs 처리시설)	화학 공정에서 발생하는 VOC 유기용제 가스, 악취 등을 열소각(산화)시켜 용제 냄새를 탈취하고, 입자가 가진 고유의 열량 및 연소온도를 이용하는 세라믹 축열체를 이용해 95% 이상의 열을 회수. 현장의 온도와 습도를 쾌적하게 유지시킴. 용량 90,000 m3/hr + 18,000 m3/hr

▶ 인증 현황

- ISO 22716
- 기업부설 연구소 인정서
- 화장품 제조업 등록 필증
- CGMP 인증
- ISO 9001
- ISO 14001

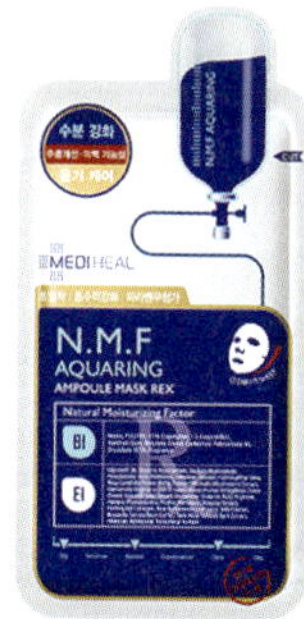

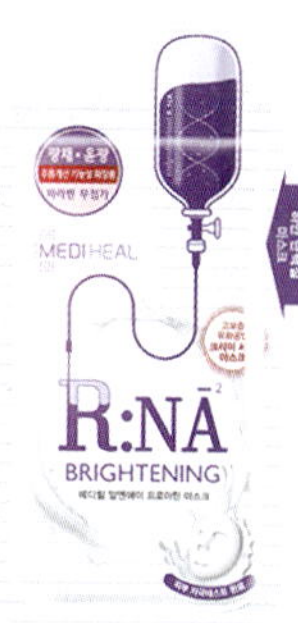

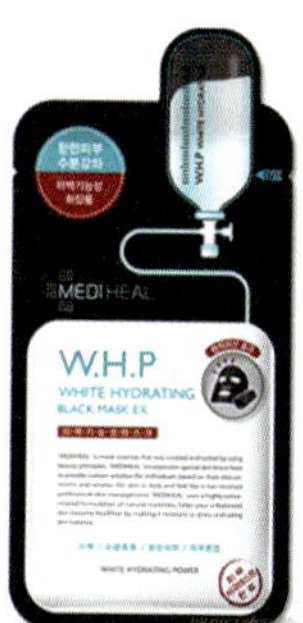

지앤아이코스메틱

회사명	지앤아이코스메틱
대표자	지승용
주 소	경기도 부천시 원미구 길주로444번길 25
대표 연락처	홈페이지: http://www.gnicos.co.kr, 전화: 032) 715-8185, 팩스: 032)-715-8186
사업내용	색조화장품 연구 개발 및 OEM 생산 전문 기업
사업분야	립틴트,립스틱,아이브로우,아이라이너,아이섀도우,컨실러,블러셔

▶ 회사 소개

지앤아이코스메틱은 2016년 설립 이후 성장을 거듭하며 강한 기업으로 자리매김한 색조화장품전문 OEM기업이다. 설립 2년만에 연 매출 2배 성장이라는 괄목할 성과를 이뤄낸 기업으로 탄탄한 기술력과 끊임없는 연구 · 개발로 더 좋은 제품을 만들기 위한 시간적 투자와 자본 투자를 함께 하고 있다.

2019년 10월에는 신사옥으로 확장 이전하여 기존보다 더 다양한 상품군과 많은 수량을 생산 가능하게 되었다. 2021년 8월에는 화장품 시장에서 가장 이슈인 비건 트렌드에 발맞춰 가기 위한 '이브비건'을 획득했다. 12월에는 국내외로의 고품질 제품 생산을 위한 전 공정 CGMP 인증서를 획득, 해외 수출에 더 유리한 경쟁력을 갖추게 되었다. 특히 리퀴드립스틱 및 립스틱 자동충진라인 기계 설비를 구축하여 생산량과 품질 상승에 박차를 가하고 있다.

품질제일주의 경영

지앤아이코스메틱은 다량의 처방보유 및 1개사 1처방 원칙으로 최고의 제품을 추구하고 있다. 혁신적인 제품을 선보이기 위해 연구, 개발, 생산을 전문으로 하고 있으며 이로써 초창기 때보다 매출이 두배 이상 넘어 강세를 보이고 있다.

지앤아이는 국내 유수의 화장품업체 제품을 개발 생산하고 있으며 뛰어난 제품력으로 국내는 물론 해외 시장에서도 각광을 받으며 러브콜이 들어오고 있는 상황이다.

특히 지앤아이는 체계적인 제조 생산 공정과 품질관리 시설을 유지하며 생산에서 납품까지 완벽한 시스템을 구축했다. 모든 원자재의 입고부터 완제품 출고까지 엄격한 관리를 하고 있으며 품질관리시스템으로 제품을 관리, 최상의 품질을 보증하고 있다. 현재 지앤아이는 미국 · 유럽 · 일본 · 중국 · 홍콩 · 대만 및 기타 전세계 여러 국가에 수출을 하고 있으며, 모든 제품은 미국 FTA 및 유럽 화장품 규정과 일본의 품질 요구를 준수하며 최고 품질의 신제품을 생산하기 위해 최선을 다하고 있다. 특히 ISO22716 인증을 받아 국제 우수화장품 제조 및 품질관리 기준인 프로세스와

시설을 갖추고 있으며 국내 시장동향과 트렌드를 파악해 연구, 개발, 생산, 품질관리를 하고 있다.

독보적인 제품력이 경쟁력

지앤아이의 대표 제품은 립스틱, 타투틴트, 아이라이너, 타투브로우, 섀도우 외 포인트 메이크업 제품류로 색조제품을 전문으로 개발 생산하고 있다. 특히 지앤아이 색조화장품은 우수한 제품력으로 뛰어난 경쟁력을 가지고 있다. 또한 국내외 색조화장품의 흐름에 한발 앞서 에어립스틱과 촉촉벨벳틴트 등 지앤아이 독자적으로 개발한 신규상품들은 바로 출시가 될정도로 업체들 사이에서 반응이 뜨겁다.

지앤아이코스메틱은 '지속력', '착색력', '워터프루프' 등 기능에 중점을 두고 혁신적인 신제품 개발에 박차를 가할 것이며 강력한 기술력으로 색조화장품 시장 트렌드를 이끌며 글로벌 기업으로 나아갈 것이다.

지에프테크

회사명	(주)지에프테크
대표자	김호경
주 소	경기도 파주시 오도로 27
대표 연락처	홈페이지: www.gftech.co.kr 전화: 031) 943-2889 팩스: 031) 944-2893

▶ 회사 소개

주식회사 지에프테크는 2004년 출범한 화장품 패키지 전문 기업으로서 화장품 부자재를 그 누구보다 깊고 세심하게 연구해왔다. 로션펌프(Lotion Pump), 미스트스프레이(Mist Sprayer), 트리거스프레이(Trigger Sprayer), 프레스캡(Press Cap), 원터치캡(Flip Top Cap) 등의 플라스틱 펌프에서 출발하여, 기초용기, 색조용기, 진공용기 등으로 아이템을 확장하며 국내외 유수 화장품 제조업체, 화장품 부자재업체, 온라인 유통업체와 함께 하고 있다.

주식회사 지에프테크는 공급제품의 적정 물량을 본사 창고에 상시 확보하고, 중국 현지 공장에도 충분한 부품과 완제품을 구비해 고객사의 대량 오더에도 신속하게 대응하고 있다. 품질에 있어서는 단순히 우수한 품질을 넘어서 일정하고 안정된 품질을 공급하기 위해 다각도의 연구와 개발을 하고 있다. 신규 금형 제작에도 투자를 아끼지 않고 우수한 품질을 유지할 수 있도록 최선을 다하고 있다. 또한 불량 제로를 지향하며 제품 검수와 관리에 최선을 다하고 있으며, 품질 저하 및 불량이 발생할 경우에는 신속하고 즉각적인 조치를 통해 고객사의 마음까지 빈틈없이 지키고 있다.

주식회사 지에프테크는 고객사와 동반성장하는 회사로서 고객사의 성공이 곧 회사의 성공인 회사이다. 단순히 제품을 파는 것에 그치지 않고 그 제품이 고객사의 성공으로 이어질 수 있도록 임직원 모두 책임감 있는 자세로 끝까지 최선을 다하고 있다.

▶ 주요제품

로션펌프(Lotion Pump), 미스트스프레이(Mist Sprayer), 트리거스프레이(Trigger Sprayer), 프레스캡(Press Cap), 원터치캡(Flip Top Cap)

▶ 연혁

- 2004 (주)지에프테크 설립
- 2015 2015년 연납품수량 2천만 개 달성
- 2016 기초화장품 용기 등 제품군 확장
- 2017 연구소 설립
- 2018 ISO 9001 인증, ISO 14001 인증, 기술혁신형 중소기업(Inno-Biz) 인증
경기 파주시 오도동 공장부지 매입
- 2019 경기 파주시 오도동 본사 이전

(주)지엘피코리아

회사명	㈜지엘피코리아
대표자	박세운
주　소	경기도 군포시 농심로 56 (당정동 216-3) 15845
대표 연락처	홈페이지: http://glpkorea.net 전화: 031-227-7970, 팩스: 031-429-7300

▶ 회사 소개

구매 고객의 마음과 니즈를 한번에 충족시킬 수 있는 화장품 용기, 디자인과 품질이 앞선 화장품 용기를 만들겠다는 신념 아래 세워진 ㈜지엘피코리아는 2010년 창업이래 화장품 용기 디자인과 제작에만 정진해 온 용기 전문 기업이다. 세 번의 사세 확장을 통하여 보다 디자인과 내구성이 뛰어난 화장품 용기를 만들 수 있는 기반을 마련하였고, 고객사들에게 보다 좋은 서비스와 제품을 제공하기 위하여 최선을 다하고 있다.

썬과 비비 크림에 특화된 다층 브로우를 시작으로, 기초라인에서 색조에 이르기 까지 다양한 프리몰드를 보유하고, 고객사의 니즈에 꼭 맞는 전문화된 신제품 개발을 주력으로 고객의 신뢰도를 향상시켜오고

있다.

다층브로우 제작에 있어서는 국내 독보적이고 완벽한 노하우를 보유하고 있으며, 최근 생산 설비를 늘려 국내 최대의 생산 시설을 자랑하며, 세계 각 국으로 수출하고 있다. 2014년에 품목별 원산지 인증 수출자 자격을 일찍이 취득하여 FTA 협정 국에 관세 혜택을 제공하므로 수출 가격 경쟁력을 높이고, 2014년에 ISO9001과 ISO14001 인증을 통해 품질과 환경 경영 시스템을 도입하였으며, 2016년 연구개발 전담부서 설립을 통해 신제품 개발에 박차를 가하며 매년 10% 이상 신제품 개발에 투자하고 있다. 2018년에는 용기 업체 최초로 1차 포장재 GMP 인증을 획득하므로 품질을 최우선으로 하는 기업임을 인증 받았다.

지엘피코리아는 그 동안의 축적된 노하우와 기술력으로 빠르게 성장하는 용기 전문 제조 회사로, 고객의 요구를 충족하기 위해 제품과 서비스의 완벽한 품질에 초점을 맞추고 있으며, 제품의 높은 품질을 보장하고 있다.

▶ 인증현황

• 특허 4건 / 디자인등록 30건

▶ 주요 품목

화장품용기,용기디자인,금형개발,사출,후가공,조립,다층브로우

▶ 수출지역

미국, 캐나다, 영국, 이태리, 프랑스, 스위스, 스페인, 대만, 홍콩, 말레이시아외

창성기업

회사명	창성기업
대표자	배창호
주　소	인천광역시 서구 대곡동 26
대표 연락처	홈페이지: www.csbusiness.co.kr 전화: 032) 562-4254, 팩스: 032) 563-5607

▶ 회사 소개

창성기업은 1992년 4월 창업 이래로 꾸준히 성장해 온 플라스틱 전문 제조 업체로 화장품 용기 및 화장품 캡 생산을 중심으로 사업을 전개해 나가고 있다. 플라스틱 용기 및 캡 제품의 다양한 프리몰드를 보유한 창성기업은 홈쇼핑, 인터넷 쇼핑몰 등의 인기 상품 뿐 아니라 오프라인 매장에 창성의 제품들이 다수 진출해 있으며 끊임없는 신제품으로 고객 여러분들의 요청에 부응하고 있다.

창업 초기에는 화장품 이중 캡 및, 다용도 캡 및 기타 플라스틱류의 생산을 주로 해 왔으나, 2007년 화장품 용기 분야에 진출하면서 합리적인 가격과 고객이 요구하는 디자인 및 실용성을 모두 만족시키는 화장품 용기들을 출시해 왔다. 화장품 용기 시장의 주를 이루고 있는 아크릴 용기 및 유리 용기에서 벗어나 가격 및 POLYPROPYLENE 등의 원료로 이중용기를 생산하여 비용절감 뿐 아니라 생산 수량 증대로 인한 고객의 NEEDS를 만족시켜 화장품 업계에서 호평을 받고 있다. 또한 2016년 헤비블로우 용기 생산 분야에 진출해 내구성이 강하고, 합리적인 가격으로 고객이 원하는 용기들을 지속적으로 개발해 나아가고 있다.

▶ 회사연혁

- 1992. 4　창성기업 설립
- 1996. 12　설비 증대로 인한 신축공장 이전(인천 마전동)
- 2004. 5　설비 증대로 인한 신축공장 이전(인천 대곡동)
- 2007. 5　화장품 용기 생산 시작
- 2011. 1　사출 시설 증대 및 품질 강화 원년의 해 선포
- 2011. 6　화장품용 Double Bottle 신제품 개발
- 2016. 9　화장품용 Heavy Blow 신제품 개발

코리아나화장품

회사명	코리아나화장품
대표자	유학수
주 소	본사:경기도 수원시 영동구 센트럴타운로 114-4(이의동 1322-7번지)
대표 연락처	홈페이지: www.coreana.com 전화: 080-022-5013, 031-722-7000

▶ 회사 소개

코리아나 화장품은 지난 1988년 창사 이래 오늘에 이르기까지 'Art through Nature'를 슬로건으로 자연과 환경을 생각하는 행복을 추구하는 기업으로 성장해 왔다.

'고객만족, 정도경영, 명품주의'라는 경영이념을 바탕으로 30여년 동안 꾸준히 성장해온 코리아나 화장품은 송파 기술 연구원, 화장품 공장을 통해 연구개발 및 생산 인프라를 구축하고 있으며, 문화경영 및 사회 공헌활동으로 코리아나 화장박물관, 코

리아나미술관, 식물원 등을 운영하며 친환경 문화, 뷰티 문화의 가치를 공유, 전파하고 있다.

코리아나 화장품은 여성들의 창업, 취업 활성화와 여성 전문직의 사회적 지위 및 역할을 확대한다는 차원에서 고급 피부관리샵 프랜차이즈 '세레니끄'를 운영하고 있으며, 뷰티 전문 인력을 양성하고 있다. 이에 더해 지역주민들을 위한 문화공간 스페이스 씨를 세우고, 코리아나 화장박물관과 코리아나미술관을 운영해 외적인 아름다움뿐만 아니라 정신 고양을 통한 내적 아름다움을 부여하는 등 진정한 아름다움을 추구하는 기업으로써의 역할과 책임을 다하고 있다.

대표 브랜드인 '라비다'를 비롯해 프리미엄 한방 브랜드 '자인', 2030 젊은 층에게 사랑받고 있는 '세니떼', '엔시아' 등을 운영하고 있으며, 2017년에는 뷰티 트렌드에 발맞춘 더마 코스메틱 브랜드 '앰플엔'을, 2019년에는 '프리엔제'를 새롭게 선보였다. 1996년 12월 우수 화장품 제조 및 품질 관리 기준[CGMP] 인증을 획득하였고, 2008년 12월 화장품 업계 최초로 CCM[소비자 중심 경영] 인증을 획득해 고객의 신뢰와 사랑을 받는 고객만족 우수기업, CGMP 적합기업으로써의 성장을 지속하고 있다.

한편, 코리아나 화장품은 디자인 선도경영 기업으로서 산업 발전 및 국가 경쟁력 강화에 기여하고 있다. 지난 2014년 세계 3대 어워드인 'iF 디자인 어워드' 패키징 부문에서 라비다 럭셔리 타임리커버리가 수상하며 글로벌 디자인의 우수성을 인정받기 시작했다. 이어 코리아나의 대표 브랜드

라비다와 자인, 발효녹두 등이 레드닷 어워즈, 펜타워즈를 비롯한 세계 디자인 어워드에서 통상 19번째의 디자인상 수상기록를 달성하며 차별화된 브랜드 전략으로 세계 수준의 디자인 파워를 인정받고 있다. 특히 지난해 디자인진흥원이 주관한 '제 23회 대한민국 디자인대상'에서 '디자인공로 산업포장'을 수상하면서 국내 장업계를 선도하는 기업임을 다시 한 번 입증했다.

▶ 송파기술연구원 소개

창사 이후 지속적인 R&D 투자를 통한 '송파기술연구원' 의 우수한 기술력과 품질력을 바탕으로 470여 개의 국내외 특허 확보와 IR52 장영실상 2회 수상 등 화장품 업계 내 선도적인 연구력을 보여주고 있다.

송파기술연구원은 1995년 설립돼 2005년 5월 생명과학을 중심으로 고객 가치를 증대하고 미래 경쟁력을 확보하는 연구소로 한 단계 발돋움했다. 기존의 화장품 개발에 집중된 연구팀을 생명 과학 연구 체제로 개편해 운영하고 있으며 화장품의 새로운 소재와 제형 개발은 물론, 인체 용품 의 과학 관련 신소재 개발 등 포괄적인 생명과학 분야를 접목해 연구 범위를 확대하고 있다.

특히 산삼 및 시로미 식물줄기세포, 천녀목란, 녹두, 우방자 등의 기능성 천연성분을 활용한 고기능 한방화장품을 개발해 상용화함으로써 국산 한방화장품의 가치를 더욱 빛내고 있다.

▶ 천안공장 및 중국 천진공장 소개

코리아나 화장품 천안공장은 1990년 준공돼 현재 연간 3000만 개의 생산 능력을 갖추고 있다. 1996년 전 생산 부문에 걸쳐 CGMP 인증을 받은데 이어, 1998년 독일 RWTUV로부터 ISO9001 인증을 획득함으로써 업계 최초로 CGMP와 ISO9001을 모두 갖춰 고객만족을 높이는 명품 화장품 생산 기업으로 자리매김했다. 이에 더해 2014년 BUREAU VERITAS로부터 화장품 우수제조관리기준(GMP)인 ISO22716을 인증받음으로써 우수 제조 및 품질관리 능력을 입증했다. 2008년 9월에는 국제 유기농 인증협회 에코서트로부터 국제적인 유기농 화장품 생산기업으로 인증받으며

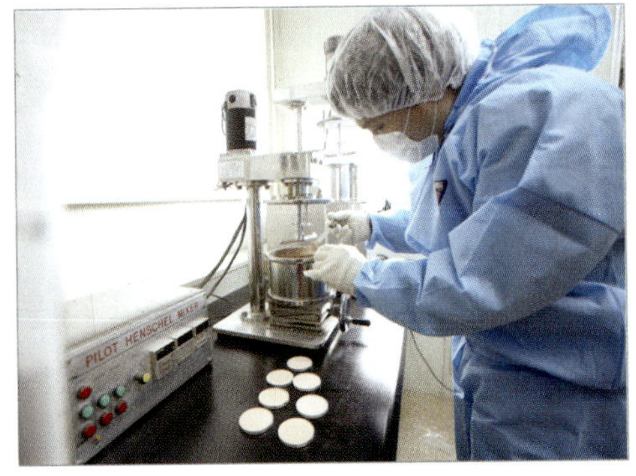

환경, 품질 및 안전에 대한 글로벌 경쟁력을 더욱 높이게 됐다. 또한 2017년 산업통상자원부와 환경부가 주최하는 2017 대한민국 녹색경영 대상에서 국무총리 표창을 수상하는 등 화장품 업계의 대표적인 친환경 녹색기업으로 자리 잡고 있다.

코리아나는 이를 기반으로 중국 진출에 새로운 교두보를 마련하기 위해 2004년 중국 현지 법인인 '코리아나화장품(천진)유한공사'를 설립했다. 이후 혁신적 R&D 기술 기반의 활발한 ODM 사업 전개를 통해 2016년 흑자 전환을 시작으로, 지속적인 성장률을 기록하는 등 한국의 화장품 품질력과 기술력을 과시하고 있으며, 일본을 비롯한 아시아, 중동지역 등에도 화장품 수출을 활발히 전개하고 있다.

(주)코바스

회사명	(주)코바스
대표자	고숙량
주 소	경기도 파주시 신촌로 43(신촌동 723-1)
대표 연락처	홈페이지: www.kovas.co.kr 전화: 031-946-9700 팩스: 031-949-3794

▶회사 소개

(주)코바스는 1998년 설립이래 시트형 코팩 제조를 시작으로 함침형 마스크 팩 뿐만 아니라 피부를 통한 약물전달시스템(TDS) 기술을 도입한 하이드로 젤패치 등을 생산해왔고, 이를 바탕으로 유럽을 중심으로 세계 30여개국에 수출을 하고 있는 코스메슈티컬 화장품 전문제조 업체다. 또한, 연구개발 전문부서인 '코바스 피부과학연구소'를 통하여 지속적인 개발과 투자를 통해 OEM/ODM고객사들의 니즈(Need's)를 보다 능동적이고 유연하게 대응 할 수 있는 장점을 가지고 있다.

ISO 22716(International Cosmetic GMP), ISO 14001 환경경영 시스템인증 획득 및 코스메슈티컬 패치 전문 업체 최초로

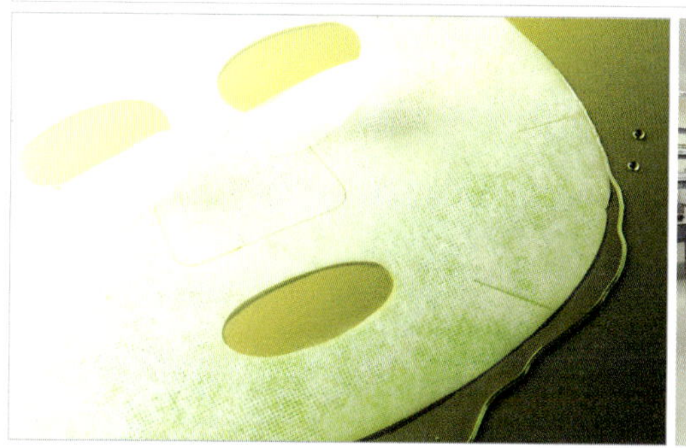

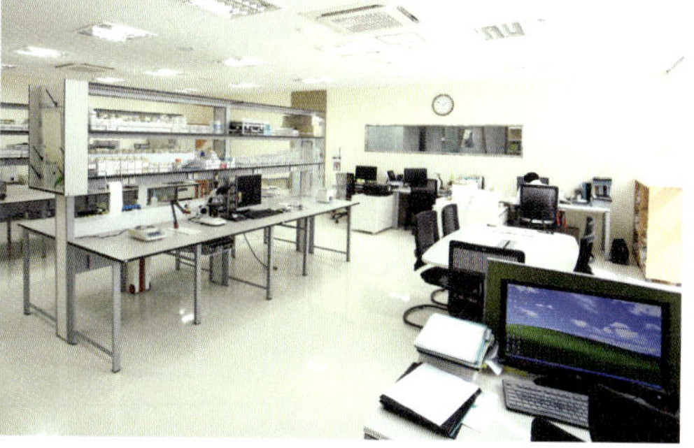

CGMP적합업체 지정을 받았으며 이를 바탕으로 코바스의 기술력과 노하우는 국내외에서 크게 인정받고 있다.

OEM/ODM 전문 제조업체로의 기술력을 바탕으로 런칭된 자체 브랜드 세뚜아(Cettua)는 10년이 넘도록 브랜드 가치를 유지하며 러시아, 터키, 그리스 등의 유럽을 포함해 남미, 아프리카에 이르기까지 약 20여 개국에서 사랑받는 글로벌 브랜드로 성장하게 됐다.

끊임없는 연구개발로 세계 글로벌 기업들과의 파트너쉽을 유지하고 있는 코바스는 고부가가치형 코스메슈티컬 제품을 생산하여 세계시장을 선도하는 마켓리더로서의 책임을 다하고 있다.

▶생산품목

- 시트마스크
- 워시오프/필오프 액상 마스크
- 코팩
- 카타플라스마 타입 TDS 하이드로겔 패치
- 플라스타 타입 Acne패치

• 화장용 클렌징 티슈
• 미용 기름종이

▶ 인증현황

• ISO 22716 인증
• ISO 14001 인증
• 기술혁신형 중소기업(Inno-Biz) 인증
• 우수화장품제조및품질관리기준적합업소지정 (GMP인증)
• 중소기업 녹색경영 등급 확인
• 유망 중소기업 선정
• 일하기 좋은 으뜸기업 선정

▶ 회사 연혁

• 1998. (주)코바스 설립
• 1999. 코팩제품 유럽수출
• 2001. 자사브랜드 세뚜아(Cettua) 출시
  TDS시스템을 적용한 하이드로겔 패치 출시
• 2003. 파주 검산동 GMP 신축공장 이전, R&D Lab. 개설
• 2004. ISO 9001/14001 인증
• 2006. CGMP 인증(우수화장품 제조시설)
• 2007. 3백만불 수출탑 수상
• 2008. 유럽 수출증진을 위한 7개 화학물질 REACH 등록
• 2009. 5백만불 수출탑 수상
• 2012. 파주 신촌동 신축공장 이전, ISO 22716 인증
• 2013. 여성경제인의날 국무총리상 수상, 파주시 아름다운 건축물 동상 수상
• 2014. 식품의약품안전처 우수화장품 제조 및
  품질 관리기준 적합업소 지정(GMP인증), IFS-HPC 인증
• 2016. 1천만불 수출탑 수상
• 2017. 파주 신촌동 제2공장 완공
• 2018. 2천만불 수출탑 수상
• 2019. 본사 확장 증축 및 C&D Lab실 구축
• 2020. 산업통상자원부장관 표창장 수상, 고용노동부장관 표창 수상

코스맥스(주)

회사명	코스맥스
대표자	이병만, 심상배
본사주소	경기도 화성시 향남읍 제약공단 2길 46
공장주소	경기도 화성시 향남읍 제약공단 2길 46
마케팅본부 및 R&I 센터	경기도 성남시 분당구 판교로 255 판교이노밸리 E동, F동
해외 지사	코스맥스차이나, 코스맥스광저우, 코스맥스USA, 누월드뷰티, 코스맥스인도네시아, 코스맥스타일랜드, 코스맥스재팬
대표 연락처	홈페이지: www.cosmax.com 본사 대표 전화: 031-789-3000

▶ 세계 1위 화장품 연구 · 개발 · 생산(ODM) 기업

코스맥스는 세계 1위 화장품 연구 · 개발 · 생산(ODM) 기업이다. 코스맥스가 한국, 중국, 미국, 인도네시아, 태국 등에서 생산 가능한 화장품의 총 수량은 연간 약 20억 개. 전 세계 70억 인구 가운데 3명 중 1명이 사용할 수 있는 수량이다.

코스맥스는 로레알그룹, 에스티로더, 존슨앤드존슨을 비롯해 전 세계 600여 개 브랜드에 화장품을 개발해서 공급하고 있다. 화장품 산업의 본고장이라 할 수 있는 미국, 프랑스, 일본을 포함해 약 100여 개국에 수출을 진행하며 K-뷰티 세계화의 교두보 역할을 맡고 있다.

코스맥스 1공장

▶ 온라인 채널 공략 강화…'새로운 공간을 선도하자'

코스맥스그룹은 고객 중심의 디지털 혁신을 위해 내부 관리체계 강화, 온라인 사업 확대를 중점적으로 추진 중이다.

코로나19 확산으로 언택트(Untact) 트렌드가 '뉴노멀'로 자리 잡으면서 뷰티 시장도 온라인을 중심으로 재편됐다. 포스트 코로나 시대에 급격한 변화가 이어질 것으로 전망되는 만큼, 온라인 채널 공략에 더욱 집중하겠다는 포석이다.

코스맥스는 국내외 온라인 신규 고객사를 지속적으로 발굴하고 영업을 강화하고 있다. 이와 함께 온라인 뷰티 브랜드에 최적화된 패키지와 용기 디자인을 확보하고 온라인 채널 맞춤형 제품을 연 100건 이상 개발해 고객사 만족도를 높이기로 했다.

코스맥스는 장기적으로 AI 플랫폼을 활용한 비즈니스 모델을 구축해 소비자에게 새로운 경험을 제공한다는 청사진을 제시했다. 이를 전담 추진할 디지털 사업본부를 신설하고 융합 · IT 전문 인재 영입에 집중하고 있다.

코스맥스는 소비자 경험 중심의 시장으로 급변하는 추세를 반영해 디지털 사업본부를 맞춤형 화장품까지 대응 가능한 조직으로 성장시킬 예정이다. 4차 산업혁명 시대의 새로운 생태계를 조성하기 위해 화장품 개발 과정을 디지털로 연결하고, 글로벌 고객사는 물론 화장품 개발에 관심을 보이고 있는 수많은 1인 인플루언서(Influencer)까지 맞춤형 'End-to-End' 플랫폼을 구축하는 것이 목표다.

더불어 코스맥스가 지난 30년 동안 축적해 온 화장품 연구 · 개발 노하우와 AI 기술을 접목한다. 세분화된 소비자를 대상으로

코스맥스차이나

최적의 상품을 빠른 속도로 개발하고 디지털 기술로 맞춤형 화장품까지 대응 가능한 생산 체계를 만든다는 복안이다.

코스맥스 관계자는 "디지털사업본부를 중심으로 포스트 코로나 시대에 AI와 빅데이터 등 ICT 기술을 활용한 혁신을 기대하고 있다"고 말하며 "이를 통해 글로벌 시장에서 경쟁력을 확보할 것"이라고 설명했다.

▶ 오픈 이노베이션으로 초격차 실현

코스맥스는 연구개발(R&D) 역량을 한층 강화하기 위해 외부와의 협업으로 혁신적인 아이디어를 창출하는 오픈 이노베이션을 적극 도입하고 있다. 차별화된 기술 격차를 실현해 코스맥스 R&I센터를 세계 최고 수준의 연구 조직으로 성장시킨다는 계획이다.

코스맥스는 지난 2019년부터 국립 서울대학교와 이종 산업 간의 융합 연구, 차세대 소재 기술 개발을 함께 진행하고 있다. 코스맥스 연구진과 서울대학교 산하 소프트 파운드리(SOFT Foundry)는 ▲3D 인공피부 ▲생체 친화형 고분자 신소재 ▲인체 유사 단백질 생성 등 10여 가지의 혁신 과제를 수행 중이다.

코스맥스는 외부 연구기관뿐 아니라 고객사와 협력사, 이종사업 분야에 이르기까지 폭 넓게 협업 기회를 모색해 글로벌 시

코스맥스광저우

누월드

장을 선도할 수 있는 초격차 기술을 확보할 예정이다.

코스맥스는 오픈이노베이션을 통해 세계 최초로 스킨 마이크로바이옴(Microbiome)과 피부 노화의 상관 관계를 입증하고 마이크로바이옴 안티에이징 화장품을 선보인데 이어 올해 2세대 스킨 마이크로바이옴까지 발견했다. 그동안 연구를 통해 집약된 마이크로바이옴 기술력을 활용해 세계 최초로 천연 유화 시스템까지 개발했다. 코스맥스는 마이크로바이옴 기술력을 인정받아 지난해 '제56회 발명의 날' 기념식에서 대통령 표창을 수상한 바 있다.

▶ 원 코스맥스(ONE COSMAX) 밸류 체인 강화

코스맥스는 중국, 미국, 태국, 인도네시아 등 진출 국가에서 마켓 센싱(Market Sensing) 역량을 강화해 한 단계 진화한 현지화 전략을 적용한다.

이를 위해 코스맥스는 전자상거래가 폭발적으로 성장하고 있는 중국에서 온라인 마케팅을 집중적으로 강화하고 있다. 지난 2020년부터 '코로나 19' 상황에서 온라인 시장을 중심으로 다품종 소량 생산 시스템을 전격 시행 중이다. 중국 시장의 색조 화장품 수요 회복에 힘입어 성장세를 이어갈 것으로 예상된다.

코스맥스타일랜드

미국 시장에서는 손 소독제와 핸드 워시 제품을 비롯한 위생용품 비중을 늘려 코로나19 확산에 대응해 생산 품목을 다양화했다. 또 헤어&바디, 더마 코스메틱 등 포스트 코로나 트렌드에 맞는 제품을 중심으로 신제형 개발에 집중할 계획이다.

코스맥스인도네시아

코스맥스는 동남아 각국 시장 특성과 소비자 분석에 대한 심도 깊은 연구를 바탕으로 한 단계 진화한 현지화 전략을 구사할 예정이다.

태국에서는 소비자 선호도가 높은 소포장 파우치 제품을 선보여 호응을 얻고 있으며, 인도네시아에서는 천연 화장품에 대한 관심이 높아지는 추세에 맞춰 EVE 비건 화장품 인증을 획득했다. 코스맥스인도네시아가 보유하고 있는 할랄 인증과 함께 고객 맞춤형 화장품 개발에 활용할 예정이다.

한편, 코스맥스는 해외 법인을 아우르는 관리 체계를 도입해 원 코스맥스(ONE COSMAX) 시스템을 더욱 강화한다. 중국, 미국, 태국, 인도네시아 등 해외 법인을 하나로 원료 공급부터 개발, 생산에 이르는 밸류 체인(value chain)을 확대하고 효율성을 극대화할 계획이다.

아울러 올해 코스맥스 재팬을 설립해 신시장 개척에 나선다. 코스맥스 재팬은 현재 일본 도쿄 외곽에 공장 설립을 추진 중이며, 오는 2025년 가동에 나설 계획이다.

▶회사 연혁

- 1992. 한국 미로토 설립
- 1994. 코스맥스로 상호 변경
- 1997. 화성 제1공장 준공
- 1999. CGMP 인증
- 2000. 화성 제2공장 준공, 중앙연구소 증축, ISO 9001 인증
- 2002. 기능성 화장품 용기개발 벤처기업 '씨디알(現 쓰리애플즈코스메틱스)' 인수
  코스닥 시장 상장
- 2004. 화성 제3공장 준공(파우더 전용 공장)
  코스맥스상하이 유한공사 설립(現 코스맥스차이나)
- 2006. 유가증권시장 이전 상장
- 2007. 건강기능식품 ODM 기업 일진제약(現 코스맥스바이오) 인수
  OHSAS 18001 인증
- 2008. 중국 상하이 신공장 가동 개시(1공장 : 기초, 색조), ECOCERT 인증
- 2011. 코스맥스광저우 유한공사 신공장 착공, 판교 사옥 이전
- 2012. 로레알그룹 월드와이드 서플라이어로 선정(국내 유일)
  코스맥스인도네시아 법인 설립, ISO 22716 인증
- 2013. 코스맥스인도네시아 가동, 코스맥스USA 설립, 월드클래스300 기업 선정
- 2014. 뉴트리바이오텍(現 코스맥스엔비티) 인수
  지주회사체제 변경(코스맥스BTI, 코스맥스)
- 2015. 코스맥스USA 본격 가동, 5,000만 불 수출의 탑 수상
  코스맥스엔비티 코스닥 상장, 미국 FDA OTC 인증
- 2016. 세계 3대 할랄 인증 'MUI' 획득, Health Canada OTC 인증
  1억 불 수출의 탑 수상
- 2017. 코스맥스타일랜드 법인 설립, 미국 누월드 인수
- 2018. 코스맥스타일랜드 가동, EVE 비건 인증
- 2020. 서울대-코스맥스 TIC(Technology Incubation Center) 설립
  화협옹주 화장품 재현 프로젝트 진행
- 2021. 업계 최초 ESG A등급 획득, 코스맥스차이나 월간 생산량 5000만개 돌파
- 2022. 2세대 스킨마이크로바이옴 발견, 세계 최초 천연 유화 시스템 개발

(주)코스메카코리아

회사명	(주)코스메카코리아
대표자	조임래, 박은희
해외지사	본사 및 공장: 충청북도 음성군 대소면 대금로 196번길 17-9, 17-12 기술연구원: 경기도 성남시 분당구 판교로 331 ABN타워 6층 / 판교로 323 벤처포럼벤처타워 6층 마케팅/경영기획: 경기도 성남시 분당구 판교로 332 벤처포럼벤처타워 7층
	중국: 코스메카차이나(절강성 평호시), 코스메카쑤저우(강소성 소주시), 미국: 잉글우드랩(뉴저지)
대표 연락처	홈페이지: www.cosmecca.com 본사 043)535-7161, 기술연구원 031)784-6400, 마케팅 031)784-6500

코스메카코리아는 화장품(Cosmetic)의 메카(Mecca)가 되겠다는 목표를 바탕으로 설립된 대한민국 대표 화장품 연구개발 및 제조생산 기업이다. 코스메카코리아의 목표는 언제나 새로운 기법과 소재를 창출하여 전세계적으로 누구도 따라 할 수 없는 독자 제품을 개발하는 것으로, 전세계 소비자 니즈에 부합하는 제품 연구개발에 만전을 기하고 있다.

▶ ESG 경영으로 기업가치 높인다

코스메카코리아는 2021년 5월 창립기념식에서 공존과 지속

가능한 미래를 위한 'ESG 경영'을 선포하였으며 2022년을 ESG 경영 추진의 원년으로 삼아 본격적인 활동을 추진하고 있다.

회사는 최근 화장품 업계의 새로운 패러다임으로 자리 잡고 있는 클린뷰티에 발맞춰 친환경 패키징을 개발 중이다. 친환경 포장재로는 PCR(재생플라스틱)과 코코넛, 옥수수, 종이 등이 있다. 이를 활용해 개발한 제품은 메이크업인 파리와 코스모프로프 라스베가스 전시회에 소개해 전세계 고객들에게 호평을 받았다. 이외에도 동물용 의약외품 제조 허가 및 프랑스 이브 비건 인증, 천연화장품 인증을 획득해 앞으로도 다양한 분야의 생분해 패키징 개발을 확대해 나갈 방침이다. 올해는 지속가능 포장재 50품목 개발을 목표로 하고 있다.

또한, 사회적 가치를 실천하기 위해 일자리 창출과 사회공헌 활동에도 적극적으로 나서고 있다. 최근 아주대학교, 성신여자대학교, 충청대학교와 우수인재 양성 및 지역사회 발전을 위한 업무협약을 체결하였고, 취업연계 장학금 지원 및 인턴십 프로그램을 운영할 계획이다. 지난 6월에는 새미실 지역아동센터에 빵과 우유, 그리고 자체 생산한 손소독제, 썬크림 등을 기부했으며, 창립 22주년 기념 행사로 임직원들과 한국마라톤협회 주관의 '소아암 환우 돕기 마라톤 대회'에 참여해 참가비 전액을 환우들에게 기증했다.

한편, 안전보건 강화에도 다각적인 노력을 기울이고 있다. 2022년부터 중대재해처벌법이 시행됨에 따라 보건안전 전담부서

를 신설하고 기업 안전보건관리체계를 구축했다. 또, 근로자의 안전한 업무환경 조성을 위한 산업안전보건위원회를 운영해 주기적으로 근로자의 의견을 청취하고 현장 점검 및 보완을 진행하고 있다. 회사는 안전관리감독에 대한 성과로 안전보건경영시스템 국제표준규격인 'ISO45001' 인증을 획득하였다.

▶ 명맥을 이어가는 정통 화장품 연구개발 능력

코스메카코리아의 경쟁력과 자부심은 정통 화장품연구개발 전문기업으로 성장해온 코스메카코리아의 R&D 노하우와 역량에서 기인한다. 2001년 기업 부설 연구소로 인가를 받은 코스메카코리아 기술연구원은 2007년 첨단 신소재 개발 연구소를 거쳐 2013년 CIR센터로 성장했다.

Creative Innovation Research & Development라는 CIR센터의 의미와 같이 창의적인 R&D 혁신은 코스메카코리아가 지향하는 최고 가치이며, 이를 위해 과감한 R&D 투자를 단행하고 있다. 지속적인 투자를 통해 글로벌 메가 히트 상품 개발과 정보 혁신화를 최우선 과제로 한 선진 연구 인프라를 구축하는 데 매진하고 있다. 또 우수 석학들의 R&D 역량 제고를 위한 아낌없는 지원을 통해 글로벌 시장에서 인정받는 연구개발 능력의 선진화를 이뤄내고 있다.

코스메카코리아는 1997년 국내 최초 3중 기능성 BB크림을 개발하여 국내외 BB크림 열풍을 선도했으며 올해 2월 국내 ODM 제조사 중 최초로 '피부장벽의 기능

을 회복하여 가려움 등의 개선에 도움을 주는 화장품' 심사를 완료하였다. 짧은 호흡으로 창업과 폐업이 이루어지는 화장품 업계에서 20년 넘도록 성장할 수 있었던 원동력은 철저한 R&D투자를 통한 원천기술 확보에 있다.

▶ 코스메카코리아만의 디지털 혁신 가속화

코스메카코리아는 음성군에 메이크업 제품에 특화된 '뷰티 1사업장'과 스킨케어 제품을 집중 생산하고 있는 '뷰티 2사업장'을 가동 중에 있다. 2018년 오픈한 '뷰티 2사업장'은 코스메카코리아만의 CPS (Cosmecca Production System)를 기반으로 업계에서 가장 혁신적인 시스템과 생산설비를 도입한 스마트 팩토리이다. 자동화 생산 설비와 AGV(Automated Guided Vehicle)를 이용한 무인물류운반 시스템 등을 통해 생산성과 품질, 고객만족도를 향상시키는 시스템을 운영하고 있다.

코스메카코리아의 생산 자원은 부자재 입하부터 출하까지 고도화된 스마트 전사자원관리(ERP)시스템과 생산시점관리(POP)시스템에 의해 통합 관리되고, 생산현장에서 발생하는 각종 데이터는 표준화

된 제조실행시스템(MES)에 따라 운영되어 최상의 원가 경쟁력과 납기 대응률을 보이고 있다.

최근에는 급변하는 화장품 업계와 고객사의 요구사항에 대응하기 위해 인공지능을 기반으로 한 디지털 혁신을 가속화하고 있다. 초 단위로 데이터를 저장하고, 빅데이터 분석을 통해 공정별 최적의 설정값으로 작업이 이루어질 수 있는 시스템을 구축하였다. 이를 통해 제조사의 핵심 가치라고 할 수 있는 '품질'과 '납기' 준수를 통해 최우선적으로 고객 만족을 이어나갈 방침이다.

▶ 시너지를 통해 글로벌 기업으로 나아가다

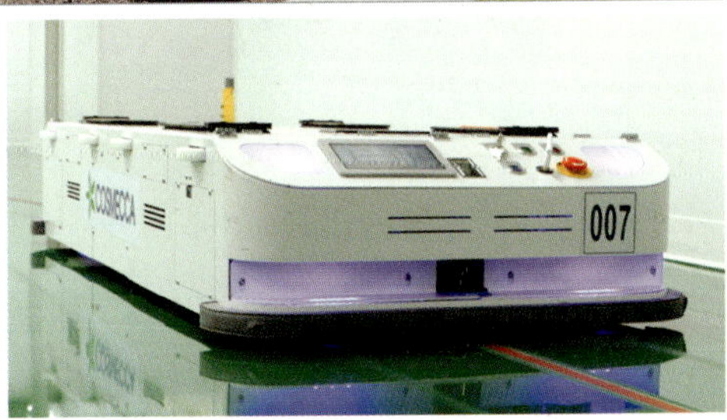

코스메카코리아는 미국 및 중국법인과의 지속적인 협업과 교류를 통해 R&D와 제조생산 분야에서 글로벌 시너지를 발휘하고 있다. 특히, R&D 중심의 회사로서의 입지를 공고히 하고 '글로벌 품질 경영 내실화'라는 진취적인 전략을 실행해 나가, 지속적인 실적 성장 및 운영 내실화를 이룩할 방침이다.

미국법인인 잉글우드랩은 미국 온라인 고객사 개척을 통해 사업을 지속적으로 확

장해 나가고 있다. 온라인 고객사는 마케팅에 역량을 집중하기에 미국식품의약국(FDA) 화장품법 및 OTC(Over-the-Counter) 규정 준수에 어려움을 겪는다. 이에 잉글우드랩은 자체연구소 및 규제 검수팀을 운영하여 마케팅 컴플라이언스에 대응하고 있다. 잉글우드랩은 선진화된 기술력과 우수한 품질관리 능력을 바탕으로 미국 고객사 및 품목수(SKU)를 다양화할 방침이다.

중국법인의 주요 생산기지인 코스메카차이나는 중국 로컬 고객 만족을 위한 QCDS(Quality, Cost, Delivery, Service)를 강화하고 있다. 주요 고객사들이 위치한 상해로부터 가까운 지리적 이점을 활용하여 꾸준하게 증가하는 중국 로컬 브랜드를 신속하게 발굴하고 있다. 저장성에 위치한 평후 공장은 연면적 4만 833m2 규모로 연간 생산능력은 1.67억 개가 넘는다. 코스메카차이나의 평후 공장은 공장 설계단계부터 한국법인과 한국법인과 동일하게 코스메카코리아만의 고유의 생산 노하우인 CPS(Cosmecca Production System)를 적용한 제조부터 납품까지 토털 서비스가 가능한 스마트 팩토리이다.

코이엠화장품

회사명	코이엠화장품
대표자	김정기
주 소	충청북도 제천시 제2바이오밸리로 46(왕암동)
대표 연락처	전화: 043-651-1088

▶ 회사 소개

모델링 마스크팩 제조 선두주자 코이엠화장품은 2002년 1차 화장품 브랜드 상품 OEM 출시를 시작으로 2003년 2차 OEM 마스크팩 생산, 3차 클렌징 라인 및 팩류 OEM 생산을 시작했다. 2008년 기능성 화장품 허가를 득하고 OEM 및 ODM 시스템을 도입하였으며 2013년 기초 및 종합화장품 라인을 증축하였다.

2015년 이후부터 모델링팩 라인을 개발, OEM 생산하여 중국 및 해외 수출을 시작으로 마스크팩 제조 공장의 입지를 다져오고 있으며 주요생산품목인 스킨케어와 마스크팩류를 집중 개발하면서 다양한 OEM 생산을 진행해오고 있다. ISO9001 및 ISO14001, ISO22716 등을 획득하고 코이엠 화장품의 자사 브랜드 'BONAK', 'COONY'를 상표 등록하여 현재 일본, 중국, 말레이시아, 아르헨티나 등 많은 국가에서 마스크팩 및 기초제품을 수출하고 있다. 또한, 로봇 신설라인을 구축하여 기술력과 생산력을 높였다.

또한 파트너들이 트렌드에 맞는 디자인과 온라인 SNS / 인플루언서 마케팅을 활용 할 수 있게 코이엠 인하우스 디자이너와 마케팅팀이 브랜딩 제품 컨설팅도 진행 중이다. 특히 여러 해외 브랜드들과 협업하여 수출에 박차를 가하고 있다.

최근 코이엠 자사 스킨케어 브랜드 보나크에서는 시그니쳐 제품 마스크팩과 클렌저에 이어 '투윅스 래쉬세럼'을 런칭하여 속눈썹과 브로우뿐만 아니라 헤어라인까지 케어해 줄 수 있는 속눈썹 영양제를 출시하였다.

▶ 주요생산품목

1. 기능성제품 류

–피부미백, 주름개선 등

2. 모델링팩 류

3. 마스크팩 류

–시트마스크, 워시오프, 필오프 등

4. 기초화장품 류

–클렌징, 스킨, 에멀전, 에센스, 세럼, 앰플, 크림, 2중 발효화장품 등

5. 바디케어

–샴푸, 컨디셔너, 바디워시, 로션, 래쉬세럼

▶ 인증 · 특허보유현황

ISO9001, ISO14001, ISO22716 인증

(주)콧데

회사명	(주)콧데
대표자	장동일,이현숙
주 소	천안본사 및 기능성화장품공장 – 충청남도 천안시 동남구 수신면 우각골길 19-3 천연유기농화장품공장 – 제주도 제주시 구좌읍 일주동로 2708-28 의약외품공장 – 충청남도 천안시 동남구 성남면 5산단2로 8 중앙연구소 – 충청남도 천안시 동남구 수신면 우각골길 19-17 이노베이션랩 – 서울시 송파구 송파대로 167, B동1313호
대표 연락처	홈페이지: www.cotde.co.kr 전화: 041) 587-1375, 팩스: 041) 587-1376

▶ 회사 소개

(주)콧데는 서울대 미생물학과 학부 및 대학원에서 쌓은 미생물관련 전문지식, 아모레퍼시픽 피부연구팀과 미국보스톤대학 피부과에서 쌓은 피부관련 전문지식을 기반으로 하여 기능성화장품 전문성을 핵심 경쟁력으로 갖는 화장품회사를 만들겠다는 비전으로 장동일 대표가 국내최고의 25명 피부과의사를 설득하여 참여시켜 2000년 설립한 피부 트러블 개선전문 세계적인 코스메슈티컬 제조사이다.

설립이후 지난 20여년간 연구개발과 품질관리에 집중적인 투자와 노력을 통하여, 현재는 피부트러블을 분자생물학적으로 정의하여 작용기작을 이해하고 확인하여 안전하고 효능있는 약용 기능 화장품 설계하

는 기술을 확보하고 이를 글로벌 스탠다드 수준으로 개발,제조, 품질관리 하는 코스메슈티컬 전문기업으로 성장했다. 또 해외 매출비중이 70%이상을 상회하는 글로벌 코스메슈티컬 전문회사로 자리매김했다.

피부노화, 피부장벽, 피부모공,피지,여드름, 피부색소, 피부주름과탄력, 피부마이크로바이옴 등과 같은 피부구조와 기능에 관련된 '피부와 기능성화장품' 연구를 통해 30여건의 해외 및 국내 관련특허를 보유하고 특허기술에 기반을 둔 효과 좋은 기능성화장품을 개발해 국내외 피부트러블 관련 전문 브랜드 제품을 제공해오고 있다.

콧데의 기능성화장품공장은 천안 수신면에 1만m^2의 부지에 월 100만개이상의 화장품을 생산할 수 있는 국제수준 GMP(ISO 22716)와 국내식약처 GMP인증의 화장품 공장으로 해외수출중심의 기능성화장품을 생산하고 있다.

제주도 구좌읍 용암해수산업단지에 위치한 천연유기농화장품공장은 오염되지않은 깨끗한 심층해수와 "청정자연의 유기농섬"에서 생산된 천연재료를 활용하여 천연유기농화장품만을 전문적으로 생산하는 월 50만개이상의 화장품 생산규모를 갖는 공장이다.

2022년에 새롭게 준공한 의약외품전문 공장은 천안 성남면에 1만여m^2의 부지에 월 1000만개이상의 의약외품을 생산할 수 있는 국내 최대수준의 규모를 갖추고, 콧데

는 가장 자신 있다고 판단되는 경쟁력요소인 '항염증'과 '항균' 연구개발력을 활용하여 기능성치약과 기능성가글시장에서 코로나이후에 새롭게 부각되는 구강건강 분야에서 글로벌 강자가 되기 위한 새로운 도전을 시작하였다.

콧데의 기업부설연구소는 천안의 중앙연구소에서 미생물 및 항염증관련 바이오연구를 주로 하고 제주도 용암해수 산업단지의 유기농 천연소재연구소에서 독특한 천연 바이오 소재를 발굴하고 있으며 서울의 이노베이션랩에서는 새롭고 혁신적인 제형과 융복합제품을 개발하고 있다.

▶ 글로벌 경쟁을 준비하는 탄탄함

△해외에 집중하여 높은 수출비중 △효능이 차별화된 OEM 생산 비즈니스 모델 △글로벌 인터넷 마케팅 등의 전략으로 글로벌시장하에서 중소기업으로 생존하는데 많은 노력을 기울이고 있다.

일본법인인 콧데재팬, 중국법인 상해씨라클, 싱가폴법인 콧데싱가폴을 일찍이 설립하여 운영하면서 글로벌 경쟁력을 성실하게 쌓아온 콧데는 한국, 중국, 일본, 아시아 고객의 제품사용 콘텐츠를 활용하고 국제적으로 다양한 규제 정보를 공유활용하여 고객사가 요구하는 품질뿐만 아니라 글로벌 마케팅과 영업에 대한 서비스를 강화해가고 있다. 기술개발을 통한 강한 상품창출에 집중하면서 '효능과 기능 중심의 OEM 제조상품'을 빠르게 변화발전하는 해외시장의 고객사가 요구하는 것에 맞춰서 발 빠르게 준비한 서비스 하는 것에 비중을 모으고 있다.

특히 클린뷰티와 착한상품을 추구하는 변화에 맞춰 제주도 용암해수단지에 제주도 천연-유기농 화장품만을 생산하는 전문공장을 세팅하였으며, 코로나 이후 글로벌하게 성장하고 있는 구강전문케어 부분에서 경쟁력을 확보하기 위해 구강전문의 의약외품 공장을 대규모의 글로벌 스탠다드 시설로 세팅하여 기능성화장품전문공장과 함께 변해가는 시대를 준비하고 있다.

▶ 특허 및 인증 현황

-장기간 안정적으로 비타민씨를 적용할 수 있는 화장품 조성물, 제10-0819173호 외 항염,항균,항바이러스,항여드름,미백,주름,노화관련 국내특허 26건 등록

-SKIN WHITENING COMPOSITION CONTAINING ARBUTIN AND GLUCOSIDASE AS A ACTIVE INGREDIENTS, ZL 01820075.3 일본 외 해외특허 등록 5건

– ISO22716, 한국식약처CGMP, 천연유기농COSMOS ,할랄,비건 화장품 인증시설 운영

▶ 주력 생산제품 현황

- 단백질 안정화 제형기술을 기반으로 하는 발효,효소화장품
- 불안정한 비타민을 안정하게 제형화하는 기술을 통한 비타민화장품
- COSMOS유기농인증 제형화 노하우와 기술을 활용한 천연유기농화장품
- 식물성원료만으로 구성하는 비건화장품
- 할랄인증 화장품
- 미생물 기술을 활용한 무방부 및 저방부 화장품
- 바이오효능성분 발굴선정및 제형화 기술을 통한 코스메슈티컬전문화장품
- 파우더 분산기술을 적용한 고기능성 스킨케어제품
- 항균및 항염기능이 강화된 기능성치약과 구강청정가글

태양생활건강

회사명	(주)태양생활건강
대표자	한상철
주 소	경기도 고양시 덕양구 내유길 124번길 4-1(내유동)
대표 연락처	홈페이지 : www.taeyanglh.co.kr 전화 : 031-964-0085

[회사소개]

주식회사 태양생활건강은 1990년 설립한 제품기획, 설계 및 유통 전문기업으로 화장품, 의약외품, 의료기기, 건강기능식품, 생활용품 등의 상품을 OEM 방식으로 제조하여 약국, 면세점, 편의점, 다이소, 대형마트, 온라인몰 등을 통해 유통하고 있습니다.

해외진출을 위한 사업의 시작으로 2016년 3월 중국 청도와 위해에 지사를 설립하였으며, 2017년 12월 베트남 호치민시에 지사를 설립하였습니다. 현재 미국, 중국, 호주, 몽골, 베트남, 미얀마, 카자흐스탄, 필리핀, 키르키즈스탄 등 여러나라에 수출을 하고 있으며, 축적된 기술력과 서비스를 바탕으로 글로벌 기업으로 성장하기 위하여 연구와 개발에 지속적인 투자와 노력을 하고 있습니다.

우리 임직원 모두는 국민의 건강과 국민건강 보건사업증진에 이바지 하고, 고객을 위해 최고의 서비스를 제공할 수 있도록 최선을 다하겠습니다.

[영업마케팅 전략 및 해외 활동 현황]

EWG-GREEN GRADE의 안전한 성분으로 H&B스토어 중심의 영업과 뽀로로, 핑크퐁, 포켓몬 등 정식 캐릭터 라이센스를 통한 마케팅을 진행중이며, 해외에서는 중국내 위해, 청도 지사와 베트남 호치민지사를 통한 현지마케팅을 진행 중.

[R&D 현황 및 향 후 비젼]

연구개발전담부서 운영, 지속적인 R&D 투자 및 해외시장에서 현지 소비자 NEEDS를 반영한 상품화를 적극적으로 전개하여 해외 중심의 사업영역 확장 전개

[신규사업]

당사는 2022년부터 신규사업으로 네일팁 브랜드 '옹글' 제품을 런칭. CJ홈쇼핑 방송을 시작으로 올리브영, 코스트코, 홈플러스 등에 입점 예정. '에바포비엘'과 전속모델 계약 체결 후 다양한 마케팅 활동을 전개하고 있습니다.

Ongle

손가락 끝까지 딱 맞는 핏 —— 옹글

옹글 프리미엄 네일 팁

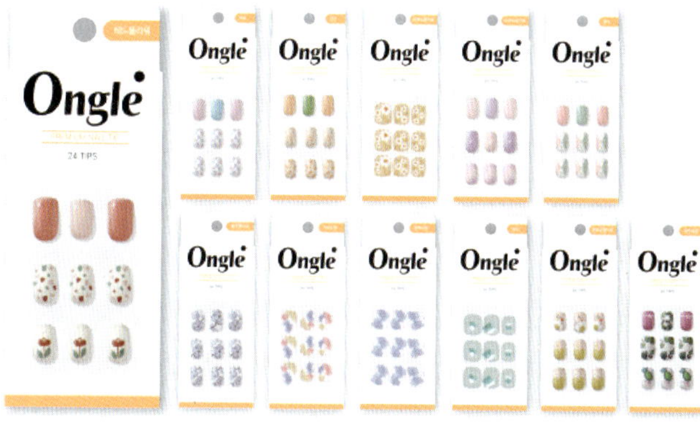

[특허 제 10-2278851 호]

밀착 특성 및 형상 유지 특성이 향상된 인조 손톱

·단단하지만 실수로 피부를 긁었을때 상처가 나지 않을 만큼 부드러움

·바둑판 무늬 적용 때문에 자유롭게 휘어, 손톱 밀착력을 높임

‹네일 팁 안쪽 면›

* 12 style

옹글 네일 팁

[친환경 유연소재와 이중구조로 아프지 않고, 이물감이 느껴지지 않는 네일팁]

·기존 딱딱한 ABS, PE 등 딱딱한 플라스틱 대신 친환경 무독성 젖병소재인 TPU를 활용, 고객의 손톱곡선에 따라 유연하게 빈틈없이 밀착될 수 있는 네일 팁

·도장/UV코팅없이도 광택발현(원가경쟁력)

* 10 color

옹글 영양 네일 패치

[영양제 접착면으로 손톱건강까지 한번에 책임지는 네일 패치]

·젤네일, 젤네일스티커 장시간 착용시 손톱손상이 불가피

·별도의 케어제품(케라틴) 구매하여 휴식기를 갖는 상황

·영양제 패치 접착면으로 장시간 스티커를 착용해도 손톱이 상하지 않는 새로운 차별화 제품

* 4 color

탭코리아

회사명	탭코리아
대표자	임준국
주 소	경기도 안산시 단원구 별망로 493
대표 연락처	홈페이지: tapkorea.kr 전화: 031) 495-2334

▶ 회사 소개

2008년 6월 주식회사 탭코리아 창립 이후, 임직원 모두는 프리몰드 화장품 용기 시장에서 '글로벌 마켓 리더'라는 기업 소명을 실현하기 위해 부단한 노력을 기울여왔다.

그동안 축적해온 우수한 기술력과 화장품 용기 생산에 최적화된 품질경영시스템의 정착을 통해 내수시장 및 글로벌 시장의 강소기업으로 성장했다. 탭코리아의 주요 거래처는 ㈜아모레퍼시픽, ㈜LG생활건강, 한국콜마 외 다수의 국내기업과 ㈜톨리코리아 등 수출 기업에 제품을 공급하여 기술력을 인정받고 있다. 또한 고객사의 니즈를 충족시키기 위해 품질향상 및 기술개발을

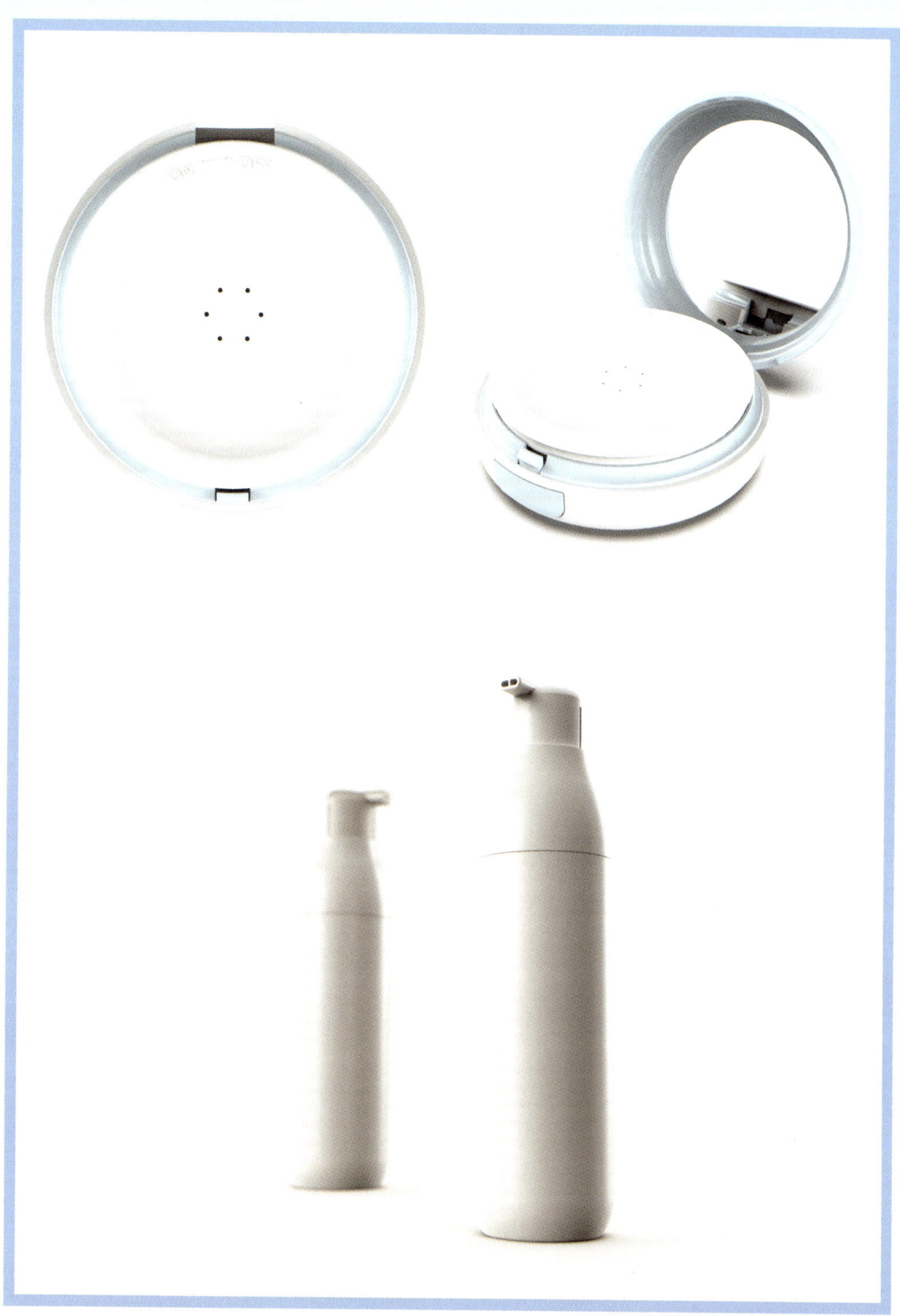

Lubex
anti-age
cleansing
milk
extra mild
clarifying
antioxidant
Volux
Premium
Serum
RIZETTE
QMS
GLYCEL

지속적으로 노력하고 있다. 2016년부터 전략기획부서를 신설하고 탭코리아만의 ERP 시스템을 구축하여 고객사의 발주부터 출하까지 모든 업무를 효율적으로 관리하고 있다.

안산에 준공 완료한 신사옥은 대지 2,500평, 건평 9,000평으로 2019년 10월 이전계획에 있으며, 기존 공장의 3배 규모로 공격적인 설비투자를 하여 생산용량(capacity)를 확대하고 지역 일자리 창출 등 모든 면에 있어 글로벌 시장에 한층 도약하였다.

앞으로도 탭코리아는 모든 고객사에 맞는 다양하고 혁신적인 프리몰드 제품개발을 실현하고, 최고의 품질로 최고의 제품을 공급하는 기업이 될 것이다.

▶ 기술보유현황

특허 65건

실용신안등록증 64건

디자인등록증 70건

▶ 회사연혁

- 2008년 주식회사 탭코리아 창립
- 2009년 ISO9001 인증, 클린사업장 인증
- 2010년 ISO14001 인증, 벤처기업 인증, 사옥 신축
- 2011년 기업 부설연구소 설립, 이노비즈 인증, 메인비즈 인증
  경영혁신형 중소기업 인증, 지식경제부 장관상 수상
  기술혁신형 중소기업 인증
- 2013년 500만불 수출의탑 수상, 자동화설비 확충
- 2014년 1000만불 수출의 탑 수상
- 2015년 사출기 15대 증설, 2공장 조립라인 증설
- 2016년 헤럴드경제 고객감동 브랜드 대상 수상, 행정 전산화(ERP) 구축
  사출기 5대 증설, 자동화 설비 확충(모듈 펌프 자동 조립기)
- 2017년 자동화 설비 확충(3D 프린팅 설비 구입)
- 2018년 자동화 사출기 6대 교체설치, 안산 신사옥 토지매입
- 2019년 안산 신사옥 신축 · 이전(부로우 사업부 신설)
- 2020년 스마트 공장 구축 및 고도화 산업. 사출기 9대 증설
- 2021년 스마트 공장 구축 및 고도화 산업 2차

(주)톨리코리아

회사명	(주)톨리코리아
대표자	여명권
주 소	(본사공장) 경기도 부천시 옥산로213번길 60 (내동공장) 경기도 부천시 오정로 174 (해외영업부) 경기도 부천시 부흥로315번길 27
대표 연락처	홈페이지: www.toly.kr, 전화: 032) 679-8222

▶ 회사 소개

(주)톨리코리아는 2004년 화장품 무역업을 시작으로, 2007년 1월 법인 전환 후 제조역량을 강화하며 화장품용 용기와 화장품 종합포장재 수출 기업으로 발전하였다. 선도기술개발과 완벽품질실현을 위한 지속적인 노력은 물론, '신뢰, 함께, 선도'의 기업 사명을 실천하며 고객사와의 신뢰를 쌓았다. 끊임없는 혁신제품개발을 바탕으로 전 세계 유명 명품브랜드를 포함한 크고 작은 업체에 용기를 공급하며 세계 No. 1 이라는 명확한 목표를 향해 글로벌 경쟁력을 키우고 있다.

원가 절감을 위한 자동화 생산라인 구축과 철저한 품질관리, 창조적인 제품개발을 발판으로 비약적인 성장을 일궈내며 단숨

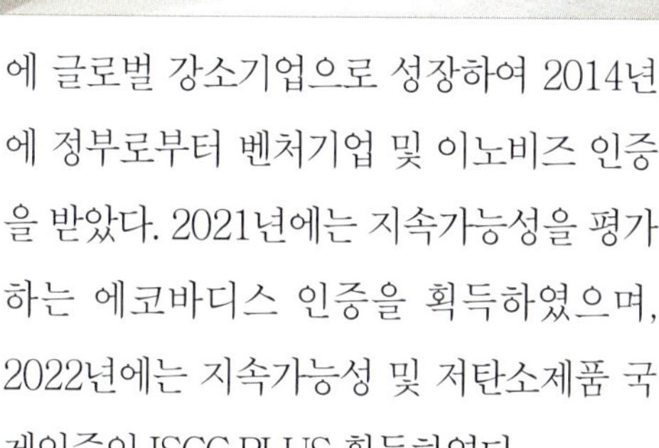

에 글로벌 강소기업으로 성장하여 2014년에 정부로부터 벤처기업 및 이노비즈 인증을 받았다. 2021년에는 지속가능성을 평가하는 에코바디스 인증을 획득하였으며, 2022년에는 지속가능성 및 저탄소제품 국제인증인 ISCC PLUS 획득하였다.

톨리그룹의 생산거점으로 세계 유수고객사와의 거래에서 쌓은 역량과 경험을 바탕으로 내수시장을 공략, 2013년 제조설비 구축을 시작으로, 2015년 신공장준공, 2017년 제2공장 준공, 2022년에는 친환경 제품에 대한 시장 요구에 발맞춘 ISBM 주력 신공장을 증축하여 생산역량을 강화하였다. 또한 코팅 및 증착 후가공설비까지 가동하면서 기술노하우 축적하며 화장품 포장재 산업을 주도하는 제조업체로 발돋움 하였다.

▶ 주요 생산품목

크림용기, 루즈파우더용기, 쿠션컴팩트, 썬스틱, ISBM 헤비브로우용기 및 펌프튜브 등

▶ 혁신상품

• 누드 드로퍼(Nude Dropper)

캡을 열고 뒤쪽 버튼을 누르면 제품이 노즐을 통해서 토출되어 손쉽게 사용 가능하도록 만든 제품. 특허는 물론 제품 구성품 수를 줄여 생산성을 높이면서도 고급스러움을 유지한 제품.

• 네트형 루즈파우더용기

중앙부 텐션이 있는 네트를 눌러서 쉽게 내용물을 사용할 수 있게 만든 제품. 자동

조립을 통해 생산성을 높이면서도 네트의 텐션감을 꾸준히 유지하는 기술 노하우가 돋보이는 제품.

• **ISBM 헤비브로우**

유리와 같은 고투명성을 가지면서도 재생이 가능하여 친환경 소재로 주목받는 PET소재를 사용하여, 다양한 디자인 및 용량으로 성형 후 펌프와 드로퍼 등 다양한 디스펜서와 함께 사용할 수 있게 개발한 제품.

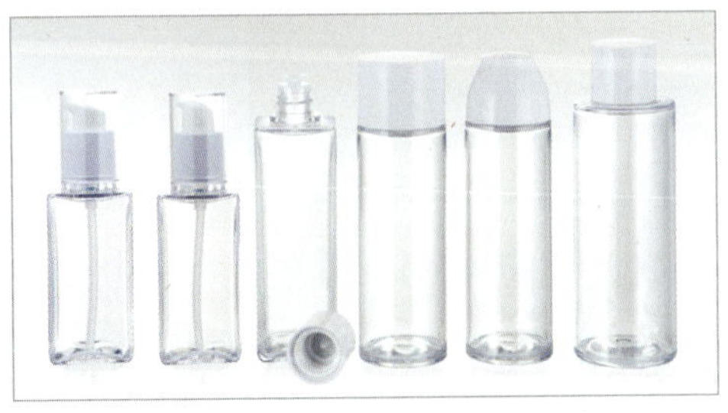

• **브로우까페 (Brow cafe)**

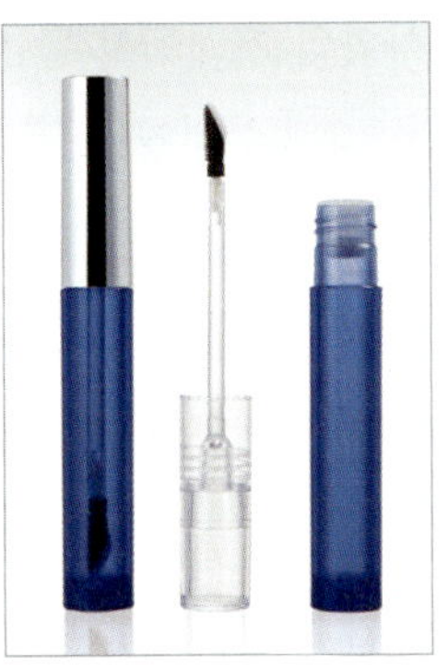

부드러운 사선원형 팁으로 화장품을 자극없이 바를 수 있고 뒷면 브러쉬로는 세밀하게 도포가 가능하도록 개발된 아이케어 특화 듀얼 어플리케이터. 용기에 결합하여 손쉽게 사용할 수 있도록 개발된 제품.

▶ 기술보유현황

특허 101건

디자인특허 134건

▶ 회사연혁

- 2004년　위드팩 설립
- 2007년　(주)톨리코리아로 법인전환
- 2009년　제 46회 무역의날, 오백만불 수출의탑 수상
- 2011년　제 48회 무역의날, 천만불 수출의탑 수상
- 2013년　제조라인공장(TKM) 설립, 조립라인 가동
  제 50회 무역의날, 이천만불 수출의탑 수상
- 2014년　ISO 9001, 벤처기업, 이노비즈 인증획득, 기업 부설연구소 설립
  인쇄설비 가동
- 2015년　신축공장 제1공장(부천 도당동) 설립, 크린사업장 인증, 사출설비 가동
- 2016년　ISO 14001 인증획득
- 2017년　신축 제2공장(부천 도당동) 확장설립
  여명권 대표이사 인천 중소기업 산업포장 수상
- 2018년　인젝션 브로우 라인 증설, 증착 및 코팅 생산라인 가동
  제 55회 무역의날, 삼천만불 수출의탑 수상
- 2019년　제 56회 무역의날, 오천만불 수출의탑 수상
- 2022년　부천 내동공장 신축
  지속가능성 및 저탄소제품 국제인증 ISCC PLUS 획득

펌텍코리아(주)

회사명	펌텍코리아(주)
대표자	이도훈, 이재신
주 소	인천광역시 부평구 부평대로 329번길 46(청천동 427-7)
대표 연락처	홈페이지: www.pumtech.com 전화: 032)683-4080, 팩스: 032)683-4084

▶ 회사 소개

펌텍코리아㈜는 1969년 4월 국내 최초의 제약 및 화장품용 튜브 전문 업체로 설립된 부국티엔씨㈜의 계열사로 2001년 8월 화장품용 디스펜서와 진공용기 전문 생산업체로 설립된 이후 고객과 함께 성장하고자 하는 의지를 담아 "Your Innovation Partner"라는 캐치프레이즈를 내걸고 최선의 노력을 다하고 있다.

설립 초기부터 새로운 기능과 참신한 디자인의 독창적인 제품을 개발하면서 지속적으로 품질 개선에 노력을 기울인 결과, 설립 10여년만에 국내외 주요 고객사들에게 최상의 서비스를 제공할 수 있게 되었고,

제 1공장

- 2015년 1공장 신축 이전
- 용기, 콤팩트, 스포이드 조립 라인
- 증착 / 코팅 라인
- 인쇄 / 스탬핑 라인

2019년 7월 산업 성장에 대한 기대 속에 코스닥 시장에 상장되었다.

펌텍코리아㈜는 2002년 국내 최초 펌프형 튜브, 2010년 세계 최초 에어리스 콤팩트 용기를 출시하며 지속적인 기술혁신과 제품개발에 앞장서고 있고, 최근에는 포인트메이크업, 더마코스메틱 등 화장품내 새로운 제품 카테고리로의 확장과 더불어, 생활용품 시장에 적합한 용기 기술 개발과 친환경 펌프 및 용기 개발을 통해 사업 영역의 확대와 지속가능경영에 많은 관심을 두고 있다.

이도훈 대표는 "지속가능경영은 기업이 지속가능한 경영을 영위하기 위해, 경제적 성과는 물론 다양한 이해관계자를 둘러싼 사회적, 환경적 이슈에 대해서도 책임을 가지고 가치를 실현하는 것"이라고 강조하며 "불확실한 경제환경이지만, 지속가능경영을 위한 노력과 정도경영으로 고객과 함께 성장하는 기업이 될 것을 약속"한다고 밝혔다.

▶ 주요 생산품목

- **에어리스 펌프 및 용기, 에어리스 콤팩트, 쿠션 밀폐 콤팩트, 펌프튜브, 선스틱, 립스틱, 생활용품 펌프, 친환경 펌프 및 용기 등**

▶ 히트상품

- **더블믹스 (Double-Mix):** 처음 사용 시 버튼을 누르면 안쪽의 V 밸브가 자동으로 열리면서 분리되어 있던 두 가지의 내용물이 섞이게 되는 제품으로 비타민 앰플로도 유명하다.

• 오토 드로퍼 (Auto Dropper): 펌프 엔진을 활용하여, 기존 고무 부분을 눌러 제품을 흡입하던 스포이드 제품의 불편을 해소했다. 드로퍼를 사용할 때 자동으로 정량 흡입되며, 드로퍼에 남은 제품은 뚜껑을 닫으면 다시 자동으로 용기로 떨어진다.

• 사이드 버튼 에어리스 (Side Button Airless): 용기 윗면에 있는 펌프 위치를 옆면으로 이동시켜 기존의 방식을 벗어나 새로운 사용 방식을 제시하였고 스폰지나 브러시같은 교체 가능한 어플리케이터를 장착하여 제품을 사용할 때 손가락을 사용하지 않아 편리하다.

• 에어리스 콤팩트 (Airless Compact): 펌프 엔진을 활용한 콤팩트로 1회 펌핑 시 정량이 토출되며 에어타이트 방식으로 공기 유입으로 인한 변질이나 굳어짐 현상이 없다. 펌핑 방식도 버튼, 슬라이드, 푸시, 다이얼 등 다양한 형태로 선보이고 있으며 펌핑 제품의 특성상 펌핑 횟수와 압력 등의 테스트를 진행해 품질을 관리하고 있다.

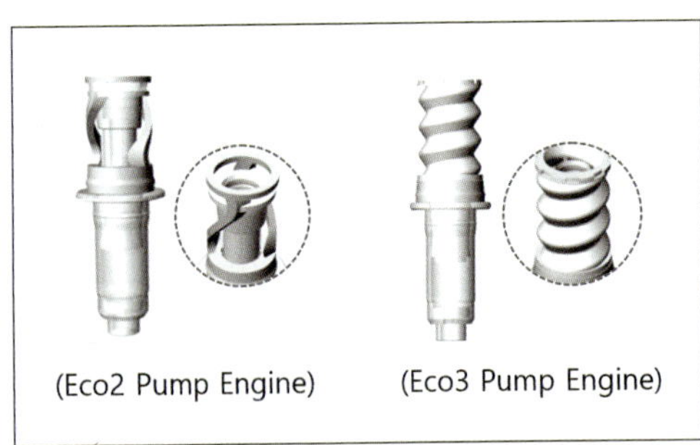
(Eco2 Pump Engine) (Eco3 Pump Engine)

• Eco2/Eco3 펌프 (Metal-Free PumP): 친환경 트렌드에 맞춰 분리수거 시 플라스틱으로 배출 가능한 펌프로써, 금속 스프링을 배제(Metal-Free)하여 완전한 플라스틱 펌프 엔진(Eco2)을 구현하였으며, 자바라 형태로 복원력을 더욱 개선한 단일재질의 플라스틱 펌프 엔진(Eco3)을 라인업하여 로션, 에센스, 파운데이션 등에 사용할 수 있는 친환경 펌프 엔진 라인업을 확대하고 있다.

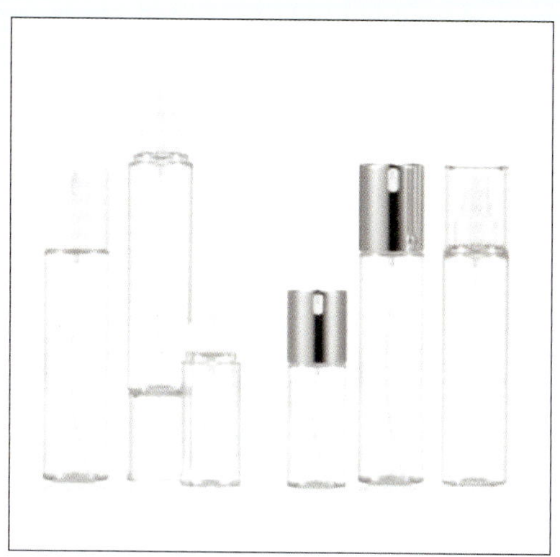

• **미스트(베이직/프리미엄) 펌프**: 내용물의 입자가 미세하게 분사되어 입자가 뭉쳐 흘러내리지 않아 피부 자극을 최소화 한 미스트 펌프로 페이셜에 사용하기 적합하다. 특히 베이직한 디자인과 프리미엄 디자인 등 5가지 디자인의 미스트 펌프를 보유하여 고객의 다양한 니즈에 맞춰 라인업 구성중에 있다.

• **밀폐형 에어리스 기능성 샴푸용기**: 외부 공기와 접촉을 안정적으로 차단하고자 하는 기능성 샴푸 등 다양한 기능성 내용물에 안전하게 사용할 수 있는 용기로, 내용물이 토출되는 노즐에서 1차 외부공기 유입 차단, 진공펌프 엔진을 통한 2차 공기차단, 공기차단율이 높은 알루미늄 파우치로 3차 공기차단 하는 3중 공기차단기술을 적용하여 내용물의 오염 및 변질을 방지 할 수 있도록 하였다.

• **친환경 원형 제로스틱(리필버전)**: 내부 피스톤이 2단으로 상승하여 평평한 피스톤이 끝까지 상승되도록 설계하여 내용물의 잔량을 최소화 하였다. 또한, 단일재질 사용과 밀폐기능을 갖추어 재활용이 용이하도록 설계하여 21년 말 출시 이후 아모레퍼시픽, 애터미 등에 공급중이다. 이에 더해, 22년 9월 리필 기능을 추가한 버전이 출시되어 친환경 요소가 더욱 증가하였다.

▶ 회사연혁

- 2001 펌텍코리아(주) 설립 (대표이사 이재신)
- 2002 디스펜서 펌프 개발 및 시판
  생산 및 검사기능을 갖춘 펌프 자동조립기 설비도입
  진공용기 검사기 제작 및 특허 출원, 취득
- 2003 해외 수출 시작
- 2004 각자대표이사 이도훈 취임
  벤처기업 인증
  공장 신축 이전 – 대지 300평, 건평 600평
- 2005 금형실 설비
  기술혁신형 중소기업(INNO-BIZ) 인증
  화장품용 스프레이 펌프 제작 및 특허 출원
- 2006 ISO9001, 2000 품질시스템 인증획득
- 2007 유망 중소기업 인증 (중소기업은행)
  기업부설연구소인정 (한국산업기술진흥협회)
- 2010 공장 신축 이전 – 대지 1,000평, 건평 2,500평
  기술혁신형 중소기업(INNO-BIZ) 확인 (중소기업청)
- 2012 해외 전시회 참가 시작 – 코스모프로프 홍콩
- 2013 제 47회 납세자의 날 모범납세자 표창 (북인천 세무서장)
  인천 우수기업(비전기업) 선정 (인천광역시장)
- 2014 설비 확장을 위해 신공장 부지 매입
  현재 특허권, 실용신안권, 디자인권 다수 보유
  제 51회 무역의 날 1,000만불 수출의 탑 수상
- 2015 중국 상해 지사 설립
  공장 신축 이전 – 대지 2,055평, 건평 4,986평
  2015년 상반기 (기술부문)중소기업인상 표창 (인천광역시 부평구청장)
- 2016 부평 제 3공장 완공 (펌프 및 디스펜서 전문)

- 2017 중견성장사다리기업 선정(인천광역시장)
  벤처 천억기업 선정(중소기업벤처기업부)
  제 54회 무역의날 2,000만불 수출의탑 수상
- 2018 제 19회 중소기업기술혁신대전 산업포장 수훈(행정안전부)
  친환경 펌프(에코 펌프) 개발
  제 55회 무역의날 3,000만불 수출의탑 수상
- 2019 코스닥시장 상장
  부평 제2공장 완공
- 2020 지속가능성보고서 발간
- 2021 건강기능식품 전문기업 '(주)잘론네츄럴' 지분 취득
  비대면 양방향 커뮤니케이션 용기 플랫폼 'e-PUMTECH' 런칭
  화장품 브랜딩 전문기업 '인핸스비(주)' 지분 취득
  ESG 경영성과 에코바디스 '골드 메달' 획득

(주)피엘코스메틱

회사명	(주)피엘코스메틱
대표자	박경래
주 소	인천시 남동구 남동동로 197번길 46 남동공단 72B 15LT
대표 연락처	홈페이지: www.plcosmetic.co.kr 전화: 032) 819-2126

▶ 회사 소개

(주)피엘코스메틱은 2021년 화장품, 의약외품, 동물용의약외품, 의료기기 전문 연구개발 생산기업으로 매년 국내 및 해외에 히트 상품을 개발 생산하고 있으며, 이를 통해 매년 괄목할 성장을 기록하며 글로벌 강소기업의 면모를 과시하고 있다.

기초화장품 부문에서는 OEM/ODM 사업 확대에 나서고 있으며 최근 ODM상품으로 올리브영 헤어부분에서 1위, 트리트먼트와 탈모샴푸 판매 1백만 개 달성 등 꾸준한 상승세를 이어가고 있다. 특히 피엘코스메틱은 까다롭기로 유명한 일본시장에 염모제 수출을 시작으로 QVC 히트상품으로 소개되며 해외시장에서도 기술력을 인정받아 2019년 글로벌 선도기업으로 선정, 2020년에는 500만불 수출의 탑을 수상하는 등 국내외에서 기술력을 인정받았다.

피엘코스메틱의 주력 제품군인 다양한 염모제와 헤어관련 제품들은 피엘코스메틱 성장의 견인차 역할을 하고있다. 지난 2013년 남동공단의 현위치로 확장 이전하면서 대량생산체계와 함께 다품종 소량생산 체계도 구축하고 자사브랜드와 OEM(주문자

위탁생산), ODM(제조자 개발생산) 방식으로 관련시장에서 입지를 확고히 다져왔다. 고객의 요구에 따라 발빠르게 대응해 신제품을 내놓으며 해외시장, 대형마트, 홈쇼핑, 미용실, 온라인 등에서 각광을 받고 있다.

이러한 염모제를 비롯한 헤어관련 히트상품과 기초, 색조 화장품 등을 통해 미국, 영국, 스페인, 러시아, 일본, 중국, 베트남, 싱가포르 등으로 수출이 크게 증가하고 있는 추세다. 또한 반려동물을 가족처럼, 친구처럼 대하는 빠른 펫미족은 사랑하는 반려동물을 위해 시중에 있는 기존 샴푸를 넘어 반려동물 전용 고급 프리미엄 샴푸를 성향에 맞게 따져가며 구매하는 추세다. 이러한 소비패턴에 맞춰 반려동물 샴푸 제조업체에도 관심이 쏠리면서 제조 업체에 문의를 하는 편이다.

피엘코스메틱 또한 그 중 하나의 업체이다. 동물의약외품 허가를 받은 업체인 피엘코스메틱은 프리미엄 샴푸를 제조할 수 있는 조건을 갖추어 제조를 원하는 기업이나 개인 사업자 등에게 안전한 프리미엄 샴푸를 제공한다.

기능성 하수오 3종 샴푸는 하수오와 편백수의 시너지효과로 탈모를 예방하고 모발생장을 촉진하는 허벌에센셜 샴푸와 두피냄새, 지성, 비듬제거에 효과가 있는 피톤치드 스캘프 학생샴푸, 그리고 자극이 심하지 않아 어린이도 함께 쓸 수 있는 보타닉 패밀리 샴푸로 인기를 끌고 있다.

피티씨(PTC)

회사명	주식회사 PTC
대표자	박태화
주 소	경기도 파주시 소라지로 152-3
대표 연락처	홈페이지: www.apolloind.co.kr

▶ 회사 소개

㈜PTC는 라미네이트 튜브 전문제조회사로 엄격한 품질 관리 및 미래지향적인 포장재 개발로 세계화에 도약을 앞두고 있다. 대한민국 화장품 포장재 업체로 책임과 역할을 다하고, 나아가 세계 화장품 포장재 업계에서 존경받는 회사가 되기 위해 전 임직원이 최선의 노력을 다하고 있는 것도 특징. 완벽한 제품공급과 최상의 고객 감동 서비스 제공 뿐만 아니라 최고의 기술력과 품질 경쟁력 확보를 통해 화장품 포장재 파트너로서 최선의 역할을 다할 예정이다.

특히 ㈜PTC는 품질혁신에 과감한 투자로 생산설비 증대와 디자인 개발 향상에 최

선을 다하는 한편 다양한 종류의 금형개발 및 튜브 용기 연구개발과 고객을 먼저 생각한 전문기업으로 전진할 방침이다.

▶ 특허 및 실용신안 등록

-특허 제 10-0890157호

-실용신안등록 등록 제 20-0466700호

▶ 인증 현황

-2014.05 디자인연구 전담부서설립

▶ 주 거래처

-LG생활건강. 애경산업. CJ네트웍스 등

(주)필코코스팜

Pilko Cospharm Inc.

필코Cospharm
PILKO COSPHARM KOREA

최고의 품질로 최고의 만족을 선사합니다.

The Best quality, The Best gratification.

대표이사 인사말

대표이사 정훈철

필코그라스의 경영이념을 바탕으로 내일을 위해 연구할 것이며, 항상 최고의 품질로 고객여러분과 만나겠습니다.

당사는 1998년 앰플생산 전문업체로 문을 연이래 주사제용 앰플을 기업의 근간으로 **의약품용기, 화장품용기, 소방용용기,케미칼앙카용기, 군용 특수전지 앰플**등 관유리 가공의 제반분야에 걸쳐 지속적인 성장을 해오고 있습니다.

스포이드 용기

유리/플라스틱 앰플

바이알

주사기(시린지)

국내 최초로 앰플 자동 제조시설을 자체개발에 성공하였고, 그 운영기술 역시 독자적으로 확립하여 단순 임가공이 아닌 기술 주도형사업으로 도약하였습니다. 당사의 축적된 유리관가공의 전문성과 노하우, 그리고 직접세공을 통한 신속한 제작과 여러 문제점을 조속히 해결할 것이며, 저희가 소개하는 이외의 제품을 원하시는 경우도 고객의 요청에 의해 생산공급이 가능합니다. 앞으로도 풍부한 경험과 앞선 기술을 활용하여 국내외 고객여러분께 최적의 제품과 탁월한 서비스를 제공하겠습니다.

회사연혁 및 소개

2021. 04 ㈜필코코스팜 상호 변경
2020. 10 ㈜제이앤제약 벤처기업 등록
2020. 05 ㈜그래피온테크놀로지 인수합병
2019. 11 ㈜필코메이드 벤처기업 등록
2019. 08 제조관리 시스템 인증 (ISO 22716)
2016. 12 '이젠가글'질병관리본부 43만개(인천공항) 납품
2016. 08 PLLA화장품 '플라필스' 외 3종 출시
2016. 02 '루치펠로 가글 3종' 런칭 및 백화점,면세점 입점
2014. 12 연구개발 전담부서 개설
2014. 05 이젠가글,에코 화이트닝 겔 미주수출
2014. 04 '리엠(Rem)' 블레미쉬 커버밤,프로스킨케어등 출시
2014. 03 코스메슈티컬 '리엠(Rem)'브랜드 런칭
2014. 01 미국 FDA 등록(이젠가글&에코화이트닝겔)
2013. 04 아시아나항공 납품 (비행기내 제공)
2013. 04 인천공항 라운지 납품
2013. 03 화장품 제조업 허가
2012. 08 품질경영시스템 인증
2012. 05 'E-zen(이젠)브랜드 런칭
2011. 10 ㈜제이앤제약 설립
2008. 05 투척소화기용 유리용기 개발, 사업진출
2008. 02 스프링쿨러 헤드 유리벌브 자체개발, 사업진출
2007. 04 퍼퓸 테스트병 개발 완료
2005. 02 스포이드 기계 제작 완료
2004. 08 서울대 약학대학 컨소시움 체결
2004. 06 연세대 신학 컨소시움 체결
2004. 01 필코글라스 상호변경
2003. 08 군용특수전지 전해액 앰플 분야 진출
2000. 07 앰플생산, 본격적 사업개시
1998. 02 안국관유리 설립 및 공장 등록

헤드오피스 / 제1공장
경기도 평택시 청북면 현곡산단로 11

제2공장
경기도 평택시 청북면 청북중앙로 808-5

제2오피스
서울특별시 금천구 가산동 가산디지털1로 142

필코's 원스톱시스템

필코의 원스톱 시스템은 독창적이고 트렌디한 제품기획단계를 거쳐, 자체 보유 연구시설 및 연구진의 끊임 없는 연구개발을 통해 고객사의 니즈 만족도를 극대화 합니다. 또한 필코의 용기제작에 특화된 기술력으로 인증받은 특허 제품 스포이드시린지부터 금형제작 시린지, 스포이드, 앰플, 바이알, 퍼퓸 등 다양한 자체제작 용기 라인업 모두 필코의 독자적인 전문성으로 제작되었습니다.

제품기획 및 연구
트렌드분석 / 제품컨셉 선정
필코 R&D 포뮬러 개발
패키징 디자인
샘플 무상제공
부자재업체 소싱

용기/부자재생산
앰플 / 바이알 / 주사기 /
스포이드 / 스포이드시린지 /
퍼퓸테스터 / 롤온 등
용기 생산 기술력 보유

인쇄/내용물충전
라벨프린터 및 유/무기 인쇄
내용물 제조 외 충전 포장작업
및 엄격한 QC품질관리 시스템
자체보유

제품 출고
고품질 완제품 출고
안전 상품인도

생산설비 및 R&D 현황

필코에서는 전문설비를 보유하여 소량부터 대량 생산까지 고객의 요구사항을 충족시키는 제품만을 만들어내며, 간편한 프로세스로 효율적인 일정관리가 가능해집니다. 또한 자동양산설비를 더불어 다양한 용기 인쇄를 위한 자동인쇄라인을 구축하고 있으며 자동수동 설비를 모두 갖추고 있어 대량생산은 물론 커스텀 소량생산 또한 작업진행이 가능합니다.

Customer Center

고객센터 번호안내

대표번호 **1811-9085**

스포이드 / 퍼퓸 / 코스메틱	최미애 차장	010-7581-2273 / 070-4292-0953
앰플 / 주사기 / 의약외품	정지혜 과장	010-7634-2273 / 070-4292-0951
바이알 / 코스메틱	이홍화 과장	010-2743-2237 / 070-4292-0950

운영시간
AM8:30 - PM5:30 (LUNCH PM12:30 - PM1:30)

고객센터 운영시간 외 문의사항은
카톡 또는 이메일을 이용해주시기 바랍니다.

TALK pilko701  pcg611@hanmail.net

(주)하나

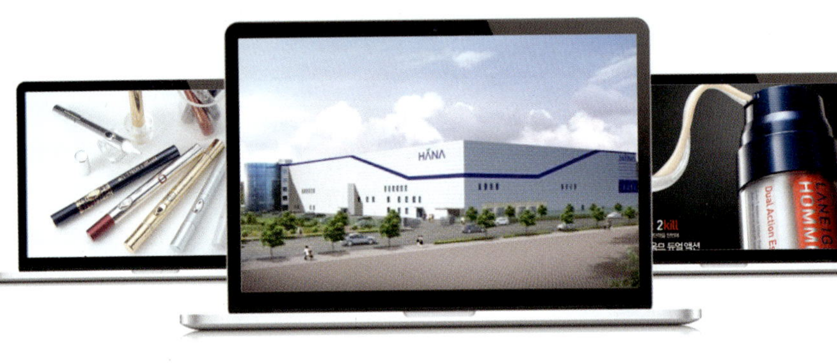

회사명	(주)하나
대표자	강성일
주　소	경기도 화성시 남양읍 주석로184번길 22-11, 22-15
대표 연락처	홈페이지: http://www.hana-innovation.com 전화: 031) 355-0707 팩스: 031) 355-0909

▶ 회사 소개

(주)하나는 1993년에 설립하여, "비교할 수 없는 제품을 만들자" 라는 신념으로 시작하여, 모두가 좋은 제품을 사용할 수 있도록 창조적인 제품을 연구개발하고, 남들이 모방할 수 없는 특수기능성 화장품용기를 생산하고 있다. 또한 우리는 투명한 윤리경영과 품질관리로 고객만족에 기여하고 있으며, 그 도전으로 현재 300개 이상의 특허를 보유하고 있다.

(주)하나는 지속가능한 제품공급을 위해 친환경 디스펜서 펌프(Eco-pump)를 개발 완료하여 상업화 했다. (주)하나에서 개

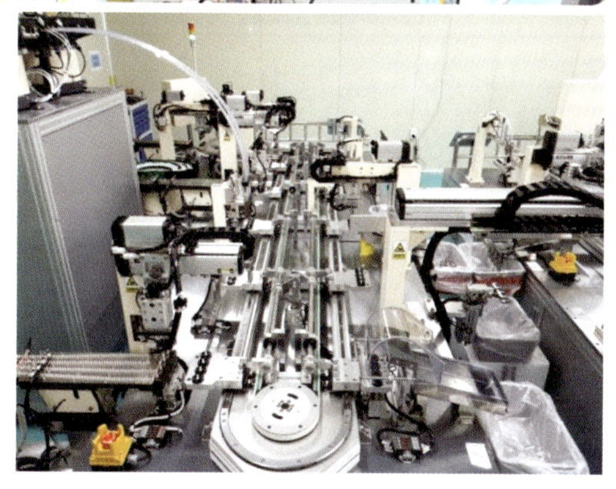

발한 '나선형 DNA' 구조의 플라스틱 스프링은 기존 펌프에 사용되던 메탈 스프링의 상식의 틀을 깬 것으로 플라스틱으로 만든 스프링이지만 메탈 스프링보단 탄성도와 복원력은 월등히 뛰어나면서 원가절감은 물론 고객사의 화장품 용기 디자인을 변형하지 않고 동일하게 사용할 수 있으며, 0.12cc, 0.2cc, 1.0cc, 2cc, 3.0cc, 4.0cc와 18파이, 20파이, 24파이, 28파이, 33파이 등 다양한 토출량과 캡 사이즈를 올 PP 단일 재질의 친환경 모노 펌프를 만들어 에센스부터 리퀴드화운데이션, 바디용제품과 샴푸 등 헤어용품은 물론 주방세제까지 적용이 가능한다. 특히 (주)하나는 상용화에 성공한 친환경 디스펜서 펌프(Eco-pump)는 국내는 물론 글로벌 화장품사들도 2021년에 상업화를 목표로 기능 시험을 마친 상태이며, 친환경 펌프가 가지고 있는 자원재활용성, 우수한 펌핑 능력, 그리고 가격적인 매력에 더해 각국 정부가 설정해놓은 환경보호 아젠다(Agenda)에 맞추기 위해 하나의 '친환경 펌프' 적용을 서두르고 있다. (주)하나가 특허등록을 완료한 '친환경 펌프'의 상용화가 시작되면서 기존 금속 스프링이 사용된 펌프(Pump)에 대한 완벽한 재활용 가능 대체재가 확보되었으므로 화장

전곡공장: 경기도 화성시 서신면 전곡 산단로 45(친환경 펌프 전용공장)

품 용기와 인체 · 생활용품의 재활용 용기 의무사용에 대한 요구가 좀 더 빨라질 것으로 기대되고 있다.

(주)하나 강성일 회장은 "친환경 에코펌프는 화장품 뿐만 아니라, 인체용품, 모발용품 그리고 세제류까지 적용가능하며, 그 분야를 의약품까지도 적용가능하게 발전시키고 있습니다. 이 친환경제품은 글로벌시장 공급을 위해 전자동 'Smart Factory'에서 생산됩니다. 우리의 도전은 멈추지 않았습니다. 더 좋은 제품을 위해, 이제는 환경을 위해 지금도 도전 중입니다."라며 "Eco Green Pump System은 도착이 아닌 새로운 출발지이며, (주)하나는 언제나 여러분과 함께 하겠습니다."라고 밝혔다.

▶ 회사연혁

- 1993. 04. 하나엔지니어링 창업
- 2000. 09. 주식회사 하나로 법인전환
- 2001. 09. ISO 9001 인증
- 2004. 11. '무역의 날' 수출 100만불 달성
- 2005. 12. ISO 14001:2014 인증
- 2006. 01. 본사 화성 확장 이전
- 2010. 01. 라프레리 협력사 펌프용기 독점공급업체 선정
- 2013. 12. 21MM US달러 매출 기록
- 2015. 05. 에스티로더 협력사, 듀얼펌프, 오일펌프 공급업체 선정
  07. 인터코스 지분투자 진행, 공동개발 협업
- 2016. 05. 사업확장 위한 2공장매입
- 2017. 01. 코팅라인 증설(완공)
- 2018. 05. 제 1공장 940평 신규라인 증설, 에스티로더 자동화조립 1라인 구축
  12. 매출 432억 달성
- 2019. 03. 에스티로더 자동화조립 2라인 구축
  09. '친환경펌프' 특허 출원
  12. '무역의 날' 수출 3,000만불 달성
- 2019. 12. 사업확장을 위한 3공장 매입(10,000평)
- 2020. 03. 친환경 펌프(All PP펌프) 런칭
- 2021. 05. 제3공장(전곡산업단지) 5,000평 완공
  08. New Dual Triple Dispensel 런칭
  09. All PP Foamer 런칭
- 2019. 12. 사업확장을 위한 3공장 매입(5.000평)
- 2021. 08. New Dual Triple Dispenser 런칭

(주)한국국제전시

회사명	(주)한국국제전시 Korea Int'l Exhibition Co.,LTD.
대표자	문영수
주 소	서울시 영등포구 국제금융로6길 33, 1116호(여의도동)
홈페이지	www.i-kieco.com
사업부문	화장품, 미용/뷰티, 건강, 주류(맥주, 와인, 전통주 등), 핸드메이드, 임신출산육아용품, 영유아교육용품, 비건용품 관련 전시회 주최

▶ 회사 소개

한국국제전시는 1987년부터 화장품, 미용, 건강 분야를 중심으로 36년간 전시회를 기획, 주최하고 있는 전시 전문가 그룹으로서 성공적인 전시회 개최를 통해 다양한 판로 개척 및 효과적인 비즈니스의 장을 실현하고자 최선의 노력을 다하고 있습니다.

▶ 사업부문

화장품, 미용/뷰티, 건강, 비건, 주류(맥주, 와인, 전통주 등), 핸드메이드, 일러스트레이션, 임신출산육아용품, 영유아교육용품 관련 전시회 주최.

▶ 회사연혁

• 1987년

창립 (한국국제전시 해외연수회로 상호 등록

제1회 국제제약/화장품전시회 개최

제1회 국제건강산업전시회 개최

• 1988년

제2회 국제제약/화장품전시회 개최

제2회 국제건강산업전시회 개최

제1회 국제가전제품전시회 개최

제1회 영상음향기기전 개최

제1회 한국우수상품기획전시회 개최

• 1989년

제3회 국제제약/화장품전시회 개최

제3회 국제건강산업전시회 개최

제1회 국제자동화기기전시회 및 세미나 개최

• 1990년

제4회 국제제약/화장품전시회 개최

제4회 국제건강산업전시회 개최

제1회 국제지능개발용품 및 게임기기전시회 개최

• 1991년

제5회 국제제약/화장품전시회 개최

제5회 국제건강산업전시회 개최

제1회 UL마크제품 및 재활전시회 개최

제1회 국제석재산업전시회 개최

• 1992년

제6회 국제건강산업전시회 개최

제1회 국제재활용산업전 개최

제2회 국제석재산업전시회 개최

제1회 국제주류/음료박람회 개최

제1차 이태리 까레라 석재박람회 (대표단 단장)

제2차 이태리 까레라 석재박람회 공동 주최

제1차 스페인 세비야 석재박람회 참가

• 1993년

제7회 국제건강산업전시회 개최

제2회 국제주류/음료박람회 개최

제2회 국제재활용산업전 개최

제3회 국제석재산업전시회 개최

제1회 국제소방안전산업전시회 및 세미나 개최

제1회 국제예술박람회 개최

6월 국제전시신문 창간

• 1994년

제1회 국제화장품박람회 개최

제8회 국제건강산업전시회 개최

제4회 국제석재산업전시회 개최

제3회 국제재활용산업전 개최

제3회 국제주류/음료박람회 개최

제2회 국제소방안전산업전시회 개최

제2회 국제예술박람회 개최

제1회 국제주유소현대화장비전 개최

• 1995년

제9회 국제건강산업전시회 개최

제5회 국제석재산업전시회 개최

제4회 국제재활용산업전 개최

제4회 국제주류/음료박람회 개최

제3회 국제소방안전산업전시회 개최

제3회 국제예술박람회 개최

제2회 국제주유소현대화장비전 개최

제1회 국제세정/위생산업전 개최

제1회 국제인쇄/포장산업전 개최

제1회 국제BUSINESS SHOW 개최

• 1996년

제10회 국제건강산업전시회 개최

제5회 국제재활용산업전 개최

제5회 국제주류/음료박람회 개최

제4회 국제소방안전산업전시회 개최

제3회 국제주유소현대화장비전 개최

제2회 국제세정기기 및 위생산업전 개최

제1회 한국영유아교육전 개최

• 1997년

제2회 국제화장품박람회 개최

제11회 국제건강산업전시회 개최

제6회 국제주류/음료박람회 개최

제5회 국제소방안전산업전시회 개최

제2회 국제인쇄/포장산업전시회 개최

제2회 한국영유아교육전 개최

제1회 국제자동차판금/도장검차설비전 개최

• 1998년

제12회 국제건강산업전시회 개최

제7회 국제주류/음료박람회 개최

제6회 국제재활용산업전 개최

제3회 한국영유아교육보육전 개최

제1회 국제가정용품전 개최

제1회 주택설비 및 기자재전 개최

제1회 U.S Technology & Investment Show 개최

제1회 한국장묘박람회 개최

• 1999년

제13회 국제건강산업전시회 개최

제6회 국제석재산업전시회 개최

제2회 한국장묘박람회 개최

제1회 아시아영상기술박람회 개최

• 2000년

코스모뷰티 서울 2000 개최

제3회 한국장례문화박람회 개최

보호구 전시회 개최

제1회 부산장묘 및 납골묘 전시회 개최

제5회 국제석유/가스산업전 개최

제14회 국제건강산업전시회 개최

• 2001년

제4회 한국장례문화 및 납골묘 박람회 개최

제6회 국제석유/가스산업전 개최

부산 장례문화 및 납골전시회 개최

국제환경상품전 개최

제1회 서울국제다이어트박람회 개최

• 2002년

2002 서울국제화장품미용박람회 개최

제5회 서울국제장례 및 납골박람회 개최

건강기능성식품박람화 및 학술세미나 2002 개최

• 2003년

2003 서울국제화장품미용박람회 개최

제6회 서울국제장례 및 납골박람회 개최

제7회 서울국제석재 및 타일전시회 개최

제2회 국제비만다이어트박람회 개최

건강기능식품박람회 및 학술세미나 개최

한국국제주류/와인박람회 및 학술세미나 개최

광저우 국제 미용 & 화장품 박람회 한국 주관사

월간 전시회 저널 창간

• 2004년

2004 서울국제화장품미용박람회 개최

2004 COSMETIC STORE 전시회 개최
제7회 장례/장묘/납골 EXPO 개최
제8회 국제석재산업전 개최
2004 건강비만체험박람회 개최
2004 천식 및 알레르기, 아토피 박람회 개최
2004 서울국제주류박람회 개최
2004 건강기능식품박람회 개최
광저우 국제미용&화장품박람회 한국관 주관

• 2005년
2005 서울국제화장품미용박람회 개최
제3회 아토피 알레르기 천식 피부관리 박람회 개최
제8회 장례/장묘/납골 EXPO 개최
제9회 국제석재산업전 개최
제20회 국제기능성 건강산업박람회 개최
제2회 천식 알레르기 아토피박람회 개최
2005 서울국제주류박람회 개최
2005 부산국제친환경건축자재박람회 개최
2005 부산 임신출산 영유아 및 아토피박람회 개최
광저우 국제미용&화장품박람회 한국관 주관

• 2006년
2006 서울국제화장품미용박람회 개최
제9회 장례/장묘/납골 EXPO 개최
제10회 국제석재산업전 개최
2006 서울국제주류박람회 개최
2006 조선일보 건강박람회 개최
2006 부산 임신출산 영유아 교육박람회 개최

• 2007년
2007 서울국제화장품미용박람회 개최
2007 서울국제주류박람회 개최
2007 조선일보 건강박람회 개최
2007 수입상품전 대행
2007 부산 임신출산 영유아 교육박람회 개최
2007 대구뷰티페어 개최

• 2008년
2008 서울국제화장품미용박람회 개최
2008 서울국제주류박람회 개최
2008 조선일보 건강박람회 개최
2008 부산 임신출산 영유아 교육박람회 개최

• 2009년
2009 서울국제화장품미용박람회 개최

2009 서울국제주류박람회 개최

2009 조선일보 건강박람회 개최

2009 인천 국제웰빙건강박람회 개최

2009 부산 임신출산 영유아 교육박람회 개최

2009 대구미용박람회 개최

2009 서울매거진페어 개최

• 2010년

2010 서울국제화장품미용박람회 개최

2010 서울국제주류박람회 개최

2010 조선일보 건강박람회 개최

2010 부산 임신출산 영유아 교육박람회 개최

• 2011년

2011 서울국제화장품미용산업박람회 개최

2011 서울국제주류박람회 개최

2011 국제건강산업박람회 개최

2011 핸드메이드코리아페어 개최

2011 부산 임신출산 영유아 교육박람회 개최

2011 구미 임신출산 영유아 교육박람회 개최

2011 중국 하얼빈 화장품미용박람회 한국관 주관

2011 중국 중경 화장품미용박람회 한국관 주관

• 2012년

2012 서울국제화장품미용산업박람회 개최

중국천진무역전시포럼 개최

2012 서울국제주류박람회 개최

2012 세계전통주페스티벌 개최

2012 국제건강산업박람회 개최

2012 핸드메이드코리아페어 개최

2012 대한민국뷰티디자인엑스포(킨텍스 K-뷰티엑스포) 대행주관

2012 부산 임신출산 영유아 교육박람회 개최

2012 대한민국전통주박람회 개최

• 2013년

2013 오송화장품뷰티세계박람회 산업전시관 주관(서울국제화장품미용산업박람회 공동개최)

2013 국제건강산업박람회 개최

2013 서울국제주류박람회 개최

2013 세계전통주페스티벌 개최

2013 핸드메이드코리아페어 개최

2013 전통주 홍보 판촉 전시회

2013 부산 임신출산 영유아 교육박람회 개최

• 2014년

2014 서울국제화장품미용산업박람회 개최

2014 국제건강산업박람회/국제유기농산업박람회 개최

2014 서울국제주류박람회 개최

2014 세계전통주페스티벌 개최

2014 서울국제핸드메이드페어 개최

2014 부산 임신출산 영유아 교육박람회 개최

• 2015년

2015 서울국제화장품미용산업박람회 개최

2015 국제건강산업박람회/국제유기농산업박람회 개최

2015 서울국제주류박람회 개최

2015 세계전통주페스티벌 개최

2015 서울국제핸드메이드페어 개최

2015 부산 임신출산 영유아 교육박람회 개최

2015 괴산세계유기농산업박람회 산업전시관 주관

• 2016년

2016 서울국제화장품미용산업박람회 개최

2016 국제건강산업박람회/국제유기농산업박람회 개최

2016 서울국제와인&주류박람회 개최

2016 세계전통주페스티벌 개최

2016 K-핸드메이드페어 개최

2016 부산 임신출산 영유아 교육박람회 개최

2016 서울국제소방산업전시회 개최

• 2017년

2017 서울국제화장품미용산업박람회

개최

2017 국제건강기능식품및원료산업박람회/국제유기농산업박람회 개최

2017 서울국제와인&주류박람회 개최

2017 국제맥주및기기설비산업전시회 개최

2017 K-핸드메이드페어 서울 개최

2017 K-핸드메이드페어 부산 개최

2017 부산 임신출산 영유아 교육박람회 개최

2017 국제캣산업박람회

• 2018년

2018 서울국제화장품미용산업박람회/국제건강산업박람회 개최

2018 서울국제와인&주류박람회/국제맥주및기기설비산업전시회/세계전통주페스티벌 개최

2018 국제캣산업박람회 개최

2018 K-핸드메이드페어 부산 개최

2018 부산 임신출산 영유아 교육박람회 개최

2018 K-핸드메이드페어 서울 개최

2018 K-핸드메이드페어 구미 개최

• 2019년

2019 서울국제화장품미용산업박람회/국제건강산업박람회 개최

2019 서울국제와인&주류박람회/국제맥주및기기설비산업전시회/세계전통주페스티벌 개최

2019 K-핸드메이드페어 부산 개최

2019 부산 베이비&키즈페어 개최

2019 K-핸드메이드페어 서울 개최

2019 중국 웨이하이 국제아트페어 'K-핸드메이드 한국관' 개최

• 2020년

2020 서울국제와인&주류박람회/국제맥주및기기설비산업전시회/세계전통주페스티벌 개최

2020 K-핸드메이드페어/K-일러스트레이션페어 부산 개최

2020 K-핸드메이드페어 서울/코리아비건페어 개최

• 2021년

2021 서울국제화장품미용산업박람회/국제건강산업박람회 개최

2021 서울국제와인&주류박람회/국제맥주및기기설비산업전시회/세계전통주페스티벌 개최

2021 K-일러스트레이션페어 서울 개최

2021 K-핸드메이드페어/K-일러스트

레이션페어 부산 개최

2021 부산베이비&키즈페어 개최(예정)

2021 K-핸드메이드페어 서울 개최(예정)

2021 부산베이비&키즈페어 개최

2021 K-핸드메이드페어 서울 개최

• 2022년

2022 서울국제화장품미용산업박람회(코스모뷰티서울)/국제건강산업박람회(헬스앤뷰티위크) 개최

2022 서울국제와인&주류박람회/국제맥주및기기설비산업전시회/세계전통주페스티벌 개최

2022 코리아비건페어 개최

2022 K-일러스트레이션페어 서울 개최

2022 K-일러스트레이션페어 부산 개최

2022 K-핸드메이드페어 부산 개최

2022 K-핸드메이드페어 서울 개최

2022 부산베이비&키즈페어 개최

한국콜마

회사명	한국콜마
대표자명	안병준 대표이사
연락처	044-860-0532
주 소	세종특별자치시 전의면 덕고개길 12-11,
홈페이지	www.kolmar.co.kr
생산능력	기초화장품공장(세종) 연간 2억 4000만개, 색조화장품공장(부천) 연간 1억개
인증일자	기초화장품공장(전의): 2011. 7. 18(CGMP 1호) 색조화장품공장(부천): 2011. 8. 26(CGMP 2호) 기초화장품공장(세종): 2016. 1. 4(CGMP 80호)
인증유형	CGMP, ECOCERT, ISO 22716, ISO 9001, ISO 14001, ISO45001, HALAL, VEGAN

HK Kolmar

한국콜마는 1990년 창립 이후 업계 최초로 ODM(주문자 개발생산 방식)이라는 신개념 비즈니스 모델을 구축하면서 화장품 업계 최초 타이틀을 거머쥐었다. 또 소비자들이 믿고 쓸 수 있는 제품을 만들기 위해 연구개발 투자에 과감히 뛰어들었다. 단기의 성과가 아닌 미래지향적인 연구

개발이 있었기에 오늘날 한국콜마는 화장품 분야에서 독자적인 원천 기술을 보유한 기업으로 성장할 수 있었다.

2010년대 기술 안정화에 접어든 이후에는 세계 최초 신기술 개발로 월드클래스 300기업에 선정되며 대외적으로 기술력을 인정받기 시작했다. 현재도 한국콜마는 매출액의 5% 이상, 의약품을 중심으로 하는 자회사 이노엔은 매출의 9% 이상의 금액을 R&D에 투자하고 있다. 2019년 개원한 서울 내곡동 소재의 한국콜마 종합기술원에는 총600여명의 연구인력이 상주해 지속가능한 화장품을 만들기 위해 다양한 기술을 융합 연구하고 있다.

한국콜마는 제약업계의 품질관리 기준인 GMP (Good Manufacturing Practice)를 화장품 업계에 처음 도입했다. 한국 최초로 CGMP 1,2호 인증을 받아 업계 전반의 품질을 크게 향상시킨 것으로 평가 받고 있다. 한국콜마는 최초 CGMP 인증 외에도 'ISO22716(국제 우수화장품 제조 및 품질관리시스템), ISO14001(환경경영시스템), ISO9001(품질경영시스템), ISO45001(보건안전경영시스템), ECOCERT(프랑스유기농화장품), KOLAS (ISO17025), 미국 FDA 인증 등을 획득하며 우수한 친환경 기업으로 인정받고 있다.

세종시에 위치한 기초화장품공장은 연간 2억 4000만개의 기초 제품을 생산할 수 있으며 생산에서 포장까지 원스톱으로 운영되는 한국의 화장품 대표 제조시설이다. 2016년에는 스마트공장 구축 우수기업으로 선정되어 산업통상자원부 장관상을 수상했을 뿐만 아니라 국내 화장품 업계 최초 스마트공장으로 자리매김했다. 2019년에는 기조화장품공장에 제조 실행 프로그램인 'LMS(Line Monitoring System)'를 구축했다. LMS는 생산 관련 데이터를 확보하는 시스템으로, 공장 관리자가 상시 제조공정을 확인할 수 있으며 문제 발생 시 빠른 해결이 가능하다.

한국콜마는 2007년 중국에 북경콜마 설립을 기점으로 해외 시장에 본격 진출했다. 2018년에는 중국 강소성 무석시에 연간 4억 여개의 제품 생산이 가능한 무석콜마를 완공했다. '포스트 차이나'가 새로운 화두로 떠오를 당시 한국콜마는 K뷰티의 시발점 이자 성지로 불리는 중국 땅에서 두 곳의 공장을 통해 자체 기술 역량을 과감없이 보여줬다.

이후 한국콜마는 미국, 캐나다 등 북미 시장에 초점을 맞췄다. 앞서 한국콜마는 2016년 미국 화장품 ODM 업체 Kolmar USA(구 PTP)에 이어 캐나다의 Kolmar Canada(구 CSR)까지 인수하며 글로벌 기업을 위해 도약했다. 2022년에는 국내 최대 화장품 용기제조업체인 연우를 인수하며 밸류체인 경쟁력을 높이고 글로벌 시장으로의 성장 모멘텀을 확보했다. 연우가 보유한 글로벌 네트워크를 활용해 해외 진출을 적극 이어나간다는 계획이다.

한국콜마는 2022년 5월 창립 32년만에 그룹의 'KOLMAR' 상표권을 인수했다. 화장품/의약품/건강기능식품 업계 역사상 한국 기업이 글로벌 본사의 브랜드 상표권을 인수한 첫 사례다. 한국콜마는 글로벌 주요 시장에서 'KOLMAR' 브랜드에 대한 독점적 권리를 갖고 신속한 사업을 추진하고 있다. 이를 위해 미국법인 PTP는 HK Kolmar USA로, 캐나다법인 CSR은 HK Kolmar Canada로 사명을 변경했다. 특히 북미 시장 공략을 위한 비즈니스허브인 '북미기술영업센터'를 건립하고 있다. 현지 정책과 시장 변화에 즉각 대응할 수 있는 북미 전진 기지를 구축하기 위함이다. 동남아와 중동 시장 개척을 위한 거점기지도 올해 법인 설립을 목표로 싱가포르에 준비중이다. 화장품 사업을 시작으로 의약품, 건강기능식품까지 사업 영역을 점차 넓혀갈 계획이다. 또한 지난 2월에는 국제뷰티산업교역협회(IBITA)와 '중동 및 북아프리카(MENA) 수출 고객사의 화장품을 독점 개발 · 생산하는 업무 협약을 맺는 등 중동 시장 선점을 위한 행보에 적극 나서고 있다.

기초화장품공장

주소	세종특별자치시 전의면 산단길 22-17			대표전화	044-860-0532
설립일	2014.6	CGMP인증일	2016.1.4	공장장	이영주
공장규모(㎡)	대지	39,522.9㎡	연면적	34,661.51 ㎡	
생산 설비	스킨케어, 메이크업유화제품, 헤어바디케어 제품 생산 설비, 초고압분산기 스틱형 립밥 제품 생산 설비, 쿠션 파운데이션 제품 생산 설비				
생산 품목	스킨케어류(토너, 로션, 크림, 에센스, 클렌징 등), 팩, 마스크, 헤어바디케어류 메이크업류(비비크림, 파운데이션, 마스카라, 아이라이너 등) 기능성화장품, 한방화장품, 영유아 어린이 제품, OTC 제품류				
인증 사례	CGMP, ECOCERT, HALAL, ISO 22716, ISO 9001, ISO 14001, ISO45001, VEGAN, ISO17025				

색조화장품공장

주소	경기도 부천시 평천로 850 번길 157			대표전화	032-682-3000
설립일	1993.7	CGMP인증일	2011.8.26	공장장	변성배
공장규모(㎡)	대지	5,306㎡	연면적	13,500.15㎡	
생산 설비	파우더 제조 및 성형 설비, 유성 제조 및 충전 설비				
생산 품목	베이스 메이크업 및 포인트 메이크업류 생산 (아이섀도우류, 팩트류, 립스틱류, 립글로즈, 립밤, 파운데이션 등)				
인증 사례	CGMP, ISO 22716, ISO 9001, ISO 14001, ISO45001, HALAL, VEGAN				

(주)한국화장품제조

회사명	(주)한국화장품제조
대표자	이용준
주 소	본사: 서울시 종로구 청계천로 35 연구소/음성공장: 충청북도 음성군 삼성면 대성로 547번길 74
대표 연락처	본사전화: 02-724-3281, 음성공장: 043-879-7500 홈페이지: www.hkcosm.com

▶ 회사소개

한국화장품제조는 1962년 창립 이래 쥬단학, 칼리 등 주요 브랜드를 히트시키며 방판유통과 백화점, 전문점 등 종합유통화장품사로 지속성장해왔다. 2010년 유통과 제조업을 분할하고 브랜드샵 더샘인터내셔날을 설립하며 새로운 도약의 기틀을 마련하였으며, 현재 한국화장품제조는 화장품 OEM/ODM 전문기업으로서 충북 음성에 생산 공장을 보유하고 있으며 생산 capa는 월 7백만개/연간 8천만개 수준이다. R&D 센터에는 약 50여명의 연구인력이 근무 중에 있으며 지난 2016년 음성에서 서울 종로 본사로 이전하면서 B2B 영업본부와의 시너지를 극대화했다. 회사는 OEM/ODM 시장 진출 이후 지속적인 성장을 이루어 왔으며 미래의 성장동력을 확보하고 화장품 산업을 대표하는 기업으로 자리매김하기

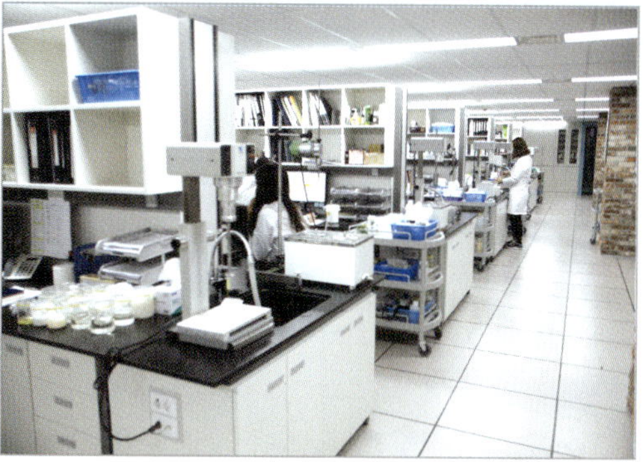

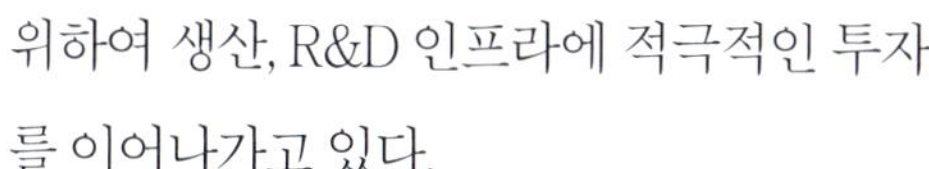

위하여 생산, R&D 인프라에 적극적인 투자를 이어나가고 있다.

▶ 주요 연구 성과

로레알과 랑콤 등 글로벌 기업들과 업무협의 및 제휴와 독자적인 기술 개발을 통해 세계적인 기술 수준으로 끌어올리려는 그간의 노력들과 57년간 축적된 노하우와 수많은 기술 및 연구 성과들이 한국화장품제조의 밑거름이다. 그 중에서 투명 선스틱과 쿠션제형의 파운데이션은 국내는 물론 중국 등 글로벌 시장에서도 큰 사랑을 받으며 크게 성장하고 있다.

• 1970년대 국내 최초 친수성 화장품 개발

• 1980년대 국내 최초 바이오 화장품 및 리포좀 화장품 개발

• 1990년대 초미립자의 피부침투력 극대화시킨 기술 개발(세계최고권위의 화장품 학술지 C&T의 Elegance Engineering Innovation Award를 수상, 1998년)

• 2000년대 국내 최초 주름개선 기능성 아데노신 함유 화장품 개발

국내 최초 자외선 차단용 화장품 식약처 인증

국내 최초 자외선 차단용 투명 선스틱 개발(2008년)

• 2010년대 국내 최초 VCCE 주름개선, 미백 2중 기능성 허가 취득 압축 파우더 기

능성 화장품 개발

국내 최초 모찌 타입의 색조 쿠션화장품 개발

• 2019 U.S. FDA audited facility. (FEI# 3012656014)

▶ 품질관리

한국화장품제조는 최상의 품질을 위해 끊임없이 노력하고 있다. 이는 국제표준화기구(ISO)의 안전 및 품질관리 인증(ISO 22716 / ISO 9001 / ISO 14001)과 식약처로부터 CGMP 사업장 인증, 무재해 9배수 인증 등 다양한 인증으로 이어졌다.

▶ CGMP 현황

품질보증과 고객만족은 물론 직원들의 안전과 건강까지 생각하는 주식회사 한국화장품제조의 음성공장은 대지 16,000여평, 연건평 4,500여평의 대단위 화장품 종합공장으로 본관동, 생산동, 물류동과 기타 부대시설 등 최고 효율의 시스템으로 구분되어져 있다.

본관동에는 기술개발연구소를 비롯하여, 관리팀과 QA분석실 등이 있다. 생산동에는 제조실, 충전실, 포장실, 원.부자재 보관실 등 직접생산에 필요한 공간으로 활용하고 있으며, 400여품목을 월간 200만개(본품 기준) 이상 생산할 수 있는 생산설비를 갖추고 있다.

특히, 제조실에는 마이크로믹서 설비를 갖추어 한방화장품 및 기능성화장품을 나노입자로 처리하여 피부의 진피까지 침투할 수 있도록 하는 국내 유일의 특허 기술력을 보유하고 있으며, 순수 자동화 시스템을 신규 도입하여 최종수질을 0.3 마이크로미터 규조토 처리 및 UV살균처리를 하여 미생물에 대한 오염을 예방하며 울트라 호머 믹서타입의 유화설비를 갖추어 고점도 제품 및 선크림 제품을 1일 1톤 처리하는 능력을 보유하고 있다.

포장라인 중심으로 원.부자재 창고 및 제조실 등이 배치되어 제품 생산의 최고 효율을 가져오게 되었으며, 제품 및 부자재 창고는 다품종 소량 생산시스템에 맞도록 랙창고로 적재효율을 높였다.

최고의 품질을 위한 품질경영에 주력하고 있는 음성종합공장은 화장품의 원료, 자재 및 완제품의 엄격한 각종 시험을 실시하고 있으며 품질보증과 고객만족을 위해 최선을 다하며 CGMP기준에 적합한 설비와 시스템을 구축하였다.

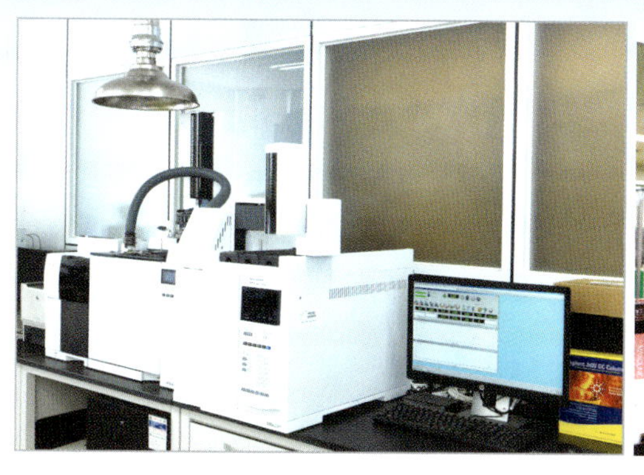

화장품 신기술 개발의 메카인 기술개발 연구소는 1970년대에는 국내최초로 친수성 및 약산성 화장품을 개발하였고, 1980년대에는 바이오 기술을 접목한 리포좀 화장품을 개발하였고, 1990년대에는 미세다중 유화기술을 특허 등록하여 나노 기술을 선도하였으며, 2000년대에는 주름개선 기능성 화장품 원료인 아데노신과 미백기능성 화장품 원료인 마황추출물을 식품의약품안전청으로부터 기능성 원료로 허가 받는 등 화장품 업계의 신기술 개발을 선도해 오고 있다.

특히 식물배양 바이오 기술을 이용하여 산삼배양근 추출물을 화장품에 적용시켜 국내특허를 등록하였고, 세계 10개국에 특허출원 중에 있다.

연구소는 소비자의 빠른 니즈 변화에 대응하기 위해 산.학.연의 공동연구를 지속 추진함으로써 외적 인프라를 통한 선행기술과 연구소의 축적된 노하우를 적절히 조화시켜 차별화 된 제품개발로 새로운 가치 창출에 앞장서고 있다.

음성공장은 중부고속도로 음성 IC에서 불과 5분 거리에 위치해 전국 어느 곳이든 4시간 이내 제품배송이 가능해져, 기존 부천공장에서의 배송에 비해 시간과 물류비

▶ 생산 능력

구분		기초	파운데이션	분체 (트윈케익 섀도우 등)	색조 (립스틱 마스카라 등)	합계	비고
제조능력	월	400톤	40톤	10톤	10톤	460톤	칠러시스템 정제수시스템 마이크로믹서 등 보유
	년	4,800톤	480톤	120톤	120톤	5,520톤	
생산능력	월	320만개	330만개	40만개	50만개	740만개	튜브충전기 셀충전기 핫필러기 쿠션충전기 등 보유
	년	3,840만개	3,960만개	480만개	600만개	8,880만개	

※쿠션: 월 130만개 충전 포장 가능

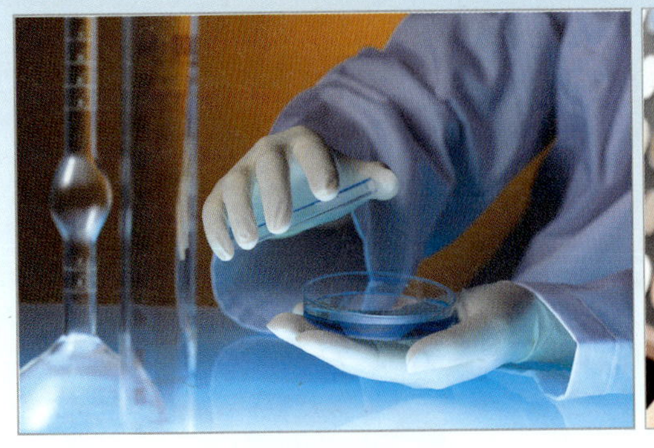

용을 대폭 절감할 수 있는 최적의 지정학적 요건을 갖추고 있다. 물류동은 신축건물로서 150만개의 제품을 분류 보유할 수 있는 6단 랙시설과 창고관리시스템(WMS-Warehouse Management System)을 운영하여 주문 이후 배송시스템을 완벽하게 구축함으로 최고의 물류시스템을 자랑하고 있다.

직원들의 건강 복지향상을 위해 천연잔디구장을 조성하고, 장정의 소나무 정원에 야외용 벤치와 원두막, 산책로 등을 설치하여 공원분위기를 조성하여 직원들이 운동뿐만 아니라 편안하게 근무할 수 있는 환경을 조성하고 있다. 주말이나 휴일에는 공장을 개방을 통해 지역 주민들이 자치활동을 벌이거나 휴식공간으로 활용할 수 있다.

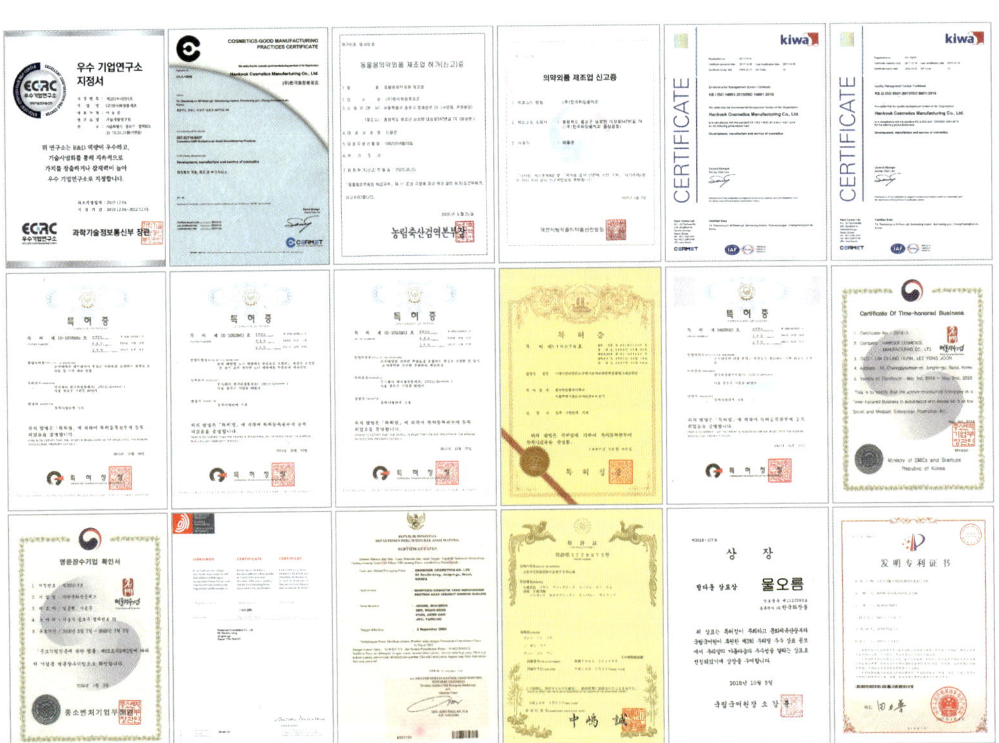

▶ 회사 연혁

- 1961. 10. 10 한국화장품공업 주식회사 설립.
- 1962. 3. 21 한국화장품공업주식회사를 법인 등기, 대표이사 '임광정 사장' 취임.
- 1962. 9. 21 서울 본사 및 공장 건축.
- 1977. 8. 11 한국화장품 부천종합공장 준공.
- 1962. 8. 13 대구지점 사옥 준공.
- 1962. 9. 21 부산지점 사옥 준공.
- 1978. 1. 19 자본금 48억원으로 기업공개.
- 1979. 4. 23 한국화장품 노동조합 설립.
- 1984. 3. 20 한국화장품 중앙연수원 준공.
- 1984. 5. 22 한국능률협회, 한국최우수 기업상 수상.
- 1985. 5. 22 한국능률협회, 한국최우수 기업상 수상.
- 1985. 9. 8 대전지점 신축사옥 준공.
- 1985. 9. 9 광주지점 신축사옥 준공.
- 1986. 5. 22 한국능률협회, 한국최우수 기업상 수상.
- 1986. 10. 11 서울 종로구 서린동 서린빌딩 본사 사옥 이전.
- 1988. 7. 1 한국화장품 공업주식회사를 한국화장품주식회사로 변경.
- 1988. 12. 26 대표이사 '임충헌 사장' 취임.
- 1990. 12. 29 임충헌 대표이사 '체육포장' 수훈.
- 1993. 11. 27 한국화장품 양산 물류센터 준공.
- 1994. 11. 5 직판사업부 출범.
- 1994. 12. 10 한국화장품 음성공장부지 매입.
- 1995. 2. 6 대표이사 '임충헌 회장' 취임, 대표이사 '김두환 부사장' 취임.
- 1996. 3. 2 제30회 조세의 날 임충헌 회장 '국세청장 표창장' 수상.
- 1996. 4. 6 제24회 보건의 날 임충헌 회장 '대통령 표창장' 수상.
- 1996. 12. 23 대표이사 '김두환 사장' 취임.
- 1997. 8. 20 한국산업디자인상, 칼리(Calli) 색조 화장품 대상 수상.

- 1997. 12. 23 노동부 제정 노사화합 대상 노사협력우량 기업 선정.
- 1998. 10. 8 남,여 고용 평등실현 유공자로 김두환 대표이사 '국민훈장 석류장' 수훈.
- 1999. 10. 2 한국화장품 음성공장 준공.
- 1999. 11. 1 노동부 선정 '직무능력향상 부문', 연수원 '국무총리 표창장' 수상.
- 1999. 12. 21 부천공장 CGMP 사업장으로 인증.
- 2000. 7. 1 부천공장 산재예방에 기여한 공로로 노동부장관 단체표창 수상.
- 2001. 1. 1 전사적 지원관리 시스템 ERP 가동.
- 2001. 11. 22 '2001 한국 산업디자인상', 'PLANNER' 기초화장품 대상 수상.
- 2002. 3. 4 부천공장 제36회 납세자의 날 부천시장 표창장 수상.
- 2002. 12. 13 '2002 한국산업디자인상', 오션포맨 남성기초화장품이 대상을 수상, 3회 연속 대상수상 '우수디자인 지향 기업' 선정.
- 2003. 1. 1 거래처 웹 통합정보관리시스템(PRM) 가동.
- 2003. 11. 18 전국 건강증진우수사례 장려상(산업안전보건공단 이사장상) 수상
- 2004. 12. 1 전자결재 시스템인 그룹웨어(Group Ware) 가동
- 2005. 9. 21 한국화장품 부천종합공장 매각.
- 2005. 11. 25 한국화장품 부천종합공장 생산종료.
- 2005. 12. 15 한국화장품 양산물류센터 매각.
- 2005. 12. 16 한국화장품 춘천사옥 매입.
- 2006. 1. 16 음성종합공장 이전완료 및 생산가동.
- 2006. 5. 8 음성공장 CGMP 적합업소 지정
- 2006. 8. 31 계열법인 ㈜시선래브 청산.

- 2006. 12. 14 보건산업기술대전 우수기술경진대회 우수상(진흥원장상) 수상.
- 2007. 3. 29 2007년 산업안전경영대상, 대상(제조부문) 선정-한국경제주최
- 2007. 11. 산심결트윈케익 디자인진흥원장상 수상
- 2007. 12. 천가선 PACKSTAR상 수상
- 2008. 3. 14 대표이사 '이용준 사장' 취임.
- 2008. 4. 29 한국화장품 2009수위탁거래우수업체 확인서수여 – 서울 중소기업청
- 2008. 12. 3 이뎀 더 셀니티 2008 우수디자인(GD)상품선정 진흥원장상 수상 –한국디자인 진흥원 주관

• 2008. 12. 14 천가선 제1회 우수상표대상 입선,
음성공장 무재해 5배수 인증 달성.(1,840일)

• 2009. 6. 1 에카나바 2009 우수디자인(GD)상품선정 – 한국디자인 진흥원 주관

• 2009. 7. 6 음성공장 산재예방에 기여한 공로로 국무총리 단체표창 수상

• 2009. 10. 13 에카나바, 오션 메르델라인 PACKSTAR상 수상

• 2009. 11. 09 음성공장 CGMP사후관리 심사 인증

• 2009. 12. 8 2009년 보건산업기술대상 우수상(보건산업진흥원장상)수상
– 기술명 : 투명 type 자외선 차단용 선스틱 화장품 개발

• 2010. 2. 주식회사 더샘인터내셔날 설립

• 2010. 5. 3 화장품판매 및 부동산 임대사업부문을 인적 분할하여 신설회사인
'한국화장품(주)'를 설립,
존속회사가 되는 당사는 '(주)한국화장품제조'로 사명 변경

• 2013. 4. 9 식약처로부터 CGMP(우수화장품 제조 및 품질관리기준 적합업소) 인증

• 2014. 1. 10 국제 우수화장품 제조 및 품질관리 기준 ISO 22716 인증

• 2016. 4. 한국화장품제조 C&I Research Lab 서울 본사 이전 및 신설

• 2017. 12. ISO 9001, ISO 14001 인증

• 2018. 대한민국 명문장수기업 선정

• 2019. U.S. FDA audited facility. (FEI# 3012656014)

• 2020. 5. 의약외품 및 동물용의약외품 제조업 허가 취득

• 2020. 08. 자외선과 적외선, 블루라이트 차단 복합 기능 자외선 차단제 개발

• 2020. 11. 발아 새싹 유산균 발효물을 함유하는 피부 장벽 강화용 조성물 특허 등록

• 2020. 11. 우수한 피부밀착력을 가지는 컨실러 특허 출원

• 2021. 08. 락토바실러스 플란타럼 YoungBiome2 균주로 발효된
센텔라아시아티카 정량 추출물의 제조 방법 및 화장료 조성물 특허 취득

• 2022. 01. 안정화된 레티날을 포함하는 니오좀 조성물 및 이를 함유하는
개인 미용 또는 위생용 조성물 특허 취득

• 2022. 05. 한국화장품제조, 제주 바람꽃 유래 독자 유산균 특허 취득

한독화장품

회사명	한독화장품(주)
대표자	나애숙
주　소	인천광역시 남동구 은봉로 19(논현동), 서울특별시 영등포구 영등포로 347 한독타워
대표 연락처	홈페이지: http://ihandock.co.kr/ 전화: 080) 770-0405, E-mail: help@ihandock.co.kr

▶ 회사 소개

1995년 출범 이래 올해 창립 27주년을 맞은 한독화장품(주)는 지난 2018년 준공된 인천 신공장(인천시 남동구 은봉로 19)과 더불어 본격적인 뷰티&헬쓰 종합전문 기업으로서의 도약을 이뤄내고 있다. 수 년 전 국내외 경기 전망이 어려운 상황에서 보다 큰 미래를 위해 신중한 결단을 통해 이뤄진 신공장 준공 및 화장품, 건강기능식품, 의약외품 라인 증설 등 지속적인 설비 투자는 코로나19로 국내는 물론 전 세계의 기업들이 전대미문의 어려움을 겪는 상황에서도 큰 결실을 맺어가고 있으며 수년 전부터 시작된 OEM · ODM 사업도 자리 잡으면서 뷰티&헬쓰 및 의약외품 분야에 본격적으로 진출, 해외시장 개척에 나서고 있다.

한독화장품 인천 GMP공장은 연구동과 생산동으로 구별되어 ISO,GMP/cGMP 기준으로 설계되었고 화장품, 건강식품, 의약외품 제조 공정으로 나뉜다. cGMP 인증을

획득한 화장품 제조공정은 현재 정품기준 월 50만개, GMP 인증을 획득한 건강기능식품 제조공정은 월 20톤의 생산능력을 갖췄다. 의약외품인 손소독제는 자동 생산 라인 및 알코올 저장 탱크로리 등 시설을 확충하여 월 200만개 생산이 가능하다.

▶ 제품 철학 및 대표 제품

• 천연유래추출물 함유 화장품

약학박사인 창업주는 30년의 개국약사로서의 임상경험을 토대로 피부의 모든 세포에 영양을 공급하는 병풀, 감초, 마치현, 상백피, 은행잎 등 자연의 순수한 천연유래 추출물을 사용하여 저자극의 마일드한 내추럴 타입의 화장품을 개발하였다.

회사 창립과 동시에 '스펠라(SPELA)' 브랜드의 기초화장품 출시를 시작으로 현재 기초화장품, 색조화장품, 퍼스널케어 등 70여종을 생산하고 있다. '스펠라'는 '널리 퍼진다'는 의미의 고대 히브리 언어로써 피부 근본문제 개선을 위한 피부 기초라인으로서 중,건성 피부에 천연 유래 보습인자가 피부를 촉촉하고 매끄럽게 가다듬어주며 상백피, 은행잎 추출물 등 식물 추출물들이 생기있는 피부로 가꾸어 주는 기초 제품이다. 이 밖에 '에브라임', '신통', '토토나' 브랜드가 있으며 현재 '스펠라'와 '에브라임' 기초 화장품은 중국 위생허가를 획득하였다.

• 천연한방성분 함유 모발 제품

전통적으로 한방에서 모발의 영양공급이나 성장에 효과가 있다고 알려져 있는 천연 생약성분을 정제, 추출하여 만든 자연 친화

모발용 제품으로 머리부터 발끝까지 고객의 아름다움, 청결 및 건강을 최우선 과제로 삼아 고객이 보다 건강하고 아름다운 생활을 영유할 수 있도록 연구 역량을 집중하고 있다.

한독화장품은 발모제를 비롯한 탈모방지 모발관리 제품 생산에도 오랜 역사를 갖고 있다. 약학박사인 창업주가 '한독약국' 시절부터 관심을 갖고 연구하던 분야로써 2000년에는 '발모촉진용 외용액제' 특허(No.0259037)를 획득하였고 유럽의 유수 해외 발명전에서 금,은상을 휩쓸었으며 2003년 '발명의 날'에는 석탑산업훈장도 수훈할 정도로 결과를 얻었던 분야이기도 하다. 천연 생약성분을 정제, 추출하여 만든 자연 친화 모발제품으로 그 기술이 발효기술로 업그레이드되어 '모생모' 브랜드가 탄생하였으며, 천연유래 식물성 계면활성

제를 사용한 탈모증상 완화 샴푸도 개발하여 런칭하면서 헤어 토닉, 헤어 에센스, 헤어 샴푸 등의 탈모방지 모발관리 기능성 화장품 라인을 구축하였다.

• 피부와 조화를 이룰 수 있는 건강식품

아름다운 피부는 신체내면의 건강과 조화를 이루어야 한다는 건강미학을 추구하여 한독화장품 생명공학 연구소는 화장을 침해하는 독성을 억제하고 균형 잡힌 영양을 위한 건강식품을 개발하였다.

대표적인 건강기능식품인 '클라라'는 발효건강식품으로서 장건강과 체지방 개선 효과로 국내는 물론 미국, 일본 등 해외 시장에 진출해 좋은 성과를 올리고 있는 제품이다. '클라라'는 식이섬유인 차전자피와 엉겅퀴의 실리마린을 포함한 10여종의 자연 원료를 통해 장건강에 도움을 주고 체지방 분해에 탁월한 가르시니아캄보지아와 한독화장품 생명공학연구소에서 특허 획득한 '대두펩타이드를 함유한 다이어트 조성물(No.10-1405372)' 함유로 다이어트에도 도움을 주는 건강기능식품이다. 2008년 출시된 이래 15년간 한독화장품 생명공학연구소의 약학박사 3명을 비롯한 연구진이 수많은 체험사례를 토대로 한 지속적인 R&D와 일반원료보다 10배 이상 비싼 발효원료 사용 등으로 타제품이 모방할 수 없는

부작용 없고 속효성이 있는 제품으로 안정화시켰다는 것이 강점으로 꼽히고 있다.

• 코로나19를 극복하는 의약외품

한독화장품은 공장 설립이래 지속적인 R&D를 통해 의약외품을 개발 · 생산해왔다. 특히 신종플루, 메르스 사태에 이어 코로나19의 확산으로 인한 외용 손소독제의 수요 증가에 신속하게 대처하고 설비 증설에 대한 투자를 통해 약국 유통 등 내수를 비롯하여 미국, 일본 등에 수백만개의 제품을 수출하는 등 의약외품 손소독제 시장에서 인정받는 업체로 자리매김하게 되었다.

▶ 회사 연혁

- 1995　한독화장품 주식회사 창립(창업주 박효석 회장)
- 1998　화성공장 준공 1999 발모제 '스펠라707' 출시기념 기자회견 (서울대 정명희 교수)
- 2000　특허청 주최 '2000 대한민국 특허대전' WIPO 사무총장상 수상
- 2000　발명의 날 '석탑산업훈장' 수훈

- 2001 유럽 유수 발명전 금상, 은상 수상(영국, 독일, 스위스, 프랑스 발명전)
- 2003 기술연구소 기업부설연구소 지정(한국산업기술진흥협회)
- 2006 ISO 9001 / ISO 14001 인증 획득
- 2006 신기술 기업으로 벤처기업확인서 획득(중소기업진흥공단)
- 2006 사옥 이전(서울시 영등포구 영등포로 347 한독타워)
- 2007 브랜드 '스펠라' 런칭식 및 전속모델 손태영 공식 발표회
- 2007 브랜드 '스펠라 랩 화이트닝' 홈쇼핑 런칭
- 2012 서울시 우수기업으로 'Hi Seoul 브랜드기업' 지정(서울특별시)
- 2012 '닥터 모생모' 탈모두피관리센터 오픈
- 2014 생명공학연구소 기업부설연구소 지정(한국산업기술진흥협회)
- 2015 기술혁신형 중소기업(Inno-Biz) 인증(No.150105-00923호) 중소기업청
- 2016 제17회 중소기업 싱글PPM 품질혁신유공자 선정 중소기업청장 표창 수상
- 2017 경영혁신형 중소기업(Main-Biz) 인증(No.170101-00549호) 중소기업청
- 2017 대한민국 뷰티산업대상 '헬스푸드 부문' 대상 수상 2017 무역의 날 '백만불 수출의 탑' 수상
- 2018 인천공장 준공 및 우수건강기능식품제조기준(GMP) 적합업소 인증
  2018 인천공장 우수화장품제조 및 품질관리기준(cGMP) 적합업소 인증
- 2019 인천시 남동구 우수중소기업 선정 및 우수기업인상 수상

(주)한솔바이오텍

회사명	(주)한솔바이오텍
대표자	임승호
주 소	경기도 화성시 마도면 청원산단5길 45
대표 연락처	홈페이지: http://www.hansolbiotech.com/ 전화: 031) 357-0884

▶ 회사 소개

20년여 동안 화장품 회사에서 경력을 쌓아온 대표이사를 필두로 실력을 인정 받아온 우수한 연구원들이 뜻을 모아 2015년 4월 설립한 ㈜한솔바이오텍은 그 기술력을 인정받아 경기과학기술진흥원 및 국립연구소들과 함께 다양한 연구개발 및 특허 등록을 하고 있는 내실 있는 기업이다. 2016년 7월 경기도 화성시 마도면 화성 바이오밸리 내 대지면적 5,300㎡의 최신식 신축공장을 준공하여 고객들에게 더 좋은 품질의 제품을 제공하기 위해 노력하고 있다. 2021년 의료기기제품 생산 공장 확장으로 인해 옆부지의 2동을 설립 및 확장하여 현재 가동 중에 있다. 2016년 11월 기업부설

연구소 설립으로 인한 고기능성 제품의 연구개발 및 의료기기MD 제품 개발을 통해 고객들에게 폭넓은 선택의 기회를 제공했다. 위와 같은 바탕으로 2021년 매출기준 354억이라는 성과를 이뤘다. 2022년에는 코로나로 인한 매출 감소에 대응하기 위해 최근 자사 CI변경 및 자사 공장 입구와 사무실 전체적으로 인테리어와 리모델링을 진행하여 밝고 깔끔한 회사 이미지를 전달하기 위해 노력하고 있다.

▶인증현황

의료기기 제조 및 품질관리 기준(의료기기 GMP) 인증서 획득: 자사 의료기기 점착성 투명 창상피복재 [메디 시크릿 크림] 제품이 의료기기 허가를 취득하여 올해 2020년 6월부터 본격적으로 마케팅 및 판매를 진행하고 있다. 의료기기 제품의 경우 의료기기 GMP 기준에 따른 제조품질관리(ISO13485 Quality System)에 부합하여야 하며 의료기기 생물학적 안전에 관한 공통기준 규격에 적합하여야 가능하다. (세포독성 : ISO 10993-5, 피부감작/피부자극 : ISO 10993-10)

열람용

제인 20-4164 호

의료기기 제조 인증서

(업 허가번호 : 제 6740 호)

구분	[✓] 제조 / [ ] 수입	[✓] 품목 / [ ] 품목류	
명칭 (제품명, 품목명, 모델명)	(주)한솔바이오텍 · 점착성투명창상피복재, 메디 시크릿 크림	분류번호(등급)	B07070.01 (2)
모양 및 구조	별첨		
원재료	별첨		
제조방법	별첨		
성능	별첨		
사용목적	별첨		
사용방법	별첨		
사용 시 주의사항	별첨		
포장단위	별첨		
저장방법 및 사용기간	저장방법 : 별첨, 사용기간 : 별첨		
시험규격	[illegible]		
제조(수입)업자 정보	제조(수입)업자 : (주)한솔바이오텍, 경기도 화성시 마도면 청원산단5길 45, 1동 제조원 : 상동		
허가조건	없음		
소재지	경기도 화성시 마도면 청원산단5길 45, 1동		
비고			

「의료기기법」 제6조 · 제15조 및 같은 법 시행 규칙 제6조제2항 · 제34조에 따라 위와 같이 인증합니다.

2020 년 02 월 28 일

한국의료기기안전정보원장 (인)

CERTIFICATE

No. 820378

Hansolbiotech Co., Ltd.

EN ISO 13485:2016

Development, Manufacture of Medical lubricant, Cream (wound dressing)

validity code 5E793831-5F4

의료기기 GMP를 인증 받음으로 인해 다수의 제약회사와 계약 완료하여 제조 및 판매사에 대한 GMP를 진행 중으로 다수의 제약회사와 계약이 성사되어 제품 출시 및 판매 중이다. 리큐솔 메디 시크릿 크림 MD는 대표이사와 연구소장의 축적된 경험과 노하우로 피부에 자극이 없는 의료기기 크림으로 현재 병원(비급여 품목) 및 온라인, 오프라인으로 판매 중이다. 리큐솔 메디 시크릿 크림 MD를 시작으로 현재 의료기기 MD 로션 (리얼 메디실 로션 엠디), 추가 의료기기 크림 (메디 인텐시브 크림)를 품목허가 진행 완료하여 비급여 취득 완료하여 주요 제약회사 및 판매업과 계약하여 생산 중이다.

▶생앤 신제품 출시

"페이스가 환해지려면 눈가부터 밝히자" 생앤 보윤 아이 세럼은 칙칙한 눈가를 환하게 가꾸어주는 미백 주름개선 이중기능성 아이세럼으로 펩타이드 성분과 특허성분들이 함유되어 쳐지고 늘어진 눈가피부에 수분과 영양을 공급하여 탄력있는 눈가케어에 도움을 준다. 또한 끈적임 없이 밀착되는 텍스처이며 흡수력이 뛰어난 제품으로 주름이 신경 쓰이는 부위에 부담없이 사용할 수 있는 멀티 아이세럼이다.

그 밖에 생앤 톤업선크림(유무기자차, SPF50+/PA++++), 선크림(유기자차, SPF50+/PA++++), 생앤 클렌징오일을 개발 및 출시하여 소비자들에서 선보이고 있다.

▶연구소의 운영 현황과 주력 품목

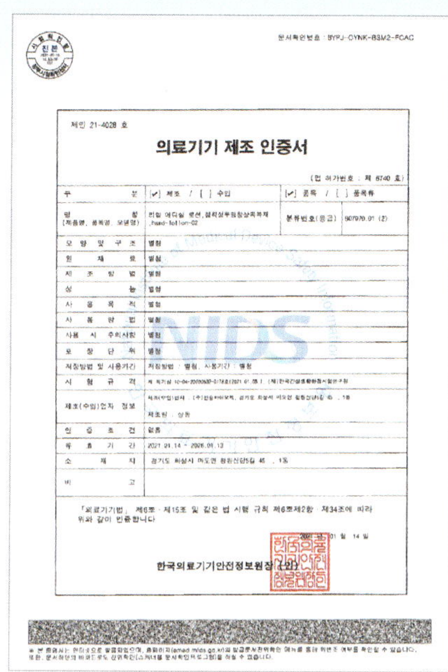

문서확인번호 : BYPJ-CYNK-BSM2-FCAC

제인 21-4028 호

의료기기 제조 인증서

(업 허가번호 : 제 6740 호)

구분	[✔] 제조 / [ ] 수입	[✔] 품목 / [ ] 품목류	
명칭 (제품명, 품목명, 모델명)	한림 메디실 로션, 탈모완화 등 ,head-lotion-02	분류번호(등급)	907970.01 (2)
모양 및 구조	별첨		
원재료	별첨		
제조방법	별첨		
성능	별첨		
사용목적	별첨		
사용방법	별첨		
사용 시 주의사항	별첨		
포장단위	별첨		
저장방법 및 사용기간	저장방법 : 별첨, 사용기간 : 별첨		
시험규격			
제조(수입)업자 정보	제조(수입)업자 : (주)한솔바이오텍, 경기도 화성시 마도면		
	제조원 : 상동		
인증조건	없음		
유효기간	2021.01.14 ~ 2026.01.13		
소재지	경기도 화성시 마도면		
비고			

「의료기기법」 제6조 · 제15조 및 같은 법 시행 규칙 제6조제2항 · 제34조에 따라 위와 같이 인증합니다

2021 년 01 월 14 일

한국의료기기안전정보원장 (인)

한솔바이오텍 본사 연구소는 의료기기 제품개발, 탈모방지 샴푸(비고시) 진행 및 고기능성 제품의 개발을 토대로 기업부설 연구소에서 중앙연구소로 연구소 명칭 변경을 진행하여 2022년 새로운 제형 및 새로운 소재개발에 노력을 하고 있다. 또한 2022년에 코로나 MZ세대가 확산하는 소비 트렌트인 '미닝아웃'의 발맞춰 올해 동안 비건화장품 및 천연화장품 인증 및 런칭을 준비 중에 있으며 화장품 용기, 단상자 패키지의 친환경화를 통해 지구 환경을 생각하는 제품 런칭을 주력으로 진행 중이다. 또한 차별성을 위한 자사 [특허 명칭: 버섯 복합발효추출물을 함유하는 화장료 조성물] 특허 출원을 완료 했으며 특허 등록 진행 중에 있다.

▶생산 캡파 및 신규 보유 장비

2017년 화장품 CGMP 인증 및 2019년 의료기기 GMP 인증 후 1일 제조 및 생산실적이 꾸준히 증가하여 현재 제조 및 포장에 필요한 기기 및 신규 생산 인원을 추가하여 원활한 생산이 이루어지도록 하고 있다.

• 1일 제조 total : 5,000kg / 1일 포장 total(세트포장 포함) : 60,000ea 이상

코로나 시대 제품 생산에 발 맞추어 기존 충진기에 추가로 [형상 파우치 충진기]를 신규로 구입. 설치 함으로써 신제품 출시 및 기존 제품 1일 생산캡파 증량 및 품질관리를 더욱더 철저히 관리됨에 따라 추가 매출 증대를 기대하고 있다. 기존 생산 설비에 추가로 주사기 용기 및 1제/2제 충진포장 시설 확충 및 충진포장 다양화 시도를 통해 매출 증대를 위해 노력하고 있다.

▶ 공장 연혁

- 2015년　설립
- 2016년　공장 등록 및 식약처 제조업, 제조판매업 등록 완료 / 기업 부설 연구소 등록
　대전대학교 산학협력 기술물질 이전 계약 진행
- 2017년　화장품 CGMP 허가 완료 / ISO 22716 인증완료 / 벤쳐기업 등록
　건국대학교 산학협력 협약체결 /
　경기과학진흥원 및 제주테크노파크와의 통상 실시 계약
- 2018년　한솔바이오텍 나이스 기술평가 우수기업 인증
　기초, 마스크팩제품 두바이 수출
- 2019년　의료기기 제조 및 품질 GMP 인증 / Cosmos 공장 인증 및 제품 인증 허가 완료
- 2020년　의료기기 제품 허가 인증 완료 및 비급여 신청 완료 / 의료기기 공장 증설 /
　ISO 13485 인증 완료
- 2021년　한솔바이오텍 CI 리뉴얼
- 2022년　특허출원 (버섯 복합발효추출물을 함유하는 화장료 조성물)
- 2022년　물류창고 확장 이전

한솔생명과학(주)

회사명	한솔생명과학(주)
대표자	신형석
창립일	2012.07
주 소	(공장) 경기도 성남시 중원구 둔촌대로 545 한라시그마밸리 804~811호, 910호(상대원동) (R&D센터) 경기도 성남시 분당구 판교로 228번길 17 (삼평동, 판교세븐벤처밸리 2) 제 1동 6층
대표 연락처	홈페이지: http://hansolbio.com 전화: 031) 743-9601

▶ 회사 소개

한솔생명과학은 국내 화장품 핵심 기술의 발전에 일조한 대표이사를 필두로 R&D 등 화장품 각 분야의 핵심 전문가들이 합심하여 2012년 7월 화장품 연구개발 특화 기업으로 출발한 회사이다. 차별화된 R&D 기술의 ODM/OEM 기업 한솔생명과학은 중소기업으로는 최초로 cGMP 인증을 공인받았다.

한솔생명과학은 그동안 이룩해 온 노하우를 바탕으로 다양한 지자체 연구소와 공동연구를 진행하고 산 · 학 · 연 연계 국책사

업 진행을 통해 고부가가치 기술력을 쌓아가며, 2019년에는 기업부설연구소를 판교로 이전 확장하여 고객과의 신뢰를 바탕으로 한 기술 기반 최고의 연구진들이 기초과학과 응용과학이 결집된 우수한 화장품을 개발하며 일반 화장품 뿐만 아니라 고 효능 기능성 화장품 연구에도 매진하고 있다.

완벽한 설비 CGMP 인증을 받은 제조 시설로 말보다는 품질로 고객님에게 다가서겠다는 일념으로 믿을 수 있는 제품만을 생산하고 있으며, 글로벌 수준의 화장품 제조 및 품질관리 기준인 'ISO 22716' 인증도 획득했다. 2013년에는 국제규격 품질인증인 ISO 9001을 승인받아 품질, 안전 환경 부분에 있어 국제적으로 공인된 시스템을 갖추게 되었다. 다품종 소량생산에서 대량생산까지 업종별 생산이 가능한 설비를 위해 2020년에 공장 확장과 설비 보강 등 도약을 위해 R&D 관련 투자를 끊임없이 하고 있다. 전문가들이 그동안 이룩해 온 노하우를 바탕으로 원스텝 시스템으로 업종별 생산이 가능한 설비 시스템을 갖추고 있으며 원료 발주부터 포장, 출하까지 과학적이고 엄격한 품질관리를 실시하고 있다.

한솔생명과학은 국내와 해외 박람회를 통해 글로벌 시장에서 도약하고 있으며 빠르게 성장하고 있는 화장품 시장에 맞추어 전문적인 기술과 제품력을 확보하기 위해 기획하고 연구 중에 있다. 특히 기술과 소재 개발에 대한 집중투자로 타 브랜드와 차별성을 가지고 글로벌 기업으로 성장하고 있다.

▶ **생산능력** : 스킨케어 / 메이크업 / 헤어케어 / 기능성 / 의약외품 등

▶ **인증일자** : 2014.07.14

▶ **인증품목** : cGMP / 기업부설연구소 / 벤처기업 / ISO9001 / ISO22716

기술혁신형 중소기업(Inno-biz) / 경기도 유망중소기업 / 경기가족친화 일하기 좋은 기업 / 경영혁신형 중소기업(main-biz)

▶ **슬 로 건** : 신뢰를 바탕으로 한 기술 기반의 ODM / OEM / OGM 전문업체

화이트코스팜(주)

기업명	화이트코스팜㈜	본사	충남 천안 서북구
설립일	2007년05월30일	영업 사무실	서울 도곡동
대표이사	윤재동	공장 · 연구소	충남 천안
주요사업	화장품 ODM · OEM 토탈 솔루션 제공	생산능력	6,000만 unit/년
사업품목	상품기획 · 연구개발 · 제조 · QA · 완제품 출하 대행	직원수	100명

▶ 회사 소개

화이트코스팜(주)은 2007년 설립 후 2010년 CGMP에 맞는 화장품공장을 천안에 신축함과 동시에 2014년에는 화장품의 세계화에 걸맞는 생산설비 및 R&D에 과감히 투자하고, 최신 생산시설 및 연구인프라를 더욱 확장해 세계적인 유기농 · 천연 토탈코스메틱 회사로서의 기반을 갖춰 최우수품질의 화장품을 개발 · 생산하고 있다.

화이트코스팜은 특히 자연에너지의 생명력으로 아름다움을 되살려주고 피부 스스로의 생명력을 찾아주는 유기농 · 자연주의를 기업이념으로 하는 토탈 코스메틱을 추구하고 있다.

국내 뿐만 아니라 아시아 및 러시아 등지에서 공동 히트를 기록하고 있는 오가니아를 비롯한 에코살롱, 씨드앤팜, 화이트오가니아 등의 브랜드들은 유기농 올리브 오일과 친환경 공법을 주축으로 사용한 내추럴 케어의 대가라고 할 수 있다.

또한 호서대학교 화장품과학과 및 한양여대 산업디자인학과와의 MOU 체결, 단국대학교와의 MOU 체결, 경상남도 함양군청과의 MOU 체결, 청운대학교와의 지속적인 산학공동연구 및 기술개발 상호협력 등 다양한 연계활동과 기술력 경쟁, 끊임없는 연구 활동들을 통해 앞으로도 세계 중심에 우뚝 설 수 있는 회사로 발전해나갈 계획이다.

맞춤형 토탈 솔루션 제공

화이트코스팜㈜의 연구개발 · 생산 노하우로 고객사의 needs에 따라 상품기획 · 개발 · 생산 · 품질관리에 이르는 전 과정에 대한 맞춤형 토탈 솔루션을 제공합니다.

부설 연구소의 최첨단 기술력

화이트코스팜㈜의 부설 연구소는 지난 10여년 동안 R&D에 대한 과감한 투자와 혁신으로 원료의 우수성을 피부에 가장 효과적으로 전달하는 핵심기술을 보유하고 있습니다.

고객사

화이트코스팜

완벽한 품질관리 시스템

원료 · 부자재 · 반제품 · 완제품 4단계에 걸친 철저한 품질관리 시스템으로 연간 불량율 30ppm 이하를 유지합니다.

납기 준수

철저한 납기준수를 통해 고객의 시장 대응력과 유연성을 높여드립니다.

▶ 인증 · 특허 보유 현황

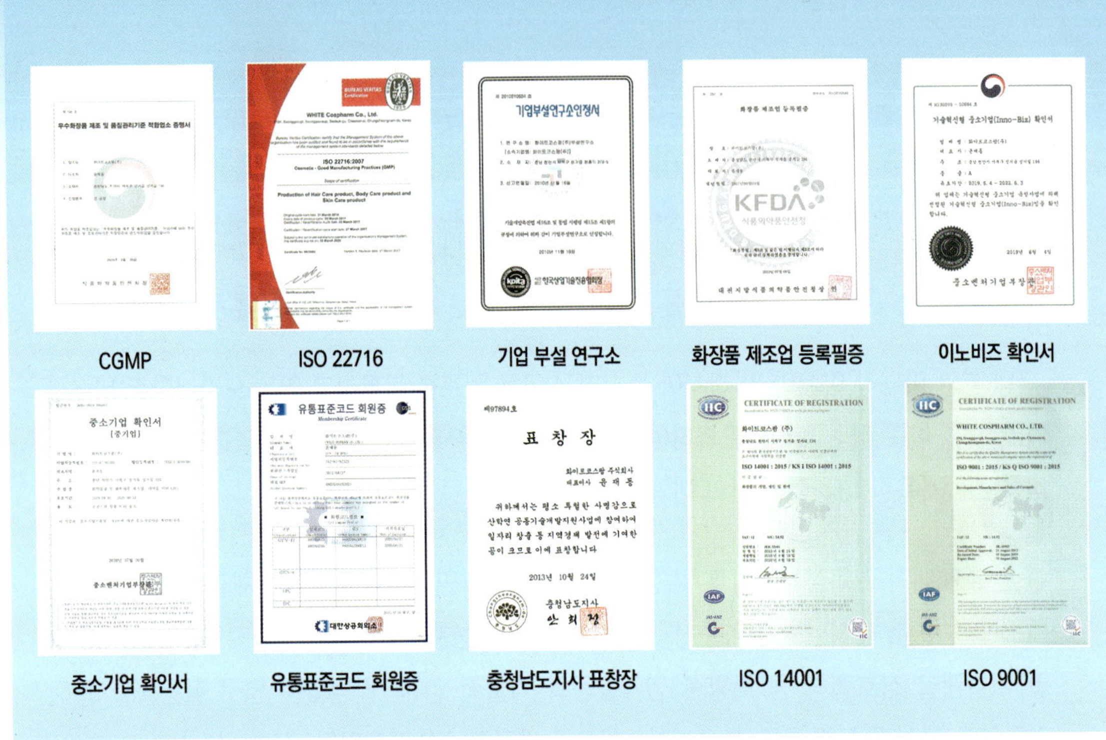

ISO 9001 인증, 14001 인증, 벤처기업 및 기술혁신형 중소기업 INNOBIZ 인증, 국제우수화장품 제조 및 품질관리기준 ISO 22716 인증, 화이트코스팜 부설연구소 인가(인증번호 : 2010210634). 식이유황(MSM) 함유 항균화장품조성물 특허출원(출원번호 : 10-20130062823), 의약외품 제조판매 허가 완료

▶ 생산 시설 및 생산능력

1. 제조시설

진공유화제조가마 5ton · 2ton(500kg · 300kg), 샴푸제조가마 5ton, 유수상용해조 600 · 300 · 200, 액상제조가마 1200kg, 정제수제조장치, 교반기, 마이크로 여과기, 이송펌프 등

▶ 제조설비(소량 및 대량)

2. 충전포장시설

자동액상충전기, 크림충전기, 다용도충전기, 튜브자동실링기, 레벨충전기, 고주파실링기, 세병기, 열풍기, 수축터널, 라벨자동접착기, 잉크제트프린터, 자동컨베이어, 파우치실링기 등

▶ 핫멜팅 충전 설비

▶ 셀라인 자동 충전

▶ 창고 전경

▶ 연구실 전경

3. 의약외품 제조 시설

의약외품제조실, 리퀴드 충전기, 튜브 충전기, 포장라인, 마스크 제조설비(KF-AD, KF94)등

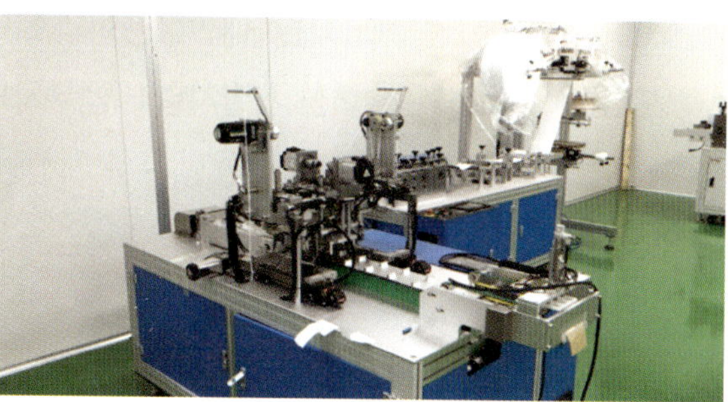

▶ 의약외품 제조실

4. 2022년 동물의약외품

2022년 새롭게 동물의약외품 설비를 완공, 제조 허가 완료

▶ 회사 연혁

2007년 05월 화이트코스팜 주식회사 설립
2008년 06월 오가니아 브랜드 런칭
2010년 05월 화이트코스팜(주) 천안공장 준공
2010년 07월 화장품제조업 허가 취득 및 화장품 생산 개시
2010년 11월 화이트코스팜 부설연구소 설립인가
2011년 05월 산학연공동기술개발사업 수행(프로폴리스의 나노베시클 개발)
2012년 05월 중기청산학협력기술개발사업 수행(천연황을 이용한 항균 · 항염 화장품 개발)
2013년 04월 벤처기업 등록
2013년 05월 식이유황 함유 항균화장품 조성물 특허출원(출원번호 10-20130062823)
2013년 05월 기술혁신형 중소기업 INNOBIZ 인증
2013년 07월 충청남도 유망중소기업 선정
2013년 07월 경남 함양군과 MOU 체결(원료기지구축을 위한 협약체결)
2013년 08월 ISO-9001 인증 획득
2013년 08월 ISO-14001 인증 획득
2013년 08월 천안시 주최 웰빙엑스포박람회 참가 부스설치 및 제품 홍보
2013년 09월 대표이사, 충남도지사상 표창(산학연구기술개발사업 공로)
2013년 10월 대표이사, 천안시장상 표창(우수기업인상)
2013년 12월 ISO-22716 인증 획득
2014년 중기업혁신개발사업 주관회사 선정
2015년 - Natural Sulfur를 활용한 항균.항염증 화장품의 개발
2016년 유통표준코드회원 (대한상공회의소)
2016년 중기청 기술혁신 개발사업 - 백부자의 한의학적 밀자 법제와 발효를 통한
독성 감소 및 이를 이용한 주름 개선용 화장료 개발
2018년 산자부 경제협력권 산업육성사업 - 모발 항노화 소재의 개발 및 적용
2019년 우수화장품제조 CGMP 획득
2019년 서울 사무소 설립
2020년 색조 화장품 브랜드 sisvibe 브랜드 런칭
2020년 색조 설비 증설
2020년 의약외품허가 취득

▶ 주요생산품목

1. 기초 제품 분야
- 기초화장품류(오가니아 · 에코살롱 기초 등)
- 기능성화장품류(썬크림 등)

2. 색조화장품 분야
- 시스바이브(베이스 립틴트 등)

3. 의약외품류 (손소독제, 마스크 등)

4. 바디 제품 분야
- 오가니아 · 씨드앤팜 · 에코살롱 바디 등

5. 헤어 제품 분야
- 오가니아 · 씨드앤팜 헤어 등

6. 기타 OEM · ODM 생산 제품 분야
- 더페이스샵 알로에 수딩젤 등 기초 · 바디제품, 더샘 핸드크림 외 기초 · 바디제품, 이초이스 기초 및 바디제품, 프롬네이쳐 기초 및 바디제품, 코리아나 기초 · 헤어 · 바디제품, 데메테르 퍼퓸 시리즈 외 바디 · 헤어 전 품목, 잇츠스킨 기초 및 바디제품, 월드제이비 바디 · 기초 전 품목, 다이소 핸드크림 외 바디브랜드 등

LOHBS

It'S SKIN

LG생활건강

(주)아텍스 (주)롯데닷컴 리코리스 보니앤제이 팜스메틱 하나로마트 (주)메가마트 휴코스메딕스
한국화장품 더제나코스메틱 코레일관광개발(주)중소기업명품마루 케이엠제약 GBM(지비엠) 투앤업
카버코리아 (주)대화씨앤에프 네오팜 리더스코스메틱 에이치엠제이코리아(주) 홈플러스(주) 지엘지엔비

2022년
대한민국 화장품 제조 · 부자재 기업 총람

초판 1쇄 인쇄 2022년 9월 26일
초판 1쇄 발행 2022년 9월 30일

펴낸곳/장업신문

등록번호/제318-2009-000046
주소/서울시 영등포구 버드나루로18길 5
전화/02-2636-5727 팩스/02-2634-7097

ISBN/978-89-98198-25-1
정가/ 35,000원

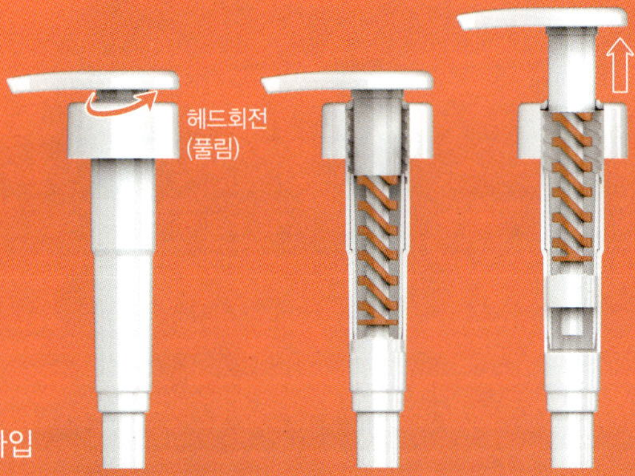

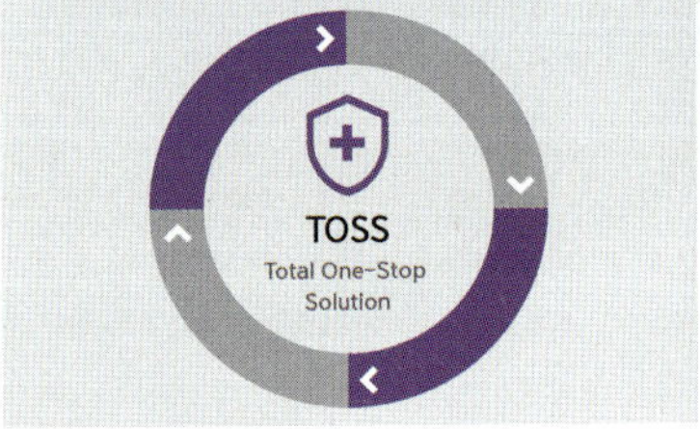